高职高专“十二五”规划教材

有机化学与实验操作技术

项目化教程

段益琴 主编
李 应 主审

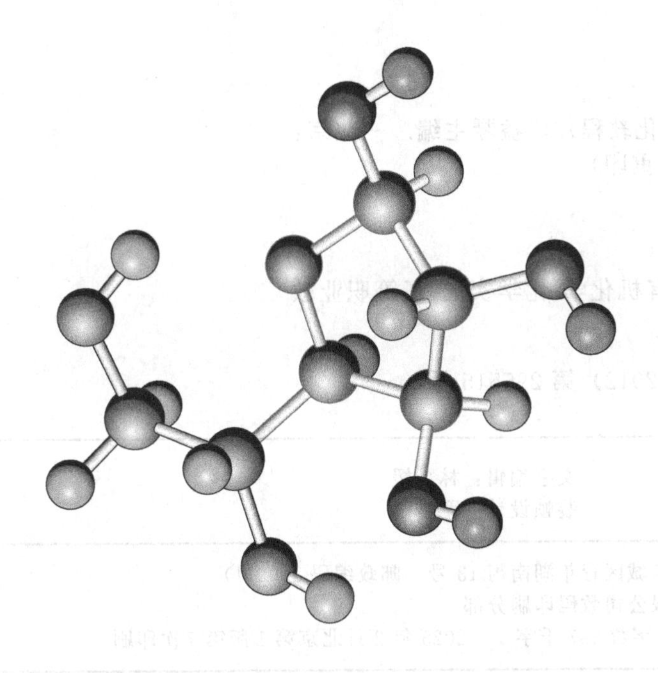

化学工业出版社
·北京·

本书按初步认识、查阅文献、制订方案、方案实践、总结归纳和巩固强化六个环节进行安排，通过14个项目，93个任务将有机化学的理论知识及有机化学实验基本操作有机融合。理论知识主要介绍了烷烃、环烷烃，烯烃，炔烃，芳香烃，卤代烃，醇、酚、醚，醛、酮，羧酸，羧酸衍生物，含氮化合物，杂环化合物；实验基本操作主要涉及实验室安全与环保知识，玻璃管的简单加工，常用装置的装配及应用，物理常数（熔点、沸点、折射率、旋光度）的测定，天然产物的提取技术，色谱分离技术，有机合成及分离技术。

本书适合作为高职高专化工、工业分析与检验、环保等相关专业教材，也可供相关技术人员参考。

图书在版编目（CIP）数据

有机化学与实验操作技术（项目化教程）/段益琴主编. —北京：化学工业出版社，2013.1（2025.2重印）
高职高专"十二五"规划教材
ISBN 978-7-122-15998-4

Ⅰ.①有… Ⅱ.①段… Ⅲ.①有机化学-化学实验-高等职业教育-教材 Ⅳ.①O62-33

中国版本图书馆CIP数据核字（2012）第295515号

责任编辑：陈有华 潘新文　　文字编辑：林　媛
责任校对：陈　静　　装帧设计：尹琳琳

出版发行：化学工业出版社（北京市东城区青年湖南街13号 邮政编码100011）
印　　装：北京科印技术咨询服务有限公司数码印刷分部
787mm×1092mm 1/16 印张16¾ 字数387千字 2025年2月北京第1版第7次印刷

购书咨询：010-64518888　　售后服务：010-64518899
网　　址：http：//www. cip. com. cn
凡购买本书，如有缺损质量问题，本社销售中心负责调换。

定　　价：45.00元

《有机化学与实验操作技术》编写人员

主　编　段益琴

主　审　李　应

副主编　胡彩玲　胡德声

参　编　（以姓名笔画为序）

王芳宁　文家新　吕　洁　刘克建

孙宾宾　屈琦超　姚小平　顾慧敏

前 言

本教程按照高职高专人才培养目标和有机化学教学大纲的要求编写，适合高职高专化工类、分析检验等专业使用，也可供其他专业和相关技术人员学习或参考。

在“十二五”规划中，教育质量被放在突出位置，内涵建设、素质教育、全面发展与个性发展应相互协调，学生的学习能力、实践能力及创新能力的增强是教育的目标。本书紧密结合高职学生学习被动、效率较低、学习效果不太理想但热衷于动手实践的特点，在理论与实验课程中找到关联之处，从而构思出一套项目化教学的思路。在编写内容上，按照官能团体系对化合物进行分类，并以代表性化合物的制备与性质作为项目载体。在精选了教学内容的基础上，力求体现以下特点。

1. 体系编排新颖，理论与实践紧密结合　本教程通过项目化将有机化学理论和实验融为一体，内容选择以基本知识和基础反应为主，突出结构与性质的关系，以及性质在工业生产、有机合成、鉴别中的运用。

2. 体现职业教育思想，突出实用性　本教材适当淡化了理论性偏深或与专业相关性不强的内容，降低了知识的难度，注意理论与实践相结合，有利于高职学生对知识的理解和掌握。删除了与后续课程联系不大的内容，如烷烃和环烷烃的构象、对称因素、旋光异构体的构型表示方法、碳水化合物、氨基酸、蛋白质和核酸、合成高分子化合物等内容；省略了各类重要化合物及应用的内容，希望学生在项目实施过程中通过查阅资料进行了解，从传统的填鸭式被动接收变为主动学习，增强学习效果；在每章内容中增加了物质的鉴别方法，任课教师可根据各项目的特点及实际情况灵活安排；对反应机理进行了淡化处理，只简要介绍较为经典的烷烃卤代、烯烃加成、芳环亲电取代、卤代烃亲核取代等反应历程，教师可根据学生情况灵活要求。在各项目中尽量穿插了物理常数的测定，天然化合物的提取与色谱分离基本操作有单独的项目供学生训练。

3. 体现以学生为主体的教学思想，培养学生的学习能力　教材中各项目、任务编排符合教学规律，做到由浅入深，循序渐进，层次分明。在每个项目的开篇均有“知识目标”、“能力目标”及“项目实施要求”，各任务中明确了学生与教师在项目实施过程中的分工，“强化练习”可以巩固并及时反馈学生的学习效果。

参加本书编写工作的有重庆工业职业技术学院段益琴（项目一、二、五、六）、胡德声（项目十二、十四）、湖南化工职业技术学院胡彩玲（项目八、九、十、十三）、重庆化工职业学院吕洁（项目三、四、十一）、陕西国防工业职业技术学院孙宾宾（项目七）。全书由段益琴构思并统一修改定稿。

重庆工业职业技术学院的李应教授担任了本书的主审，对书稿提出了许多宝贵意见。咸阳职业技术学院王芳宁，重庆工业职业技术学院屈琦超、文家新、刘克建，重庆工贸职业技术学院姚小平，新疆伊犁州高级技工学校顾慧敏参与了部分稿件的校核工作。在编写过程中还得到了四川化工职业技术学院唐利平，大庆职业学院的李天增、王瑶，重庆工业职业技术学院李芬、吴明珠、傅深娜等老师的大力支持，也得到了化学工业出版社的帮助，在此表示诚挚的谢意！本书编写时参考了相关专著和资料，在此向其作者一并致谢。

由于编者水平有限，书中难免有不足之处，恳请读者和教育界同仁予以批评指正。

编者

2012 年 11 月

目 录

预备知识及实验技术

任务一　认识有机化学发展简史及研究内容………………………… 2
一、有机化学的发展简史……………………………………………… 2
二、研究内容…………………………………………………………… 2
任务二　认识有机化合物及特点………………………………………… 2
一、有机化合物的分类………………………………………………… 2
二、有机化合物的结构特点…………………………………………… 3
三、有机化合物的性质特点…………………………………………… 3
任务三　学会有机化合物的表示方法…………………………………… 5
一、分子模型…………………………………………………………… 5
二、构造式……………………………………………………………… 5
任务四　理解有机化合物的价键理论与有机反应类型………………… 6
一、有机化合物的价键理论…………………………………………… 6
二、共价键的断裂与有机反应类型…………………………………… 6
任务五　熟悉有机化合物的研究方法…………………………………… 7
一、分离提纯技术……………………………………………………… 7
二、元素分析…………………………………………………………… 8
三、分子式的确定……………………………………………………… 8
四、结构的确定………………………………………………………… 9
任务六　掌握有机实验安全知识………………………………………… 9
一、安全知识…………………………………………………………… 9
二、常见事故的预防与处理 ………………………………………… 10
三、小故障的处理 …………………………………………………… 11
四、实验绿色化 ……………………………………………………… 12
任务七　熟悉主要仪器与洗涤、干燥练习 …………………………… 13
一、熟悉主要仪器 …………………………………………………… 13
二、练习玻璃仪器的洗涤与干燥 …………………………………… 14
任务八　掌握有机实验的基本操作 …………………………………… 15
一、加热与冷却 ……………………………………………………… 15
二、干燥与干燥剂 …………………………………………………… 16
三、重结晶与过滤 …………………………………………………… 17

四、萃取与洗涤 …… 18
五、蒸馏 …… 20
六、分馏 …… 22
七、回流 …… 22
八、色谱法 …… 24
任务九 练习玻璃管的简单加工及装置的装配 …… 27
一、练习玻璃管的简单加工 …… 27
二、练习实验装置的连接与装配 …… 30
任务十 熟悉物理常数的测定方法 …… 30
一、熔点 …… 31
二、沸点 …… 33
三、相对密度 …… 34
四、折射率 …… 35
五、旋光度 …… 36
任务十一 学会文献资料的检索与方案的制订 …… 36
一、文献资料的检索 …… 36
二、方案的制订 …… 37
强化练习 …… 38

项目二 甲烷的制备及性质

任务一 烷烃、环烷烃的初步认识 …… 42
一、通式与同系列 …… 42
二、同分异构与同分异构体的推导 …… 42
三、碳原子和氢原子类型 …… 43
四、常见烷基 …… 44
五、命名 …… 44
六、结构 …… 48
任务二 查阅甲烷的用途、制备方法 …… 50
一、甲烷的用途 …… 50
二、制备及收集方法 …… 50
任务三 确定制备方案 …… 50
一、分析并确定制备及收集方案 …… 50
二、“三废”处理 …… 50
三、注意事项 …… 50
任务四 方案的实践 …… 51
一、前期准备 …… 51
二、方案的实践 …… 51
三、结果展示 …… 51

任务五　归纳烷烃、环烷烃的性质 …… 51
一、物理性质 …… 51
二、化学性质 …… 53
三、烷烃的鉴别 …… 56
强化练习 …… 57

项目三　乙烯的制备及性质

任务一　烯烃的初步认识 …… 60
一、分类与通式 …… 60
二、同分异构 …… 60
三、命名 …… 61
四、结构 …… 64
任务二　查阅乙烯的用途、制备及鉴别方法 …… 67
一、乙烯的用途 …… 67
二、制备及收集方法 …… 67
三、鉴别方法 …… 67
任务三　确定合成路线及鉴别方案 …… 67
一、分析并确定制备及收集方案 …… 67
二、分析并确定鉴别方案 …… 67
三、“三废”处理 …… 67
四、注意事项 …… 67
任务四　方案的实践 …… 67
一、前期准备 …… 67
二、方案的实践 …… 68
三、结果展示 …… 68
任务五　归纳烯烃的性质 …… 68
一、物理性质 …… 68
二、化学性质 …… 69
三、鉴别 …… 76
强化练习 …… 77

项目四　乙炔的制备及性质

任务一　炔烃的初步认识 …… 80
一、通式 …… 80
二、同分异构 …… 80
三、命名 …… 80

四、结构 …… 80
任务二　查阅乙炔的用途、制备及鉴别方法 …… 81
一、乙炔的用途 …… 81
二、制备及收集方法 …… 81
三、鉴别方法 …… 82
任务三　确定合成路线及鉴别方案 …… 82
一、分析并确定制备及收集方案 …… 82
二、分析并确定鉴别方案 …… 82
三、"三废"处理 …… 82
四、注意事项 …… 82
任务四　方案的实践 …… 82
一、前期准备 …… 82
二、方案的实践 …… 82
三、结果展示 …… 82
任务五　归纳炔烃的性质 …… 83
一、物理性质 …… 83
二、化学性质 …… 84
三、鉴别 …… 87
强化练习 …… 88

项目五　对甲苯磺酸钠的制备

任务一　芳香烃的初步认识 …… 92
一、分类 …… 92
二、通式 …… 93
三、同分异构 …… 93
四、命名 …… 93
五、苯的结构 …… 95
任务二　查阅对甲苯磺酸钠的用途及制备方法 …… 97
一、对甲苯磺酸钠的用途 …… 97
二、制备及分离方法 …… 97
任务三　确定合成路线及分离方案 …… 97
一、分析并确定制备及分离方案 …… 97
二、"三废"处理 …… 97
三、注意事项 …… 97
任务四　方案的实践 …… 97
一、前期准备 …… 97
二、方案的实践 …… 97
三、结果展示 …… 98

任务五　归纳单环芳烃的性质 …………………………………………………… 98
一、物理性质 ………………………………………………………………… 98
二、化学性质 ………………………………………………………………… 98
三、定位规律……………………………………………………………… 105
任务六　稠环芳烃的认识…………………………………………………… 109
一、命名……………………………………………………………………… 110
二、结构……………………………………………………………………… 110
三、物理性质……………………………………………………………… 111
四、化学性质……………………………………………………………… 111
任务七　芳香烃的鉴别……………………………………………………… 113
一、甲醛-浓硫酸法 ……………………………………………………… 113
二、无水氯化铝-三氯甲烷法 ………………………………………… 114
强化练习……………………………………………………………………… 114

项目六　蔗糖旋光度的测定

任务一　旋光性的初步认识……………………………………………… 118
一、偏振光………………………………………………………………… 118
二、旋光性………………………………………………………………… 118
任务二　旋光度与比旋光度的关系……………………………………… 119
一、旋光度………………………………………………………………… 119
二、比旋光度……………………………………………………………… 119
任务三　认识对映异构与分子结构的关系……………………………… 120
一、手性与手性分子……………………………………………………… 120
二、外消旋体与内消旋体………………………………………………… 120
任务四　查阅并制订蔗糖旋光度的测定方案…………………………… 121
一、旋光仪的基本结构及工作原理……………………………………… 121
二、旋光仪的使用………………………………………………………… 121
三、查阅并制订测定方案………………………………………………… 121
任务五　方案实践…………………………………………………………… 121
一、前期准备……………………………………………………………… 121
二、方案的实践…………………………………………………………… 122
三、结果展示……………………………………………………………… 122

项目七　1-溴丁烷的制备及性质

任务一　卤代烃的初步认识……………………………………………… 124
一、分类……………………………………………………………………… 124

二、同分异构…………………………………………………………… 124
三、命名…………………………………………………………………… 125
任务二 查阅1-溴丁烷的用途、制备及鉴别方法 …………………… 126
一、1-溴丁烷的用途 …………………………………………………… 126
二、制备及分离方法…………………………………………………… 126
三、查阅物理常数的测定方法………………………………………… 126
四、鉴别方法…………………………………………………………… 126
任务三 确定合成路线及鉴别方案…………………………………… 126
一、分析并确定制备及分离方案……………………………………… 126
二、确定物理常数的测定方案………………………………………… 126
三、分析并确定鉴别方案……………………………………………… 126
四、“三废”处理 ……………………………………………………… 126
五、注意事项…………………………………………………………… 126
任务四 方案的实践…………………………………………………… 127
一、前期准备…………………………………………………………… 127
二、方案的实践………………………………………………………… 127
三、结果展示…………………………………………………………… 127
任务五 归纳卤代烃的性质…………………………………………… 127
一、物理性质…………………………………………………………… 127
二、化学性质…………………………………………………………… 128
三、卤代烯烃和卤代芳烃……………………………………………… 131
四、卤代烃的亲核取代反应历程……………………………………… 132
五、氟里昂……………………………………………………………… 134
六、鉴别………………………………………………………………… 134
强化练习………………………………………………………………… 134

项目八 β-萘乙醚的制备及性质

任务一 醇、酚、醚的初步认识……………………………………… 138
一、分类………………………………………………………………… 138
二、同分异构…………………………………………………………… 138
三、命名………………………………………………………………… 139
四、结构………………………………………………………………… 141
任务二 查阅β-萘乙醚的用途及制备方法 ………………………… 141
一、β-萘乙醚的用途…………………………………………………… 141
二、制备及分离方法…………………………………………………… 142
三、熔点的测定方法…………………………………………………… 142
任务三 确定合成路线及物理常数测定方案………………………… 142

一、分析并确定制备及收集方案…… 142
二、确定物理常数熔点的测定方案…… 142
三、“三废”处理 …… 142
四、注意事项…… 142
任务四 方案的实践…… 142
一、前期准备…… 142
二、方案的实践…… 142
三、结果展示…… 143
任务五 归纳醇、酚、醚的性质…… 143
一、物理性质…… 143
二、化学性质…… 145
三、鉴别…… 153
强化练习…… 154

项目九 苯乙酮的制备及性质

任务一 醛、酮的初步认识…… 158
一、分类…… 158
二、同分异构…… 158
三、命名…… 159
四、结构…… 160
任务二 查阅苯乙酮的用途及制备方法…… 160
一、苯乙酮的用途…… 160
二、制备及分离方法…… 160
任务三 确定合成路线及鉴别方案…… 161
一、分析并确定制备及收集方案…… 161
二、确定物理常数沸点、折射率的测定方案…… 161
三、分析并确定鉴别方案…… 161
四、“三废”处理 …… 161
五、注意事项…… 161
任务四 方案的实践…… 161
一、前期准备…… 161
二、方案的实践…… 161
三、结果展示…… 162
任务五 归纳醛、酮的性质…… 162
一、物理性质…… 162
二、化学性质…… 163
三、鉴别…… 170

强化练习…………………………………………………………………………………… 171

项目十 对硝基苯甲酸的制备及性质

任务一 羧酸的初步认识…………………………………………………………………… 174
一、分类……………………………………………………………………………………… 174
二、同分异构………………………………………………………………………………… 174
三、命名……………………………………………………………………………………… 174
四、结构……………………………………………………………………………………… 175
任务二 查阅对硝基苯甲酸的用途及制备方法…………………………………………… 176
一、对硝基苯甲酸的用途…………………………………………………………………… 176
二、制备、分离及鉴别方法………………………………………………………………… 176
任务三 确定合成路线及鉴别方案………………………………………………………… 176
一、分析并确定制备及分离方案…………………………………………………………… 176
二、确定物理常数熔点的测定方案………………………………………………………… 176
三、分析并确定鉴别方案…………………………………………………………………… 176
四、“三废”处理…………………………………………………………………………… 176
五、注意事项………………………………………………………………………………… 176
任务四 方案的实践………………………………………………………………………… 177
一、前期准备………………………………………………………………………………… 177
二、方案的实践……………………………………………………………………………… 177
三、结果展示………………………………………………………………………………… 177
任务五 归纳羧酸的性质…………………………………………………………………… 177
一、物理性质………………………………………………………………………………… 177
二、化学性质………………………………………………………………………………… 178
三、鉴别……………………………………………………………………………………… 183
强化练习……………………………………………………………………………………… 183

项目十一 乙酸异戊酯的制备及性质

任务一 羧酸衍生物的初步认识…………………………………………………………… 186
一、命名……………………………………………………………………………………… 186
二、结构……………………………………………………………………………………… 187
任务二 查阅乙酸异戊酯的用途、制备及鉴别方法……………………………………… 187
一、乙酸异戊酯的用途……………………………………………………………………… 187
二、制备方法………………………………………………………………………………… 187
三、鉴别方法………………………………………………………………………………… 187

任务三　确定合成路线及确定合成路线及鉴别方案…………………… 187
一、分析并确定制备方案…………………………………………………… 187
二、分析并确定鉴别方案…………………………………………………… 188
三、“三废”处理 ……………………………………………………………… 188
四、注意事项………………………………………………………………… 188
任务四　方案的实践………………………………………………………… 188
一、前期准备………………………………………………………………… 188
二、方案的实践……………………………………………………………… 188
三、结果展示………………………………………………………………… 188
任务五　归纳羧酸衍生物的性质…………………………………………… 189
一、物理性质………………………………………………………………… 189
二、化学性质………………………………………………………………… 190
三、鉴别……………………………………………………………………… 193
强化练习……………………………………………………………………… 193

项目十二 甲基橙的制备

任务一　硝基化合物的初步认识…………………………………………… 196
一、命名……………………………………………………………………… 196
二、结构……………………………………………………………………… 196
任务二　查阅硝基苯的用途及制备方法…………………………………… 196
一、硝基苯的用途…………………………………………………………… 196
二、制备及分离方法………………………………………………………… 196
任务三　确定硝基苯的合成路线及性质鉴别方案………………………… 196
一、分析并确定制备及分离方案…………………………………………… 196
二、分析并确定鉴别方案…………………………………………………… 197
三、“三废”处理 ……………………………………………………………… 197
四、注意事项………………………………………………………………… 197
任务四　硝基苯的合成及鉴别……………………………………………… 197
一、前期准备………………………………………………………………… 197
二、硝基苯的合成及鉴别…………………………………………………… 197
三、结果展示………………………………………………………………… 197
任务五　归纳硝基化合物的性质…………………………………………… 198
一、物理性质………………………………………………………………… 198
二、化学性质………………………………………………………………… 198
三、鉴别……………………………………………………………………… 200
任务六　胺的初步认识……………………………………………………… 200
一、分类……………………………………………………………………… 200

二、命名…………………………………………………………………… 201
三、结构…………………………………………………………………… 202
任务七　查阅苯胺的用途及制备方法………………………………… 202
一、苯胺的用途…………………………………………………………… 202
二、苯胺的制备及分离方法……………………………………………… 202
任务八　确定苯胺的合成路线及鉴别方案…………………………… 202
一、分析并确定苯胺的制备及分离方案………………………………… 202
二、分析并确定鉴别方案………………………………………………… 202
三、“三废”处理 ………………………………………………………… 203
四、注意事项……………………………………………………………… 203
任务九　苯胺的制备与鉴别…………………………………………… 203
一、前期准备……………………………………………………………… 203
二、苯胺的制备与鉴别…………………………………………………… 203
三、结果展示……………………………………………………………… 203
任务十　归纳胺的性质………………………………………………… 203
一、物理性质……………………………………………………………… 203
二、化学性质……………………………………………………………… 204
三、鉴别…………………………………………………………………… 210
任务十一　查阅对氨基苯磺酸的用途及制备方法…………………… 210
一、对氨基苯磺酸的用途………………………………………………… 210
二、查阅制备及分离方法………………………………………………… 210
任务十二　确定对氨基苯磺酸的合成路线…………………………… 210
一、分析并确定对氨基苯磺酸的制备及分离方案……………………… 210
二、“三废”处理 ………………………………………………………… 211
三、注意事项……………………………………………………………… 211
任务十三　对氨基苯磺酸的制备……………………………………… 211
一、前期准备……………………………………………………………… 211
二、对氨基苯磺酸的制备………………………………………………… 211
三、结果展示……………………………………………………………… 211
任务十四　重氮化合物的初步认识…………………………………… 211
任务十五　查阅并确定对氨基苯磺酸重氮盐的制备方法…………… 212
一、分析确定制备方法…………………………………………………… 212
二、“三废”处理 ………………………………………………………… 212
三、注意事项……………………………………………………………… 212
任务十六　对氨基苯磺酸重氮盐的制备……………………………… 212
一、前期准备……………………………………………………………… 212
二、对氨基苯磺酸重氮盐的制备………………………………………… 212
三、结果展示……………………………………………………………… 213
任务十七　归纳重氮盐的性质及应用………………………………… 213

一、物理性质……213
二、重氮化反应……213
三、化学性质……214
任务十八　甲基橙的初步认识……217
一、用途……217
二、结构……218
任务十九　查阅并确定甲基橙的制备方法……218
一、分析确定甲基橙的制备方法……218
二、“三废”处理……218
三、注意事项……218
任务二十　甲基橙的制备……218
一、前期准备……218
二、甲基橙的制备……218
三、结果展示……219
强化练习……219

项目十三　从茶叶中提取咖啡因

任务一　杂环化合物的初步认识……224
一、分类……224
二、命名……224
任务二　学习五元杂环化合物呋喃、噻吩、吡咯的性质……225
一、结构……225
二、物理性质……225
三、化学性质……226
任务三　学习六元杂环化合物吡啶的性质……228
一、结构……228
二、物理性质……228
三、化学性质……228
任务四　认识常见的杂环化合物及衍生物……229
一、糠醛（α-呋喃甲醛）……229
二、维生素 B_{12} ……230
三、维生素 B_6 ……230
四、烟酸（维生素 B_3）……231
五、噻唑……231
六、吲哚……232
七、喹啉……233
八、嘌呤……234

任务五　查阅从茶叶中提取咖啡因的方法…… 234
一、咖啡因的性质…… 234
二、提取方法…… 234
三、分离纯化方法…… 234
任务六　确定提取方案…… 234
一、分析并确定提取、纯化方案…… 234
二、“三废”处理…… 234
三、注意事项…… 234
任务七　方案的实践…… 235
一、前期准备…… 235
二、方案的实践…… 235
三、结果展示…… 235
强化练习…… 235

项目十四　色谱法分离蔬菜提取物中的天然色素

任务一　从蔬菜中提取天然色素…… 238
一、查阅资料并确定提取方案…… 238
二、前期准备…… 238
三、从蔬菜中提取天然色素…… 238
任务二　薄层色谱法分离叶绿素…… 238
一、查阅资料并确定方案…… 238
二、前期准备…… 238
三、薄层色谱法分离叶绿素…… 238
任务三　柱色谱法分离叶绿素…… 238
一、查阅资料并确定方案…… 238
二、前期准备…… 239
三、柱色谱法分离叶绿素…… 239
四、结果展示…… 239

附录

附录一　常用试剂的配制…… 240
附录二　常用有机溶剂的物理常数及纯化方法…… 242
附录三　常用元素相对原子质量表…… 246
附录四　常用酸溶液的相对密度、质量分数与浓度对应表…… 247
附录五　常用碱溶液的相对密度、质量分数与浓度对应表…… 247

参考文献

项目一 预备知识及实验技术

知识目标

- 学习并了解有机化学发展简史、研究内容、有机化合物的特点及研究方法。
- 学习并理解有机化合物的价键理论与有机反应类型。
- 学习并掌握有机化合物的表示方法。
- 学习并熟悉常用仪器及洗涤、干燥方法和操作。
- 学习并掌握有机实验的基本操作、玻璃管的简单加工及实验装置的装配。
- 学习并理解物理常数的测定方法。
- 学会文献资料的检索与实践方案的制订。

能力目标

- 能够理解有机化学的特点及研究方法、价键理论与有机反应类型。
- 能够用构造式表达有机化合物。
- 能够熟练完成仪器的洗涤、干燥、玻璃管的简单加工及实验装置的装配。
- 能够理解实验装置的用途及适用范围。
- 能够理解物理常数的测定及应用。
- 能够对文献资料进行查阅。

项目实施要求

- 项目实施过程遵循“了解—认识—动手练习—熟练应用”规律。
- “了解”主要通过课堂讨论及讲解补充的方式进行；“认识”主要以实物认知的方式进行；“动手练习”主要通过学生的实际操作与练习来训练，以达到能熟练操作与应用的目的。
- 查阅资料和方案制订主要通过课堂讲解与学生课后练习及后期实践相结合，要求学生能够理解并学会方案的制订思路。

任务一 认识有机化学发展简史及研究内容

一、有机化学的发展简史

"有机化学"一词首次由瑞典化学家贝采利乌斯（Jos Jacob Berzelius，1779—1848）于1810年提出，他发现了外消旋酒石酸。1828年，德国化学家维勒（Friedrich Wöhler，1800—1882）首次通过人工方法合成有机物尿素，引起了化学界的震动，对当时流行的生命力学说是巨大的冲击，并开创了有机合成的新时代，如醋酸、油脂、染料、炸药等的合成。19世纪中期到20世纪初，有机化学工业的原料主要是煤焦油，至20世纪30年代以后，以乙炔为原料的有机合成兴起，先后确定了单糖、氨基酸、胆固醇、蛋白质的组成。20世纪40年代以后，原料又逐渐转变为以石油和天然气为主，发展了三大合成材料合成橡胶、合成塑料和合成纤维，同时确定了一些维生素、多聚糖的结构，青霉素、胰岛素、前列腺素、维生素 B_{12}、昆虫信息素激素、核酸等也相继被成功合成，为生物学的发展奠定了基础。1990年"人类基因组计划"启动，组合化学和绿色化学得以发展。

新世纪以来，有机化学的发展首先是研究能源和资源的开发利用问题。有机化合物可以利用光化学反应生成高能有机化合物而加以贮存，必要时则利用其逆反应释放出能量。另一个开发资源的目标是在有机金属化合物的作用下固定二氧化碳，以产生无穷尽的有机化合物，这些方面的研究均已取得初步结果。其次是研究和开发新型的有机催化剂，使它们能够模拟酶的高速、高效和温和的反应方式，这方面的研究已经开始，相信今后会有更大的发展。

二、研究内容

有机化合物的定义主要经历了两个阶段，一是德国化学家凯库勒（Friedrich A·Kekule，1829—1896）将其定义为碳的化合物；另一阶段便是德国化学家肖莱马（Carl Schorlemmer，1834—1892）将其定义为碳氢化合物及其衍生物，这一定义一直被沿用至今。

有机化学是研究有机化合物的组成、结构、性质、来源、制法、相互间的转化关系以及在生产、生活中应用的一门学科。在众多的现代化工业中，如石油化工、合成材料、医药、染料、农药、食品、轻工、日用化工等都离不开有机化学。

任务二 认识有机化合物及特点

一、有机化合物的分类

1. 按碳架分类

(1) 开链化合物　C原子之间相互结合成链状，两端张开不成环。这类化合物最早是从脂肪中发现的，所以又称脂肪族化合物。例如：

$CH_3CH_2CH_3$ 丙烷　$CH_2{=\!=}CH_2$ 乙烯　$CH_3CH_2CH_2OH$ 丙醇　CH_3CHO 乙醛

(2) 脂环族化合物　C原子间相互结合成环，也可视为开链化合物关环成环状化合物。这类化合物的性质与脂肪族化合物相似。例如：

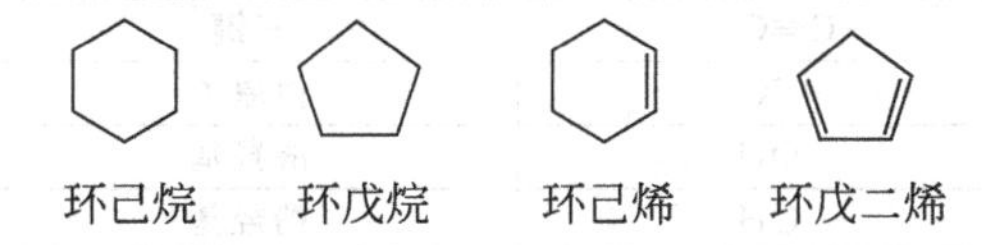
环己烷　环戊烷　环己烯　环戊二烯

(3) 芳香族化合物　大多含有苯环，因最早发现的几个芳香族化合物带有香味，所以称为芳香族化合物。例如：

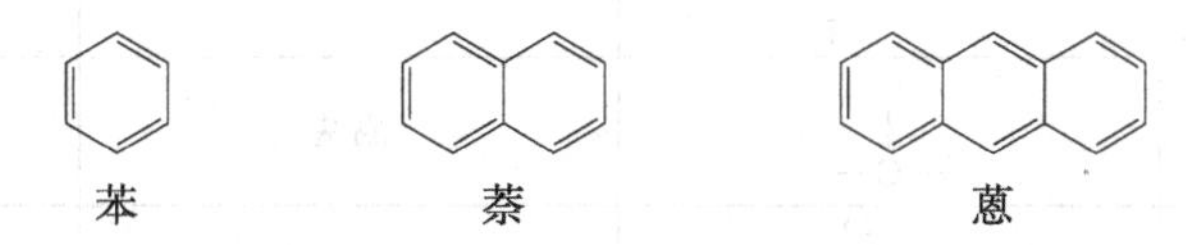
苯　萘　蒽

(4) 杂环化合物　含有杂环的有机物。杂环是指组成环的原子除C原子外，还含有其他非C原子，如O、N、S等杂原子。例如：

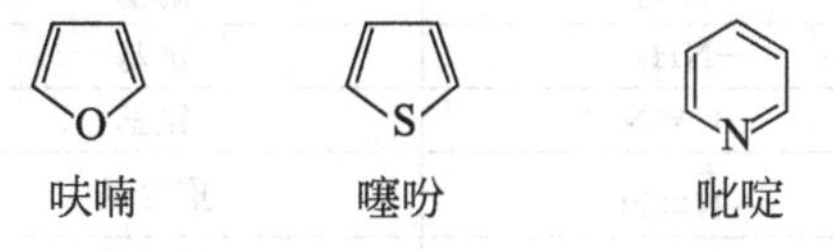

呋喃　噻吩　吡啶

2. 按官能团分类

官能团指分子中比较活泼且容易发生反应的原子或原子团，也即是决定分子主要化学性质的原子或原子团。

通常含有相同官能团的化合物具有相似的性质，所以常归为一类，便于学习和研究，如表1-1所示。

二、有机化合物的结构特点

有机物和无机物在性质上的差异，主要是源于它们的分子结构不同。

1. 碳原子为四价

碳原子为第2周期ⅣA族，最外层电子为4个，可与其他原子形成4个化学键。

2. 碳原子与其他原子以共价键相结合

碳原子与其他原子相互结合成键时，既不容易得到电子也不容易失去电子，而是采取了与其他原子共用电子对的方式获得稳定的电子构型。

3. 碳原子与碳原子以共价键结合

碳碳间以共价键结合形成单键（C—C）、双键（C═C）和三键（C≡C），还可连接成碳链或碳环，构成有机化合物的基本骨架。

三、有机化合物的性质特点

1. 热稳定性差，容易燃烧

(1) 受热时容易分解、炭化　如：糖加热发烟、变黑、烧焦，而盐是烧不焦的。

(2) 达到着火点时会燃烧　如：酒精、棉花、石油等。

表 1-1 常见有机物的类别和官能团

化合物类别	官能团结构	官能团名称	化合物实例
烷烃	无	无	甲烷、乙烷
烯烃	>C=C<	双键	乙烯、丁烯
炔烃	—C≡C—	三键	乙炔、丁炔
卤代烃	—X	卤原子	一氯甲烷、二氯甲烷
醇	—OH	醇羟基	甲醇、乙醇
酚	—OH	酚羟基	苯酚、三硝基苯酚
醚	—O—	醚键	甲醚、乙醚
醛	—C(=O)—H	醛基	甲醛、乙醛
酮	—C(=O)—	酮基	丙酮、甲乙酮
羧酸	—C(=O)—OH	羧基	乙酸、苯甲酸
硝基化合物	$—NO_2$	硝基	硝基甲烷、硝基苯
胺	$—NH_2$	氨基	苯胺、乙胺
腈	—C≡N	氰基	乙腈、丙腈
重氮化合物	$—\overset{+}{N}≡N$	重氮基	氯化重氮苯
偶氮化合物	—N=N—	偶氮基	偶氮苯
磺酸	$—SO_3H$	磺酸基	苯磺酸、对甲苯磺酸

在实验室中可采用灼烧来区别有机物和无机物，即将样品置于金属片或坩锅盖上慢慢用火焰加热，有机物将炭化燃烧至尽，不留残渣，无机物则不易燃烧。

2. 熔点、沸点低，不易导电

（1）无机物　很多典型的无机物是离子化合物，它们的结晶是由离子排列而成的，晶格能较大，若要破坏这个有规则的排列，则需要较多的能量，故熔点、沸点一般较高。如氯化钠的熔点为800℃。

（2）有机物　有机物多以共价键结合，它的结构单元往往是分子，其分子间的作用力较弱。因此，熔点、沸点一般较低。

有机物的熔点一般小于300℃。

熔点、沸点在实验室里便于测定，所以常用有机物的熔点、沸点作为鉴定、鉴别有机物的重要指标。

3. 难溶于水，易溶于有机溶剂

大多数有机物是非极性或极性小的物质，所以难溶于水，而易溶于汽油、乙醚、苯等有机溶剂中。这可以用“相似相溶”原理进行解释：“相似”是指溶质与溶剂在结构上相似，“相溶”是指溶质与溶剂彼此互溶。

极性溶剂（如水）易溶解极性物质（离子晶体、分子晶体中的极性物质如强酸等）；非极性溶剂（如苯、汽油、四氯化碳等）能溶解非极性物质（大多数有机物、Br_2、I_2 等）；

含有相同官能团的物质互溶，如水中含羟基（—OH）能溶解小分子的醇、酚、羧酸。

水分子间有较强的氢键，水分子既可以为生成氢键提供氢原子，又因氧原子上有孤对电子能接受其他分子提供的氢原子而易形成氢键。所以，凡能为生成氢键提供氢或接受氢的溶质分子，均和水“结构相似”。所以 ROH（醇）、RCOOH（羧酸）、$R_2C{=}O$（酮）、$RCONH_2$（酰胺）等，均可通过氢键与水结合，在水中有相当的溶解度。当然上述物质中 R 基团的结构与大小对在水中的溶解度也有影响。如醇：R—OH，随 R 基团的增大，分子中非极性的部分增大，这样与水（极性分子）结构差异增大，所以在水中的溶解度也逐渐下降。

4. 反应速率慢，副反应多

（1）无机物　大多是离子间的反应，非常迅速，可瞬间完成。

（2）有机物　有机反应主要为分子间的反应，要靠分子间的有效碰撞，经历旧键的断裂和新键的形成才能完成。这个过程需要的时间不等：几小时、几天、或更长时间。如煤与石油是动植物在地层下经过上千年的地质变化作用形成的。

由于分子中各部位都可能不同程度地参加反应，所以常伴有副反应发生。反应条件不同，产物也不同。所以在有机反应中，可通过选择适当的试剂，控制适宜的反应条件，减少副反应，提高产率。

任务三　学会有机化合物的表示方法

一、分子模型

为了帮助理解有机物分子的空间结构，常用分子模型来表示分子的结构。常用的分子模型有比例模型和球棒模型两种，见图 1-1。两者的表示方法及特点如表 1-2 所示。

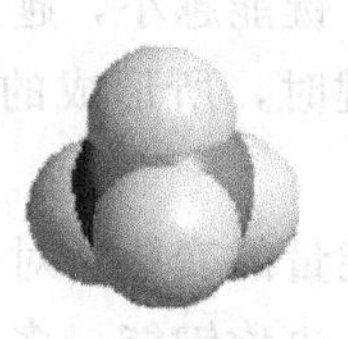

(a) 比例模型

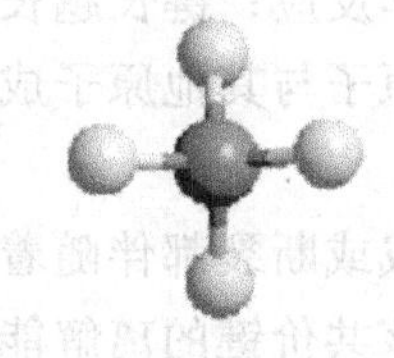

(b) 球棒模型

图 1-1　分子模型

表 1-2　分子模型比较

分子模型	比例模型	球棒模型
表示方法	根据分子中各原子的大小和键长长短按一定比例放大制成	用不同颜色的小球表示不同的原子，用短棍表示各原子间的化学键
优　点	可以较精确地表示原子的相对大小和距离	分子中各原子的空间排列情况一目了然
缺　点	价键分布不如球形模型明显	不能准确地表示原子相对大小和距离

二、构造式

分子中原子间的排列顺序和连接方式称分子的构造，表示分子构造的式子叫构造式。有机化合物的构造式常用短线式、缩简式和键线式三种方式来表示，各自的表示方式如表1-3所示。

表 1-3 构造式的表示方式

构造式	短线式	缩简式(构造简式)	键线式
表示方式	一条短线表示一个共价键：单键以一条短线相连；双键以两条短线相连；三键以三条短线相连	仅省略代表单键的短线	不写出C和H原子，用短线代表碳碳键，短线的连接点和端点代表C原子
实例	H H | | H—C—C—H | | H H	$CH_2{=}CHCH_3$	

任务四 理解有机化合物的价键理论与有机反应类型

一、有机化合物的价键理论

有机化合物分子中，原子间大多是通过共价键结合的。

1. 共价键的形成

价键理论认为，共价键是由成键的两个原子间自旋方向相反的未成对电子所处的原子轨道重叠而成的；两个原子轨道相互重叠的程度越大，核间排斥力越小，系统能量越低，形成的共价键越稳定。共价键具有饱和性和方向性。

2. 共价键的参数

(1) 键长　成键两原子的核间距离称为键长。因为共价键在分子中不是孤立的，会受其他键的相互影响，因此相同的共价键的键长在不同的化合物分子中也有一定的差异。键长越短，键能越大，越难发生化学反应；键长越长，键能越小，越易发生化学反应。

(2) 键角　两价以上的原子与其他原子成键时，所形成的共价键之间的夹角称为键角。键角反映了分子的空间结构。

(3) 键能　共价键的形成或断裂都伴随着能量的变化。对于气态双原子分子，破坏其共价键时所需提供的能量就是该共价键的离解能，也称键能。多原子分子的键能与键的离解能并不完全一致，如甲烷分子断开四个C—H键，每断开一个C—H键所需的能量并不相同。

(4) 键的极性　同种原子间形成的共价键属非极性共价键，不同原子间形成的共价键被称为极性共价键。电负性较强的原子会使共用电子对发生偏移，从而带有负电性，用 δ^- 表示，另一端则带有等量的正电性，用 δ^+ 表示，用→表示电性偏移的方向，箭头指向负电中心一端。

$$\overset{\delta^+}{H_3C}\rightarrow\overset{\delta^-}{Cl}$$

二、共价键的断裂与有机反应类型

1. 均裂

(1) 均裂　指断键时，共用的一对电子均匀地分配给形成此共价键的两个原子，从而形

成两个自由基。

$$A\,\vdots\,B \xrightarrow{\text{均裂}} A\cdot + B\cdot$$

(2) 自由基　指均裂所产生的具有不成对电子的原子或基团。

(3) 自由基反应　指由自由基引发的化学反应。自由基非常活泼，一旦生成立刻会引发一系列反应。

2. 异裂

(1) 异裂　指断键时，共用的一对电子完全转移到其中一个原子上，从而产生正、负离子。

$$A\,\vdots\!:B \xrightarrow{\text{异裂}} A\overset{-}{:} + \overset{+}{B}$$

(2) 离子反应　按异裂进行的化学反应。

任务五　熟悉有机化合物的研究方法

一、分离提纯技术

研究某种化合物的前提是保证该化合物是单一的纯净物。通常，从天然物中提取或人工合成所得到的有机物，往往掺杂着其他杂质，为了得到纯净的化合物，常常须用各种方法将这些杂质除去，即提纯。以下是各种分离提纯方法的简要情况，操作及注意事项详见任务八掌握有机实验的基本操作。

1. 结晶和重结晶

(1) 结晶原理　利用被提纯的晶体物质和杂质在同一种溶剂中的溶解度不同，使其与杂质分离的方法。

(2) 前提　被提纯的物质必须是晶体。这是因为最后该物质能以晶体的形式析出。

(3) 溶剂的选择　所选择的溶剂必须在较高温度时对被提纯物的晶体物质溶解度很大，而在温度较低时则溶解度很小，而此溶剂对杂质不溶或溶解度很大。这样就可以使被提纯的晶体物质在热的溶剂中形成过饱和溶液，冷却后慢慢析出结晶。溶剂在不同温度时，对被提纯的晶体物质和杂质的溶解度不同，不同的程度越大效果越好。

(4) 重结晶　将晶体溶于溶剂以后，又重新从溶液中结晶的过程称为重结晶，又称再结晶。重结晶可以使不纯净的物质纯化，或使混合在一起的物质彼此分离。

2. 蒸馏

(1) 原理　将液体有机物加热至沸腾使之汽化，汽化的蒸气再被冷凝成液体的过程。

(2) 适用范围　液体有机物的分离和提纯。

(3) 应用　分离挥发性物质和不挥发性物质、沸点不同的液体混合物。

通常，蒸馏包括常压蒸馏、减压蒸馏、水蒸气蒸馏和分馏。

3. 升华

(1) 原理　固体物质不经过熔化而直接变为蒸气，然后冷凝又变为固体的过程。

（2）适用范围　在熔点温度以下具有相当高蒸气压（26.7 kPa）的固态物质可升华提纯。

（3）优点　可得到较高纯度的产物。

（4）缺点　操作时间长，损失较大。

4. 萃取

（1）原理　利用物质在两种彼此不能相溶的溶剂中有不同的溶解度，将其从溶解度小的溶剂中转移到溶解度大的溶剂中的过程。

（2）应用　可从反应混合物或动植物组织中提取所需要的物质，除去少量杂质使产品纯化。

5. 色谱

（1）原理　利用吸附剂对混合物各组分的吸附能力不同，经溶剂淋洗把所需提取的物质与杂质分离的方法。

（2）常用吸附剂　氧化铝、硅胶、淀粉等。

（3）常用色谱　柱色谱、薄层色谱、液相色谱。

二、元素分析

对纯净的有机物进行元素定性分析，以确定该化合物是由哪些元素组成的。然后再进行元素定量分析，从而确定各元素的含量。然后通过计算求得化合物的实验式。实验式反映组成化合物分子的各元素原子的种类和比例的化学式。

注意： 实验式≠分子式

（1）实验式仅仅表明该物质的各元素的相对数目的最简整数比，并不能说明该化合物的大小。

（2）为了确定有机分子的大小（所含各元素的总数），还需要测定其相对分子质量。

【例 1-1】 某有机物由 C、H、O 三种元素组成，其百分含量为：C 52.20%，H 13.00%。求该有机物的实验式。

解　氧的百分含量：　$\omega(O)=(100-52.20-13.00)\times100\%=34.80\%$

各元素的原子数目：

$$n(C)=52.20/12=4.35$$

$$n(H)=13.00/1=13.00$$

$$n(O)=34.80/16=2.18$$

各元素原子数目的比例：

$$C:H:O=(4.35/2.18):(13.00/2.18):(2.18/2.18)=2:6:1$$

所以，该有机物的实验式为 C_2H_6O。

三、分子式的确定

通过测定的相对分子质量和计算出的实验式，可以确定化合物的分子式。测定相对分子质量的方法有：密度法、凝固点降低法、沸点升高法、渗透压法。目前质谱仪的应用，可最准确、最快速地测定化合物的相对分子质量。

【例 1-2】 已知某有机物的实验式为 $C_7H_6O_2$，测出其相对分子质量为 122，求其分子式。

解 已知 $M(C_7H_6O_2)_n=122$

$$即(12\times7+6\times1+16\times2)_n=122$$

解得 $n=1$

所以该物质的分子式为 $C_7H_6O_2$。

四、结构的确定

分子式相同的化合物很多，所以测定了有机化合物的实验式和分子式，并不完全确定是某个有机分子，也不能确切地写出其构造式，更不能确定其结构。

有机物的结构比较复杂，不仅有分子构造的不同，而且包含分子中各原子在空间排列的差异。所以有机化合物结构的确定是一项艰巨的工作，通常要通过化学方法和物理方法的综合分析，才能获得比较准确的结果。

1. 官能团分析

不同官能团具有不同的特征反应，表现出各不相同的化学性质，用化学方法进行实验，可以判断化合物分子中官能团是否存在，借此判断其结构。

2. 化学降解及合成

化学降解是指把一个结构较复杂的有机化合物用化学方法拆开，即打成“碎片”，测定这些小“碎片”的结构，再由“碎片”拼凑起来确定分子的整体结构。

合成是指把已初步推断出来的结构当作模式，用已知结构的化合物为原料，通过特定的路线进行化学合成。两者得到统一的结果时，才能确定化合物的构造式。

3. 物理方法的应用

近代物理方法的广泛应用改进了分析鉴定的手段，简化了结构确定的过程。目前应用较广泛的有：质谱、红外光谱、紫外光谱、核磁共振谱、气-液色谱和 X 射线衍射等。

任务六 掌握有机实验安全知识

一、安全知识

（1）实验开始前，必须认真预习，理清实验思路、了解实验中使用的药品的性能和有可能引起的危害及相应的注意事项，做到心中有数、思路清晰，以避免照单抓药、手忙脚乱。

（2）仔细检查仪器是否有破损，掌握正确安装仪器的要点，并弄清水、电、气的管线开关和标记，保持清醒头脑，避免违规操作。

（3）实验中认真操作，仔细观察，认真思考，如实记录，不得擅离岗位，应随时注意反应是否正常，有无碎裂和漏气的情况，及时排除各种事故隐患。

（4）有可能发生危险的实验，应采用防护措施进行操作，如戴防护手套、眼镜、面罩等，实验应在通风橱内进行。

(5) 实验室内严禁吸烟、饮食、高声喧哗。

(6) 实验中所用的化学药品，不得随意散失、遗弃，更不得带出实验室，使用后须放回原处。实验后的残渣、废液等不得随意排放，应倒入指定容器内，统一处理。

二、常见事故的预防与处理

1. 防止火灾

控制意外燃烧的条件，就可有效防止火灾。实验室中，使用或处理易燃试剂时，应远离明火。对于乙醇、乙醚、石油醚等低沸点、易挥发、易燃烧液体，不能用敞口容器盛放，更不能用明火直接加热，而应在回流或蒸馏装置中用水浴或蒸汽浴进行加热。

一旦不慎发生火情，应立即切断电源，迅速移开附近一切可燃物，再根据具体情况，采取适当的灭火措施，将火熄灭。容器内着火，可用石棉网或湿布盖住容器口，使火熄灭；实验台面或地面小范围着火，可用湿布或沙土覆盖熄灭；电器着火，可用二氧化碳、四氯化碳、二氟一氯一溴甲烷（“1211”）或干粉灭火器灭火；衣服着火时，应用厚外衣淋湿后包裹使其熄灭，严重时应卧地打滚，同时用水冲淋，将火熄灭。

2. 防止爆炸

爆炸事故容易造成严重后果，实验室中应加以防范，杜绝此类事故发生。

实验室中的气体钢瓶应远离热源，避免暴晒与强烈震动。使用钢瓶或自制氢气、乙炔、乙烯等气体做燃烧实验时，一定要在除尽容器内的空气后方可燃烧。

有些有机过氧化物、干燥金属炔化物和多硝基化合物等都是易爆品，不能用磨口容器盛装，不能研磨，不能使其受热或受剧烈撞击。使用时必须严格按照操作规程进行。

仪器装置不正确，也会引起爆炸。在蒸馏或回流操作时，全套装置必须与大气相通，绝不能密闭。减压或加压操作时，应注意事先检查所用器皿的质量是否能承受体系的压力，器壁过薄或有裂痕都容易发生爆炸。

3. 防止中毒

实验室中，人体的中毒主要是通过呼吸道、皮肤渗透及误食等途径发生的。在进行有毒或有刺激性气体产生的实验时，应在通风橱内操作或用气体吸收装置。若不慎吸入少量氯气或溴气，可用碳酸氢钠溶液漱口，然后吸入少量酒精蒸气，并到室外空气流通处休息，然后及时就医。

应当避免直接用手接触剧毒品。取用毒性较大的化学试剂时，应戴防护眼镜和橡皮手套。洒落在桌面或地面上的药品应及时清理。沾在皮肤上的有机物应当用大量清水和肥皂洗去，切勿用有机溶剂洗，否则只会增加化学药品渗入皮肤的速度。沾染过有毒物质的器皿，实验结束后都应立即清洗。

实验室内严禁饮食。不得将烧杯作饮水杯用，也不得用餐具盛放任何药品。

4. 防止玻璃割伤

实验中，经常接触玻璃仪器，在安装时要特别注意保护其薄弱部位。用铁夹固定仪器时，用力要适当。切割玻璃管（棒）时，断面应随即熔光，以防伤人。

发生玻璃割伤后，应先将伤口处玻璃碎片取出，用蒸馏水清洗伤口，贴上创可贴药膏。

伤口较大或割伤主血管，应用力按压主血管，防止大量出血，并立即送医院治疗。

5. 防止环境污染

实验过程中产生的“三废”应及时妥善处理，以消除或减少对环境的污染。实验室产生的少量毒性较小的气体，可直接放空；若废气量较多或毒性较大，需通过化学方法进行处理后再放空。

有毒、有害的废液、废渣不可直接倾入垃圾中，须经化学处理使其转化为无害物后再排放。如氰化物可用硫代硫酸钠溶液处理，使其生成毒性较低的硫氰酸盐；含硫、磷的有机剧毒农药可先与氧化钙作用再用碱液处理，使其迅速分解失去毒性；硫酸二甲酯先用氨水再用漂白粉处理；苯胺可用盐酸或硫酸中和成盐；汞可用硫黄粉处理；含汞或其他重金属离子的废液中加入硫化钠，便可生成难溶的氢氧化物、硫化物等，可将其深埋于地下。

三、小故障的处理

1. 玻璃磨口粘固

(1) 敲击　用木器轻轻敲击磨口部位的一方，使其因受震动而逐渐松动脱离。对于粘固着的试剂瓶、分液漏斗的磨口塞等，可将仪器的塞子与瓶口卡在实验台或木桌的棱角处，再用木器沿与仪器轴线成约70°角的方向轻轻敲击，同时间歇地旋转仪器，如此反复操作几次，一般便可打开粘固不严重的磨口。

(2) 加热　有些粘固着的磨口，不便敲击或敲击无效，可对粘固部位的外层进行加热，使其受热膨胀而与内层脱离。如用热的湿布对粘固处进行“热敷”、用电吹风或游动火焰烘烤磨口处等。

(3) 浸润　有些磨口因药品侵蚀而粘固较牢，或属结构复杂的贵重仪器，不宜敲击和加热，可用水或稀盐酸浸泡数小时后将其打开。如急用仪器，也可采用渗透力较强的有机溶剂（如苯、乙酸乙酯、石油醚及琥珀酸二辛酯磺酸钠等）滴加到磨口的缝隙间，使之渗透浸润到粘固着的部位，从而相互脱离。

2. 温度计被胶塞黏结

当温度计或玻璃管与胶塞、胶管黏结在一起而难以取出时，可用小改锥或锉刀的尖柄端插入温度计（或玻璃管）与胶塞（或胶管）之间，使之形成空隙，再滴几滴水或甘油，如此操作并沿温度计（或玻璃管）周围扩展，同时逐渐深入，很快就能取出。

3. 仪器上的特殊污垢

当玻璃仪器上黏结了特殊的污垢，用一般的洗涤方法难以除去时，应先分辨出污垢的性质，然后有针对性地进行处理。

对于不溶于水的酸性污垢，如有机酸、酚类沉积物等，可用碱液浸泡后清洗；对于不溶于水的碱性污垢，如金属氧化物、水垢等，可用盐酸浸泡后清洗；如果是高锰酸钾沉积物，可用亚硫酸钠或草酸溶液清洗；二氧化锰沉积物可用浓盐酸使其溶解；沾有碘时，可用碘化钾溶液浸泡；硝酸银污迹可用硫代硫酸钠溶液浸泡后清洗；银镜（或铜镜）反应后沾附的银（或铜），加入稀硝酸微热后即可溶解；焦油或树脂状污垢，可用苯、酯类等有机溶剂浸溶后再用普通方法清洗；有机物呈油状黏附于器壁上而难以洗掉时，可用铬酸洗液或碱液浸泡，然后用清水冲洗。

4. 烧瓶内壁有结晶析出

在回流操作或浓缩溶液时，经常会有结晶析出在液面上方的烧瓶内壁上，且附着牢固，不仅不能继续参加反应，有时还会因热稳定性差而逐渐分解变色。遇此情况，可轻轻振摇烧瓶，以内部溶液浸润结晶，使其溶解。如果装置活动受限，不能振摇烧瓶时，可用冷的湿布敷在烧瓶上部，使溶剂冷凝沿器壁流下时，溶解析出的结晶。

5. 消除乳化现象

在使用分液漏斗进行萃取、洗涤操作时，尤其是用碱溶液洗涤有机物，剧烈振荡后，往往会由于发生乳化现象不分层，而难以分离。如果乳化程度不严重，可将分液漏斗在水平方向上缓慢地旋转摇动后静置片刻，即可消除界面处的泡沫，促进分层。若仍不分层，可补加适量水后，再水平旋转摇动或放置过夜，便可分出清晰的界面。

如果溶剂的密度与水接近，在萃取或洗涤时，就容易与水发生乳化。此时可向其中加入适量乙醚，降低有机相密度，从而便于分层。

对于微溶于水的低级酯类与水形成的乳化液，可通过加入少量氯化钠、硫酸铵等无机盐的方法，促使其分层。

6. 快速干燥仪器

当实验中急需使用干燥的仪器，又来不及用常规方法烘干时，可先用少量无水乙醇冲洗仪器内壁两次，再用少量丙酮冲洗一次，除去残留的乙醇，然后用电吹风吹烘片刻，即可达到干燥效果。

7. 稳固水浴中的烧瓶

当用冷水或冰浴冷却锥形瓶中的物料时，常会由于物料量少、浴液浮力大而使烧瓶漂起，影响冷却效果，有时还会发生烧瓶倾斜灌入浴液的事故。如果用长度适中的铅条做成一个小于锥形烧瓶底径的圆圈，套在烧瓶上，就会使烧瓶沉浸入浴液中。若使用的容器是烧杯，则可将圆圈套住烧杯，用铁丝挂在烧杯口上，使其稳固并达到充分冷却的目的。

8. 简易恒温冷却槽的制作

当某些实验需要较长时间保持低于室温时，用冷水或冰浴冷却往往达不到满意的效果。这时可自制一个简易的恒温冷却槽：用一个较大些的纸箱（试剂或仪器包装箱即可）作外槽，把恒温槽放入纸箱中作内槽，内外槽之间放上适量干冰，再用泡沫塑料作保温材料，填充空隙并覆盖住上部。干冰的用量可根据实验所需温度与时间来调整。这种冷却槽制作简便，保温效果好。

四、实验绿色化

1. 强化环境保护意识

在分析和设计实验方案时，充分考虑“三废”的处理方法，在项目实施过程中，对产生的“三废”进行处理，培养学生对环境保护的责任感，提高它们保护环境的自觉性，从而养成良好的实验习惯，增强保护环境的意识。

2. 尽量采用无毒无害的原料和溶剂

在分析和设计实验方案时，充分考虑各种方案的可操作性、环保性、经济性。从原料和溶剂的环保选择入手，尽量使用微型实验，减少污染源。废弃物集中处理，合理回收利用。

任务七　熟悉主要仪器与洗涤、干燥练习

一、熟悉主要仪器

常用仪器及用途见表 1-4。

表 1-4　常用仪器及用途

仪器及名称	主要用途	备注
锥形瓶	用于贮存液体、混合液体及少量溶液的加热，也可用作反应器	可于石棉网或电炉上直接加热，但不能用于减压蒸馏
漏斗	(1)用于普通过滤或将液体倾入小口容器中； (2)用于保温过滤	(1)不能用火直接加热； (2)可用小火加热支管处
球形分液漏斗　梨形分液漏斗 分液漏斗	用于液体洗涤、萃取、分离；滴加液体	不能用火直接加热，活塞不能互换
滴液漏斗　恒压滴液漏斗 滴液漏斗	用于滴加液体。当反应体系内有压力时，仍可顺利滴加液体	不能用火直接加热，活塞不能互换
吸滤装置	由吸滤瓶和布氏漏斗组合而成，用于减压过滤	不能用火直接加热

续表

仪器及名称	主要用途	备注
提勒管(b形管)	常用于测定熔点时盛装浴液	
烧瓶	在常温或加热条件下用作反应容器，两口和三口烧瓶可装配温度计、冷凝管、机械搅拌器等	除了圆底外，还有平底烧瓶，但平底的不耐压，不能用于减压蒸馏
冷凝管和分馏柱	冷凝管用于蒸馏、回流装置中；分馏柱用于分馏装置中	普通蒸馏常用直形冷凝管，回流常用球形冷凝管，沸点高于140℃时常用空气冷凝管
分水器	用于分离反应中生成的水	
蒸馏头	与烧瓶组合后用于蒸馏	两口的为克氏蒸馏头，可用作减压蒸馏
接液管	在蒸馏装置中，承接冷凝管；带支管接液管的用于减压蒸馏中	

二、练习玻璃仪器的洗涤与干燥

1. 洗涤

玻璃仪器的洗涤应根据实验的要求、污物的性质及沾污程度，有针对性地选择不同的洗涤方法进行清洗。

对于水溶性污物，只要在仪器中加入适量自来水，稍用力振荡倒掉，再反复冲洗几次即可洗净。对于冲洗不掉的污物，可用毛刷蘸水和去污粉或洗涤液进行刷洗。

若黏结了"顽固"的污垢，则需根据污物性质选择合适的化学试剂进行浸泡后再刷洗。有机实验室中常用有机溶剂、铬酸洗液、碱液进行浸泡洗涤。

玻璃仪器洗净的标志是将仪器倒置时，均匀的水膜顺器壁流下，不挂水珠。洗净后的仪器不能再用纸或布擦拭，以免纸或布的纤维再次污染仪器。

2. 干燥

(1) 自然干燥　对于不急用的仪器，可在洗净后，倒置在仪器架上自然晾干。

(2) 烘箱干燥　将清洗过的仪器倒置控水后，放入烘箱内，在105～110℃恒温约30 min即可烘干。一般应在烘箱温度自然下降后再取出仪器。若因急用，在烘箱温度较高时，应戴帆布手套取出，并放于石棉网上冷却至室温后方可使用。

注意：对于有刻度的仪器（如量筒）和厚壁器皿不耐高温，不宜用烘箱干燥。

(3) 热气干燥　电吹风、气流干燥器的干燥效果也很好。

任务八　掌握有机实验的基本操作

一、加热与冷却

1. 直接加热

直接加热主要有酒精灯和电炉。酒精灯使用方便，但加热强度不大，属明火，通常加热不易燃烧的物质。电炉使用较为广泛，加热强度可调控，但也属于明火热源。

在有机实验中，一般要杜绝明火，因为有很多有机物易挥发、易燃、易爆。

2. 间接加热

间接加热指通过传热介质作热浴的加热方式。优点是受热面积大、受热均匀、浴温可控制、非明火。常用热浴及特点见表1-5。

表1-5 常用热浴及特点

加热方式	加热介质	加热温度/℃	特　点
水浴	水	<100	使用方便、安全。不适于无水操作的实验
油浴	甘油	<230	油类易燃烧，加热时要注意观察，发现有油烟冒出时，应立即停止加热
	液体石蜡	<230	
	有机硅油	<350	
砂浴	河砂	250～350	使用安全，但升温速度较慢，温度分布不均匀
电热套	空气	<400	使用较方便、安全，适当保温时，温度可达400℃，是实验室常用的一种加热方式

3. 冷却与冷却剂

有的反应需要在低温下进行，有的反应因大量放热而难以控制，为除去过剩热量，需要冷却。最常用的冷却方法是将盛有待冷却物质的容器浸入冷水或冰-水混合物中。0℃以下可采用冰+盐作冷却剂，详见表1-6。

表1-6 常用冷却剂

盐类	盐/(g/100g 碎冰)	最低温度/℃	盐类	盐/(g/100g 碎冰)	最低温度/℃
NH_4Cl	25	−15	$CaCl_2 \cdot 6H_2O$	100	−29
NaCl	30	−20	$CaCl_2 \cdot 6H_2O$	143	−55
$NaNO_3$	50	−18			

注意： 温度低于−38℃时不能使用水银温度计，而应采用内装有机液体的低温温度计。

二、干燥与干燥剂

干燥是除去潮湿物质中的少量水分。

干燥{物理法：吸附、分馏、共沸蒸馏等。
化学法：用干燥剂吸收微量水分。

1. 气体物质的干燥

气体干燥{吸附法：常用吸附剂有氧化铝、硅胶。
干燥管(塔)、洗涤瓶：干燥剂的选择可依气体性质而定。

使用干燥管（塔）干燥气体时，盛放的干燥剂主要以块状或粒状固体为主，但不能装得太实，也不宜使用粉末，否则气体难以通过。

2. 液体物质的干燥

液体有机物中微量水分常用干燥剂脱除。在选用干燥剂时需注意：

(1) 不与被干燥物质发生化学反应；

(2) 不能溶解于被干燥物质中；

(3) 吸水量大，干燥效能高；

(4) 干燥速度快，节省实验时间；

(5) 价格低廉，用量较少，利于节约。

干燥剂的用量一般根据被干燥物质的性质、含水量、干燥剂自身的吸水量决定。通常每10mL液体加0.5～1g干燥剂。若分子中含亲水基团（如醇、醚、胺、酸等）需要的干燥剂要多些。

干燥时，将液体有机物和干燥剂置于锥形瓶中进行。干燥剂的颗粒大小要适中，太大吸水慢、效果差；过细则吸附有机物多，影响收率。干燥时需塞紧瓶塞，轻轻振摇后静置观察。如果发现液体浑浊或干燥剂粘于瓶壁上，应继续补加干燥剂并振摇，直至液体澄清后再静置30min或过夜。

3. 固体物质的干燥

主要是除去残留在固体中的微量水分或有机溶剂。

(1) 在空气中稳定、不分解、不吸潮固体放在洁净干燥的表面皿上，摊成薄层，在其上盖一张滤纸（以防被污染），在空气中自然晾干。

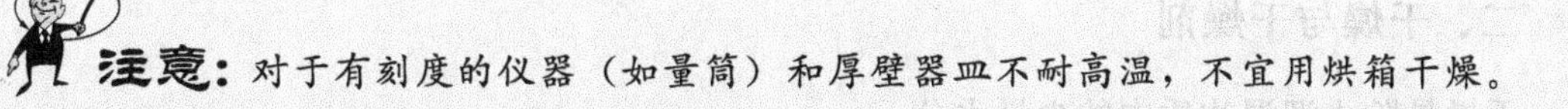

(2) 熔点较高且不易分解的固体放在洁净的表面皿或蒸发皿中，用烘箱烘干。

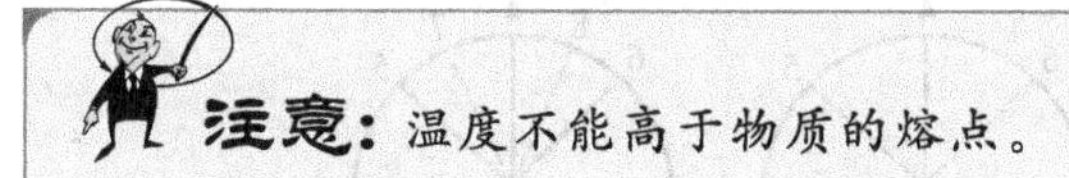

注意： 温度不能高于物质的熔点。

(3) 易吸潮、易分解或易升华的固体放在干燥器内进行干燥，但一般需要的时间长。干燥器内常用的干燥剂有：硅胶、氯化钙、石蜡片等。

三、重结晶与过滤

1. 重结晶

重结晶是利用有机物与杂质在某种溶剂中的溶解度不同而将它们分离开来的。操作时将固体有机物溶解在热的溶剂中，制成饱和溶液，再将溶液冷却、重新析出结晶的过程。

重结晶时溶剂的选择是关键，对于极性物质应选择极性溶剂，非极性物质选择非极性溶剂，同时还要满足以下条件：

(1) 不能与被提纯的物质发生化学反应；

(2) 在高温时，被提纯物质在溶剂中溶解度较大，而在低温时则小，可保证产品回收率高；

(3) 杂质在溶剂中的溶解度很小（通过过滤除去不溶物）或很大（被提纯物质析出结晶时，杂质仍留在母液中）；

(4) 容易与被提纯物质分离。

当几种溶剂同时适用时，要综合考虑毒性、价格、操作难易程度、易燃性等因素。当使用单独一种溶剂效果不好，可使用混合溶剂。混合溶剂一般由两种能互溶的溶剂组成。其中一种易溶解被提纯物，而另一种则较难溶解被提纯物。

重结晶所用的溶剂一般可从实验资料中直接查找。若无现成资料，可通过实验来确定。

在重结晶过程中，若溶液带色，可待其稍冷后，加入适量活性炭，煮沸 5～10min，利用活性炭的吸附作用除去有色物质，然后热过滤以除去活性炭及其他不溶性杂质，再将滤液充分冷却，使被提纯物结晶析出。通过抽滤、洗涤后再进行干燥。

2. 过滤

过滤主要有普通过滤、热过滤（保温过滤）和减压过滤。

(1) 普通过滤　一般在常温、常压下进行。主要仪器为普通玻璃漏斗，操作时，先向漏斗内放入比边缘略低的滤纸，然后润湿滤纸并使其紧贴漏斗壁，将被过滤的混合物沿着玻璃棒（其端部靠在三层滤纸上）缓缓倾入漏斗中，保持液面低于滤纸边缘。漏斗颈部应靠在接收容器内壁上。

(2) 热过滤　如果溶液中的溶质在温度下降时容易析出大量晶体，而又不希望它在过滤过程中留在滤纸上，这时就要进行热过滤。热过滤又称保温过滤，指保持固液混合物温度在一定范围内的过滤过程。保温过滤有两种方法，分别是使用热漏斗法和无颈漏斗蒸汽加热法。热漏斗法是将短颈玻璃漏斗放置于铜制的热漏斗内，热漏斗内装有热水以维持溶液的温度。内部的玻璃漏斗的颈部要尽量短些，以免过滤时溶液在漏斗颈内停留过久，散热降温，析出晶体使装置堵塞，如图 1-2 所示。无颈漏斗蒸汽加热法是取无颈漏斗（普通玻璃漏斗除去漏斗颈）置于水浴装置上方用蒸汽加热，然后进行过滤。较热漏斗法简单易行。

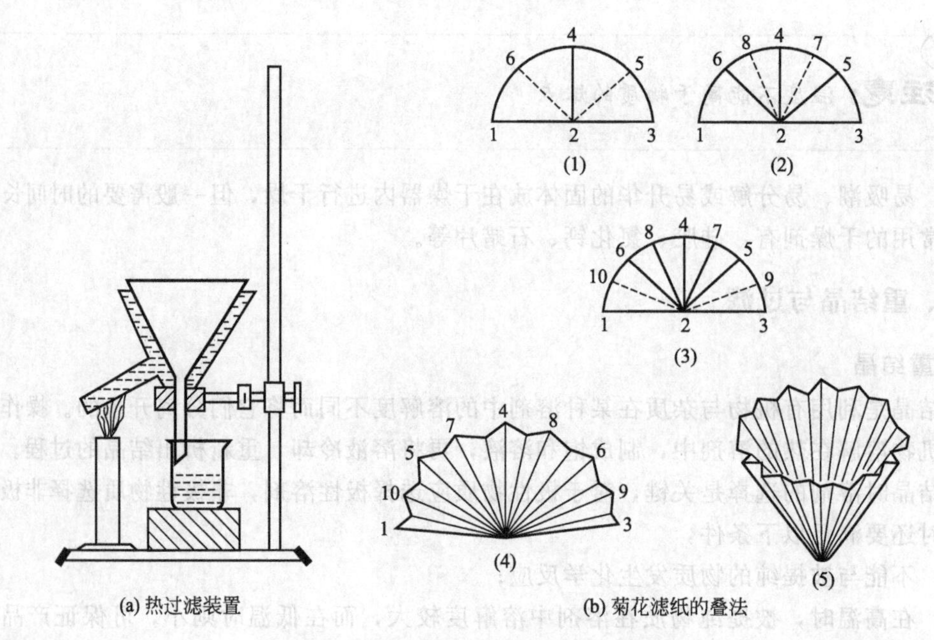

(a) 热过滤装置　　(b) 菊花滤纸的叠法

图 1-2　热过滤装置及菊花滤纸的折叠步骤

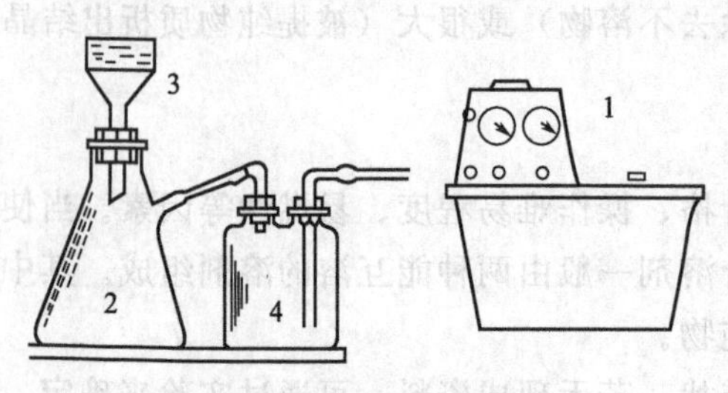

图 1-3　减压过滤装置

1—循环水真空泵；2—吸滤瓶；3—布氏漏斗；4—安全瓶

（3）减压过滤　减压过滤装置由布氏漏斗、吸滤瓶、安全瓶和减压泵（通常可采用循环水真空泵）等四部分组成，如图 1-3 所示。减压过滤又叫抽气过滤（简称抽滤），可加速过滤，并使沉淀抽吸得较干燥，但不宜过滤胶状沉淀和颗粒太小的沉淀。这是因为胶状沉淀易穿透滤纸，沉淀颗粒太小易在滤纸上形成一层密实的沉淀，溶液不易透过。安装时应注意使布氏漏斗的斜口与吸滤瓶的侧管相对。布氏漏斗上有许多小孔，滤纸应剪成比漏斗的内径略小，但又能把瓷孔全部盖没的大小。用少量溶剂润湿滤纸，开泵，减压使滤纸与漏斗贴紧，然后倾入待分离的混合物，并使其均匀地分布在滤纸面上。母液抽干后，暂时停止抽气。用玻璃棒将晶体轻轻搅动松散（注意玻璃棒不可触及滤纸，以防碰破滤纸造成透滤），加入少量冷溶剂浸润后，再抽干（可同时用玻璃塞在滤饼上挤压）。如此反复几次，即可将滤饼洗涤干净。装置工作时，循环水真空泵使吸滤瓶内减压，由于瓶内与布氏漏斗液面上形成压力差，因而加快了过滤速度。当停止吸滤时，需先拔掉连接吸滤瓶和泵的橡皮管，再关泵，以防倒吸。为了防止反吸现象，一般在吸滤瓶和泵之间装上一个安全瓶。

四、萃取与洗涤

萃取和洗涤都是利用物质在不同溶剂中的溶解度不同来进行分离和提纯。两者原理相同，但目的不同。萃取是从混合物中提取的是所需要的物质；而洗涤则是将混合物中的杂质通过洗涤的方式除去。

常用的萃取剂有有机溶剂、水、稀酸溶液、稀碱溶液和浓硫酸等，实验中可根据具体需求加以选择。

1. 液体物质的萃取（或洗涤）

常在分液漏斗中进行。选择合适的溶剂可将产物从混合物中提取出来，也可洗去产物中含有的杂质。分液漏斗使用前应洗净、晾干、活塞涂抹凡士林、固定活塞、试漏、检查严密性。

萃取（洗涤）操作时，首先关闭下端旋塞，由分液漏斗上口倒入溶液与溶剂，盖好顶塞，然后右手握住顶塞，左手持旋塞（旋柄朝上便于左手拇指和食指进行旋转操作）倾斜漏斗并振摇，以使两层液体充分接触，如图 1-4。振摇几次后，应不断旋转旋塞以排出因振荡而产生的气体。若漏斗中盛有挥发性的溶剂或会产生气体时，更应注意排放气体，以防内压过大，冲开顶塞，漏失液体。反复振摇几次后，将分液漏斗放在铁圈中静置分层。

当两相液体界面清晰后，可进行分离液体的操作，如图 1-5。分液时先打开顶塞（或使顶塞的凹槽对准漏斗上口颈部的小孔），使漏斗与大气相通，然后将漏斗下端靠在接收器的内壁上，缓慢旋开旋塞，放出下层液体。当液面的界线接近旋塞处时，暂时关闭旋塞，将分液漏斗轻轻振摇一下，再静置片刻，使下层液聚集得多一些。再打开旋塞，仔细放出下层液体。当液面间的界线移至旋塞孔的中心时，关闭旋塞。最后将漏斗中的上层液体从上口倒入另一容器中。

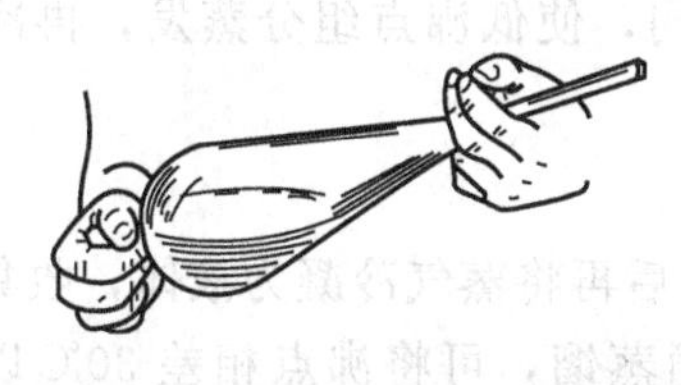

图 1-4　萃取（洗涤）的操作

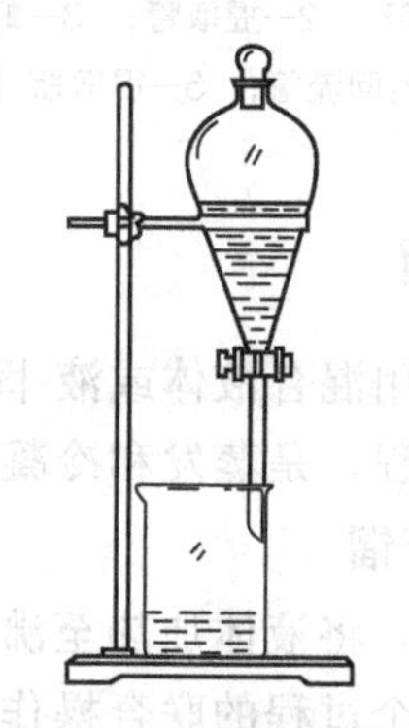

图 1-5　分离两相液体

注意： 通常要将分离出来的上下两层液体都保留到实验最后，以便操作发生错误时，进行检查和补救。

分液漏斗使用完毕，用水洗净，擦去旋塞的孔道中的凡士林，在顶塞和旋塞处垫上纸条，以防久置粘牢。

2. 固体物质的萃取

常在索氏提取器中进行，是从固体物质中萃取化合物的一种方法。索氏提取装置通常有圆底烧瓶、提取器和冷凝管三部分组成，如图 1-6 所示。装置利用溶剂回流及虹吸原理，使固体物质连续不断地被纯溶剂萃取，既节约溶剂，萃取效率又高。

萃取前先将固体物质研碎，以增加固液接触的面积。然后将固体物质放在提取管内的滤纸套筒中，滤纸套筒的作用是防止研细的固体物质堵塞虹吸管。提取器的下端与盛有溶剂的圆底烧瓶相连接，上面接回流冷凝管。加热圆底烧瓶，使溶剂沸腾，蒸气通过提取器的蒸气回流管上升，被冷凝后滴入提取器中，溶剂和固体接触进行萃取，当溶剂面超过虹吸管的最高处时，含有萃取物的溶剂虹吸回烧瓶，因而萃取出一部分物质。如此重复，使固体物质不断为纯的溶剂所萃取，将萃取出的物质富集在烧瓶中。

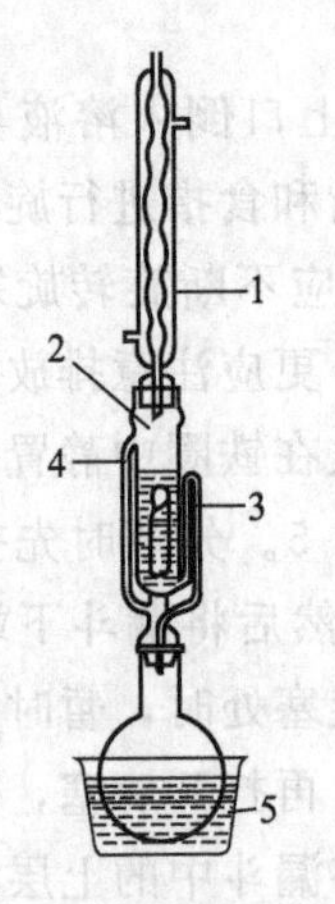

图 1-6 索氏提取装置

1—冷凝管；2—提取管；3—虹吸管；4—蒸气回流管；5—提取瓶（烧瓶）

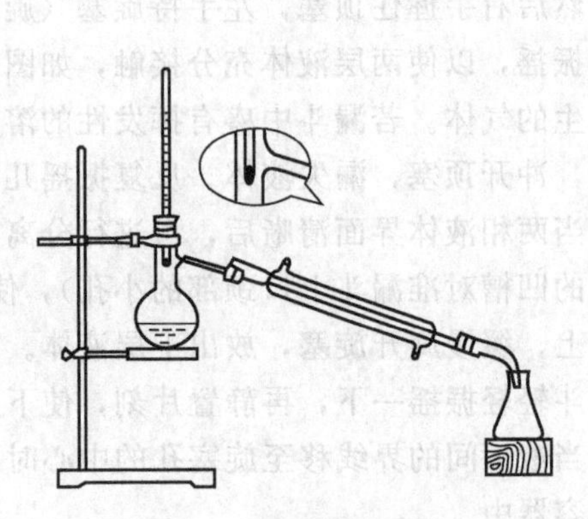

图 1-7 普通蒸馏装置

五、蒸馏

蒸馏是利用混合液体或液-固体系中各组分沸点不同，使低沸点组分蒸发，再冷凝以分离该组分的过程，是蒸发和冷凝两种操作的联合。

1. 普通蒸馏

在常压下，将液体加热至沸腾，使其变为蒸气，然后再将蒸气冷凝为液体，收集到另一容器中，这两个过程的联合操作叫普通蒸馏。通过普通蒸馏，可将沸点相差 30℃以上的混合物分离开来。装置由汽化、冷凝和接收三个部分组成，如图 1-7 所示。汽化部分由圆底烧瓶、蒸馏头及温度计组成。液体在烧瓶内受热汽化后，其蒸气由蒸馏头侧管进入冷凝器中。圆底烧瓶内被蒸馏物占其容积的 1/3～2/3 为宜。

冷凝部分为直形冷凝管。蒸气进入冷凝管时，被外层套管中的冷水冷凝为液体。当所蒸馏液体的沸点高于 140℃以上时，应改用空气冷凝管。

接收部分由接液管、接收器（圆底烧瓶、锥形瓶等）组成。在冷凝管中被冷凝的液体经由接液管收集在接收器中。

普通蒸馏操作如下：

（1）加入物料　为了防止液体暴沸（因加热过快，使溶液温度超过沸点温度而溶液却没沸腾，此时若有其他因素影响，令液体开始沸腾，则在刚沸腾的一瞬间，液体会急速汽化成蒸气，造成液体向上喷的现象），常需先向烧瓶中加入毛细管或沸石。如果采用的热源有带磁力的搅拌功能，可放入搅拌磁子代替，一来可以搅拌液体，二来可防止暴沸。原料及溶剂等可事先加入烧瓶中，也可等安装完毕后，由蒸馏头上口通过玻璃漏斗加入液体物料（注意漏斗颈应超过蒸馏头侧管下沿，以防液体由侧管流入冷凝管中）。物料量控制在 1/2～

2/3 内。

（2）安装　以热源的高度为基准，固定烧瓶，再装配蒸馏头、具塞温度计、冷凝管（用铁夹在中部固定）、接液管及接收器。检查装置各连接处的气密性以及与大气相通处是否畅通（绝不能造成密闭体系！）后，通入冷水，使冷凝套管内充满冷水，并调节冷凝水流速。

注意：温度计的安装应使其汞球上端与蒸馏头侧管下沿相平齐，以便蒸馏时汞球部分可被蒸气完全包围，测得准确温度；冷凝管的出水口应朝上，以便使冷凝管内充满水，保证冷却效果。

（3）加热蒸馏　选择适当的热源，先小火加热（防止烧瓶因局部骤热而炸裂），然后逐渐增大加热强度。当烧瓶内液体开始沸腾，其蒸气环达到温度计汞球部位时，温度计的计数会急剧上升，此时应适当调小加热强度，使蒸气环包围汞球、汞球下部始终挂有液珠，保持汽-液两相平衡。此时温度计所显示的温度即为该液体的沸点。然后可调节加热强度，控制蒸馏速度，以每秒馏出 1～2 滴液体为宜。

（4）观测沸点、收集馏液　记下第一滴馏出液滴入接收器时的温度。如果所蒸馏的液体中含有低沸点的前馏分，则需在蒸馏温度趋于稳定后，更换接收器。记录所需要的馏分开始馏出和收集到最后一滴时的温度，这便是该馏分的沸程（或沸点范围）。纯液体的沸程一般在 1～2℃以内。

（5）停止蒸馏　当维持原来的加热温度，不再有馏液蒸出时，温度会突然下降，这时应停止蒸馏。即使杂质含量很少，也不要蒸干，以免烧瓶炸裂。

蒸馏结束，应先停止加热，等稍冷后，再停止通冷却水。然后按与装配相反的顺序拆卸装置。

2. 减压蒸馏

液体的沸腾温度指的是液体的蒸气压与外压相等时的温度。外压降低时，其沸腾温度随之降低。

在蒸馏操作中，一些有机物加热到正常沸点附近时，会由于温度过高而发生氧化、分解或聚合等反应，使其无法在常压下蒸馏。若将蒸馏装置连接在一套减压系统上，在蒸馏开始前先使整个系统压力降低到只有常压的十几分之一至几十分之一，那么这类有机物就可以在比正常沸点低得多的温度下蒸馏出来，装置见图 1-8。

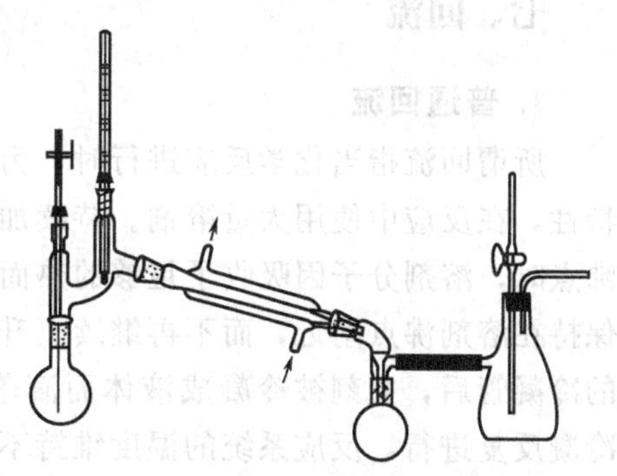

图 1-8　减压蒸馏装置

3. 水蒸气蒸馏

将水蒸气通入有机物中，或将水与有机物一起加热，使有机物与水共沸而蒸馏出来的操作叫水蒸气蒸馏。水蒸气蒸馏是分离和提纯有机化合物的重要方法之一，常用于以下情况：

（1）在常压下蒸馏，有机物会发生氧化或分解；

（2）混合物中含有焦油状物质，用通常的蒸馏或萃取等方法难以分离；

(3) 液体产物被混合物中较大量的固体所吸附或要求除去挥发性杂质。

利用水蒸气蒸馏进行分离提纯的有机化合物须不溶于水，也不与水发生化学反应，在100℃左右具有的一定蒸气压。

六、分馏

分馏是分离不同沸点混合物的一种方法，实际上是多次蒸馏。它适合于分离提纯沸点相差不大的液体有机混合物。如煤焦油的分馏；石油的分馏。当物质的沸点十分接近时，约相差 20℃，则无法使用简单蒸馏，可改用分馏。如图 1-9，在蒸馏头和烧瓶之间接上分馏柱，它可提供较大的表面积供蒸气凝结。

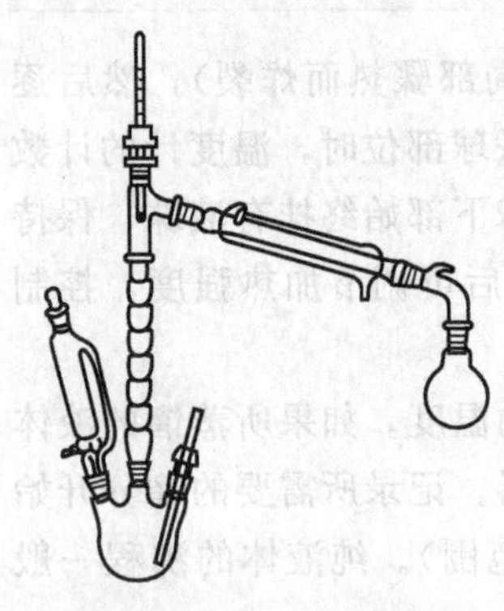

图 1-9　简单分馏装置

液体混合物受热汽化后，进入分馏柱，在上升过程中，由于受到柱外空气的冷却作用，蒸气中的高沸点组分被不断冷凝流回，使继续上升的蒸气中低沸点组分的相对含量不断增加。同时，冷凝液在回流过程中，与上升的蒸气相遇，二者进行热量交换，使上升蒸气中的高沸点组分又被冷凝，而低沸点组分则继续上升。这样，在分馏柱内，反复进行着多次汽化、冷凝和回流的循环过程，相当于多次蒸馏。使最终上升到分馏柱顶部的蒸气接近于纯的低沸点组分，而流回受热容器中的液体则接近于纯的高沸点组分，从而达到分离的目的。

其操作与普通蒸馏相似，在圆底烧瓶内加入毛细管或沸石、液体混合物（注意与蒸馏不同的是：不能从蒸馏头或分馏柱上口倒入!）。可用石棉绳或玻璃布等保温材料包扎分馏柱体，以减少柱内热量散失，保持适宜的温度梯度，提高分馏效率。选择合适的热浴加热，缓慢升温，使蒸气环 10～15min 后到达柱顶。调节浴温，控制分馏速度，以馏出液每 2～3s 一滴为宜。等温度骤然下降时，说明低沸点组分已蒸完。此时可更换接收器，继续升温，按要求接收不同沸点范围的馏分。

分馏结束后，量取并记录各段馏分及残液的体积。

七、回流

1. 普通回流

所谓回流指当化学反应进行时，为了控制反应发生的温度，利用纯物质有特定的沸点的特性，在反应中使用大量溶剂。持续加热时，反应系统的温度会不断上升，当温度升至溶剂沸点时，溶剂分子因吸收了足够的热而变成蒸气，反应液的温度会保持在溶剂沸点附近，而不再继续上升。上升的蒸气分子遇到上方的冷凝管后，立刻被冷凝成液体而滴落回反应溶液中，如此蒸发、冷凝反复进行，反应系统的温度维持不变。

回流装置主要包含烧瓶和冷凝管，如图 1-10。现市售的玻璃仪器基本上都是磨砂接口，如非磨砂接口，需用橡皮塞连接时，请参照任务九玻璃管的简单加工及装置的装配进行。

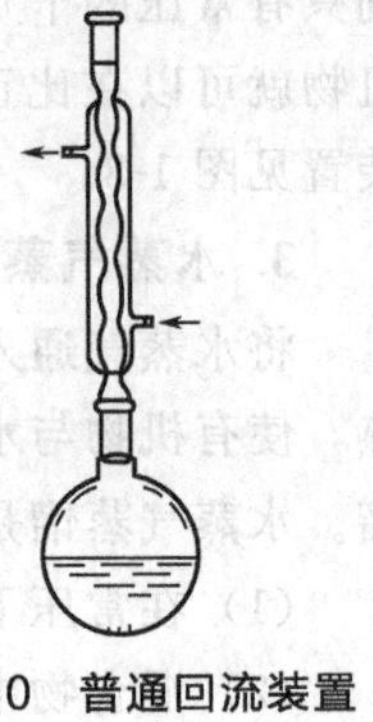

烧瓶用来盛装反应物，进水胶管连在冷凝管位置较低的侧方开口，出水胶管则连到冷凝管位置较高的侧方开口。进口处的水温较

图 1-10　普通回流装置

低，流经冷凝管的冷却水吸收蒸气释放的热，自身温度升高，密度降低，从而热水上升，有利于水的流动。

普通回流操作如下：

（1）加入物料　沸石或搅拌子、原料及溶剂等可事先加入烧瓶中，如果反应物是液体物质，也可等安装完毕后，由冷凝管上口通过玻璃漏斗加入液体物料。物料量控制在1/2～2/3内。

（2）安装　以热源的高度为基准，固定烧瓶，再装配冷凝管（用铁夹在中部固定）。检查装置各连接处的严密性后，通入冷水，使冷凝套管内充满冷水，并调节冷凝水流速。

（3）加热　最初宜缓慢升温，然后逐渐升高温度使反应液沸腾或达到要求的反应温度。反应时间从第一滴回流液落入反应器中开始计算。

（4）控制回流速度　调节加热温度及冷却水流速，控制回流速度，使液体蒸气浸润而不超过冷凝管有效冷却长度的1/3为宜，中途不可切断冷却水。

（5）停止回流　反应结束，先停止加热，待冷凝管中没有蒸气后再停止通入冷却水，然后再按由上到下的顺序拆除装置。

2. 带干燥管的回流装置

在普通回流冷凝管上端装配干燥管，以防止空气中的水汽进入反应体系。为防止体系被密闭，干燥管内不要填装粉末状干燥剂。可在干燥管管底塞上脱脂棉或玻璃棉，然后填装颗粒状或块状干燥剂（如无水氯化钙），如图1-11所示。干燥剂和脱脂棉或玻璃棉不能装得太实，以免堵塞通道，使整个装置成为封闭体系而造成事故。

安装和拆卸方法参照普通回流装置。

3. 带气体吸收的回流装置

带气体吸收的回流装置与普通回流装置不同的是多了一个气体吸收装置，如图1-12。使用此装置时注意：漏斗口（或导管口）不得完全浸入吸收液中；在停止加热（包括反应过程中因故暂停加热）前，必须将盛有吸收液的容器移去，以防倒吸。

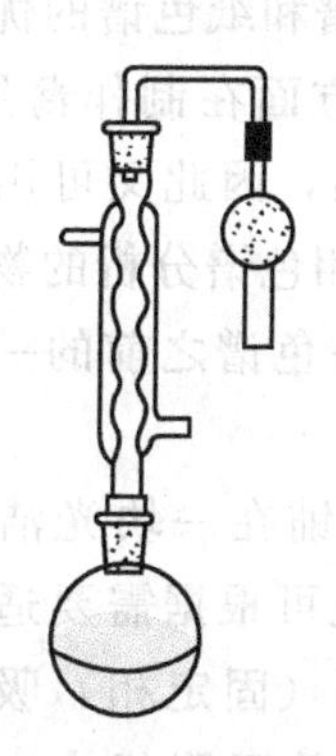

图1-11　带干燥管的回流装置

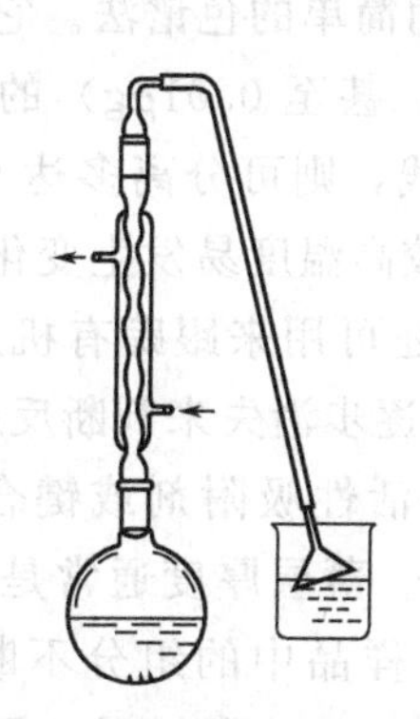

图1-12　带气体吸收的回流装置

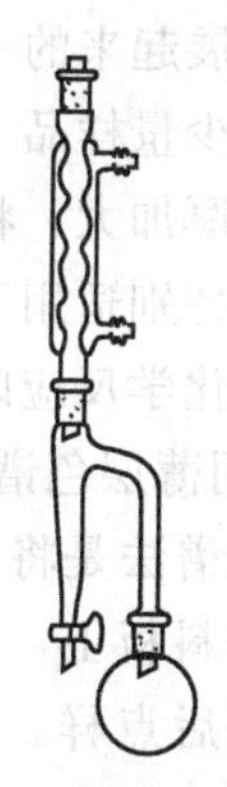

图1-13　带分水器的回流装置

4. 带分水器的回流装置

安装时，以热源的高度为基准，固定烧瓶，再装配分水器和冷凝管，如图1-13。分水器和冷凝管需用铁夹固定。冷凝管下端进水，上端出水。拆除装置时按由上到下的顺序。

该装置常用于可逆反应体系。反应开始后，反应物和产物的蒸气与水蒸气一起上升，流经冷凝管时被冷凝流回分水器中。静置后分层，反应物和产物由侧管流回反应器，而水则从反应体系中被分出。由于反应过程中不断除去了生成的水，因此使平衡向增加反应产物方向移动。

5. 其他回流装置

如图1-14～图1-16，在这些装置中，安装有电动搅拌器、温度计、滴液漏斗等仪器。

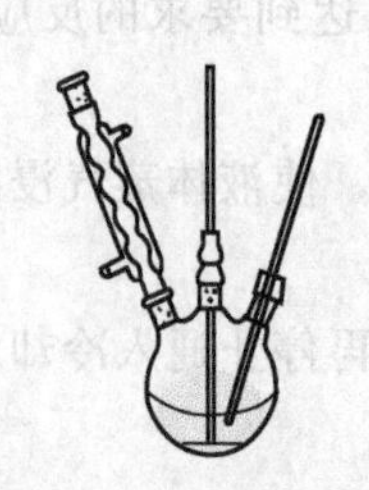

图1-14 带温度计和电动搅拌器的回流装置

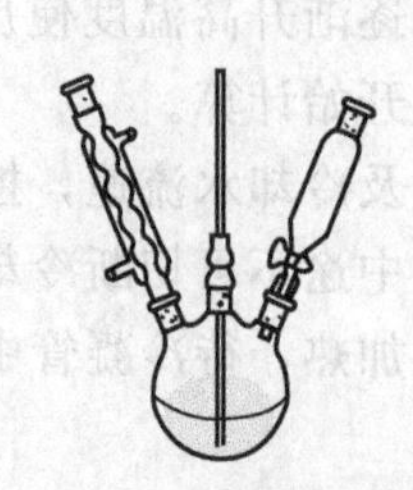

图1-15 带电动搅拌器和滴液漏斗的回流装置

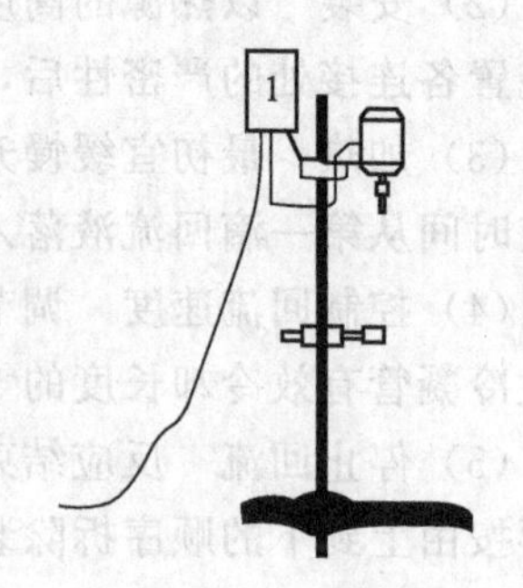

图1-16 电动搅拌器

八、色谱法

色谱法又称色层分析法、层析法或层离法，是一种物理化学分离分析方法。是由分离植物色素而得名，但后来在多数情况下被分离的物质是无色的。色谱法是由一种流动相带着被分离的物质流经固定相，从而使试样中的各组分分离。主要用于混合物的分离和测定。

1. 薄层色谱

薄层色谱（thin layer chromatography，TLC），又称薄层层析，属于固-液吸附色谱。是近年来发展起来的一种微量、快速而简单的色谱法。它兼备了柱色谱和纸色谱的优点，一方面适用于少量样品（几到几十微克，甚至0.01μg）的分离；另一方面在制作薄层板时，把吸附层加厚加大，将样品点成一条线，则可分离多达500mg的样品，因此又可用来精制样品。此法特别适用于挥发性较小或较高温度易发生变化而不能用气相色谱分析的物质。此外，在进行化学反应时，薄层色谱法还可用来跟踪有机反应及进行柱色谱之前的一种“预试”，常利用薄层色谱观察原料斑点的逐步消失来判断反应是否完成。

薄层色谱法是将固定相（通常是活性吸附剂或键合相）均匀地铺在一块光洁平整的玻璃板或塑料板上，形成均匀的薄层。薄层厚度通常是0.25mm，也可根据需要适当地加以改变。然后点样，以流动相展开，样品中的组分不断地被吸附剂（固定相）吸附，又被流动相溶解（解吸）而向前移动。由于吸附剂对不同组分有不同的吸附能力，流动相有不同的解吸能力，因此在流动相向前流动的过程中，不同组分移动的距离不同，因而得到分离。

薄层色谱操作如下：

(1) 制备薄层板

① 准备玻璃片　将玻璃片洗净干燥，若仍有少量油污，可用丙酮或乙醇擦拭干净后待用。

② 羧甲基纤维素钠胶体溶液（0.5%～0.8%）的准备　准备 50mL 蒸馏水，并加入羧甲基纤维素钠 0.25～0.40g，于电炉上加热。加热过程中要搅拌，使羧甲基纤维素钠颗粒分散，煮沸溶液，直至透明澄清。在煮沸过程中，蒸馏水会蒸发一部分，可根据溶液的黏稠度适当补加蒸馏水，并加热煮沸搅匀，冷却静置，使水不溶物沉淀出来。

③ 薄层板的制作　取 2g 薄层色谱硅胶、6～8mL 羧甲基纤维素钠的上层清液于烧杯中搅拌至呈均匀糊状且无气泡。取用少量混合物涂于上述洁净的玻璃片上，并用拇指轻敲玻璃片背面，或将涂有糊状硅胶的玻璃片置于桌面边沿，用手指轻抬一端，然后放下，反复操作，利用轻微的震动使糊状硅胶平均分布在整片玻璃片上，制成薄厚均匀、表面光洁平整的薄层板。

（2）色谱板的活化　将铺好的薄层色谱板置于水平桌面，于室温下晾干，然后放入烘箱中，缓慢升温至 110℃，恒温 0.5h 后取出，置于干燥器中备用。

（3）点样　用铅笔和直尺在距色谱板一端约 1cm 处画上一条直线，并确定好点样的位置作为原点。将样品溶于低沸点的溶剂（乙醚、丙酮、乙醇、二氯甲烷等）配成溶液。用内径 0.3mm 的毛细管吸取少量样品溶液，在起始线上的原点处小心点样，如图 1-17 所示。如需重复点样，则应待前次点样的溶剂挥发后方可重点。若在同一块板上点几个样，样品点间距离为 5mm 以上。

（4）展开　选择合适的展开剂于广口瓶中，使广口瓶内展开剂蒸气饱和 5～10min，再将点好试样的薄层色谱板放入广口瓶中进行展开，点样的位置必须在展开剂液面之上，如图 1-18。当展开剂上升到薄层的前沿（离前端 5～10mm）或多组分已明显分开时，取出薄层板用铅笔划出溶剂前沿的位置，放平晾干或用电吹风吹干表面溶剂。

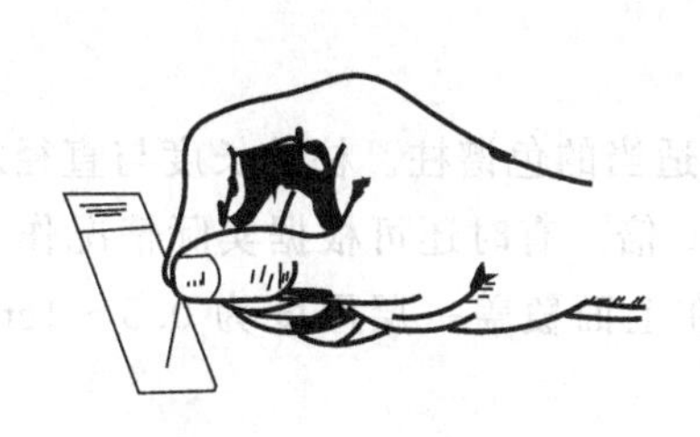

图 1-17　点样操作

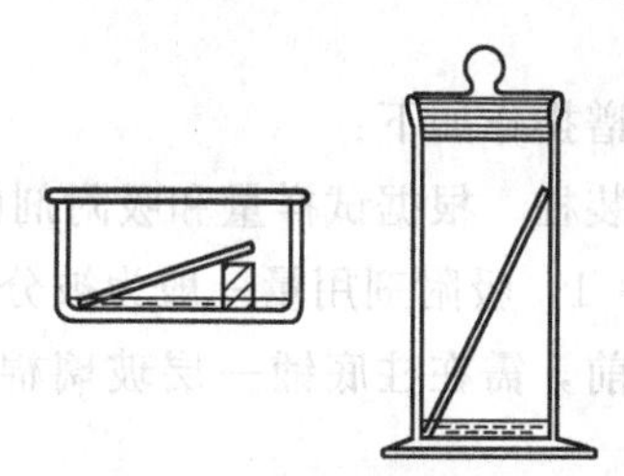

图 1-18　样品在展开剂中展开

（5）显色　如果化合物本身有颜色，可直接观察它的斑点。如果本身无色，可先在紫外灯下观察有无斑点（有苯环或有大的共轭体系的物质一般能在紫外灯下显色）。对于在紫外灯下不显色的，可放在含少量碘蒸气的容器中显色来检查色点（许多化合物都能在碘蒸气中形成黄棕色斑点。还有很多其他的显色剂，如浓硫酸、磷钼酸乙醇溶液、茚三酮等，可根据分离物的具体结构针对性地选用）。显色后，立即用铅笔标出斑点的位置。

（6）计算 R_f 值　准确地找出原点，溶剂前沿以及样品展开后斑点的中心，分别测量溶剂前沿和样点在薄层板上移动的距离，求出其 R_f 值。

$$R_f=\frac{\text{组分移动的距离}}{\text{溶剂前沿的距离}}=\frac{\text{原点至组分斑点中心的距离}}{\text{原点至流动相前沿的距离}}$$

例如，在图 1-19 中，组分 A 的比移值：$R_{fA}=\frac{a}{l}$；组分 B 的比移值：$R_{fB}=\frac{b}{l}$。

2. 柱色谱

柱色谱（column chromatography）又称柱层析，是通过色谱柱来实现有机物的分离的。如图 1-20 所示，色谱柱内装有表面积很大、经过活化的固体吸附剂作固定相。液体样品从柱顶加入，在柱的顶部被吸附剂吸附，然后再从柱顶部加入有机溶剂作为洗脱剂（流动相）。由于吸附剂对各组分的吸附能力不同，各组分随着洗脱剂向下移动的速度也不同，被吸附较弱的组分移动较快，被吸附较强的组分移动较慢。这样，各组分随洗脱剂就按一定顺序从色谱柱下端流出，将其分别进行接收，则可得到各单一组分的溶液，其中的溶剂可以通过蒸发蒸出。

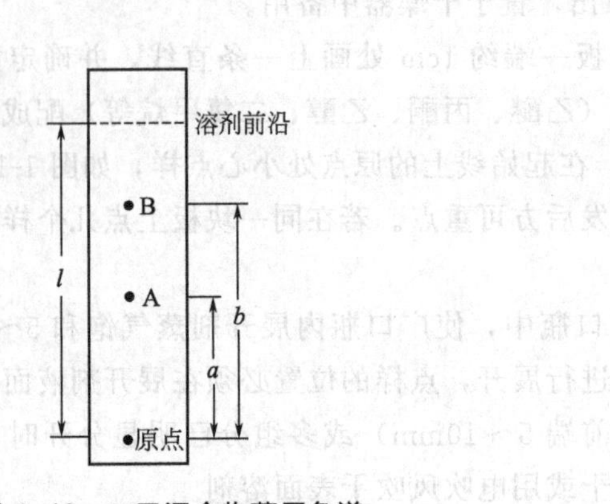

图 1-19 二元混合物薄层色谱

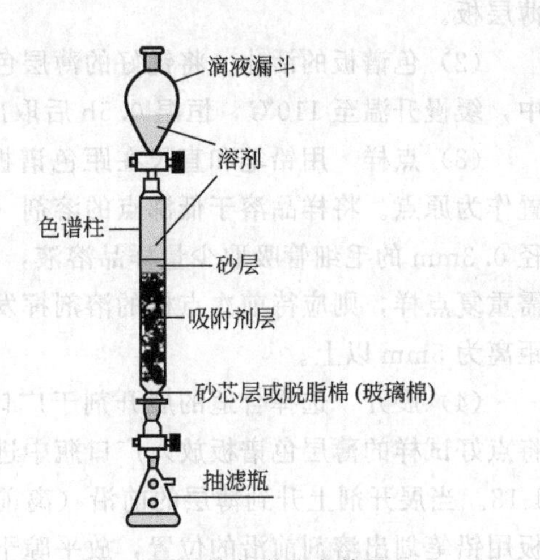

图 1-20 柱色谱分离装置

柱色谱操作如下：

(1) 装柱 根据试样量和吸附剂的性质选择规格适当的色谱柱。柱的长度与直径之比一般为 7.5∶1，吸附剂用量一般为被分离样品的 30～40 倍。有时还可根据实际情况作一些调整。装柱前，需在柱底铺一层玻璃棉或脱脂棉，再在上面覆盖一层厚度为 0.5～1cm 的石英砂。

装柱有干法和湿法两种。

① 湿法 关闭下端旋塞，再加入溶剂（一般为石油醚）至柱体积 1/4，然后将一定量的溶剂和吸附剂调成的糊状迅速从柱顶倒入柱内，同时打开柱下端旋塞，并用锥形瓶接收。随着溶剂不断滴出，吸附剂慢慢下沉，并用洗耳球或橡皮管轻轻敲打柱身，使硅胶填充均匀、紧密。柱装好后，上面再覆盖一层 0.5～1cm 的石英砂。

② 干法 将吸附剂均匀连续地倒入柱内，同时用洗耳球或橡皮管轻轻敲打柱身，使吸附剂填装均匀。然后再加入溶剂，让溶剂将吸附剂全部润湿，最后再在吸附剂上面覆盖一层 0.5～1cm 的石英砂。

(2) 上样 上样也有干法和湿法两种。

① 干法 在烧瓶内加入待分离的干燥样品，并加入溶剂使其完全溶解，之后加入 0.5～

1g 柱色谱硅胶使其充分吸收。蒸发溶剂使呈分散的粉末状，然后将该吸附有样品的硅胶颗粒转入柱中，用少量装柱溶剂洗下管壁的样品硅胶颗粒。最后上面加上一层脱脂棉或石英砂，加入洗脱剂，使脱脂棉或石英砂完全浸没。

② 湿法　将待分离的干燥样品用少量溶剂使其完全溶解，然后沿色谱柱管壁小心均匀地加入柱内，并用少量溶剂分几次将容器和柱壁所沾样品转移至柱内。最后在上方加上一层 0.5～1cm 石英砂，加入洗脱剂，使石英砂完全浸没。

(3) 洗脱　将配制好的流动相（洗脱剂）加入柱中，开始洗脱。经常更换接收容器，并用薄层色谱跟踪各接收容器内洗脱的成分，判断该容器中组分是否单一。若某容器中含有一种以上的组分，则这部分溶液需浓缩后需重新上新柱再分离。

(4) 蒸发溶剂　合并含相同组分的溶剂，将其中的溶剂蒸发，称量组分质量。

任务九　练习玻璃管的简单加工及装置的装配

一、练习玻璃管的简单加工

有机化学实验中，常常需要将玻璃管制成各种形状各规格的配件去装配仪器。而这些配件往往是实验者自己做，比较方便、快捷。

1. 酒精喷灯的使用

图 1-21 所示为酒精喷灯，其火焰温度可达 1000℃左右。使用前，旋开加注酒精的螺旋盖，通过漏斗把酒精倒入贮酒精罐。为了安全，酒精的量不可超过罐内容积的 80%（约 200mL）。随即将盖旋紧，避免漏气。然后把灯身倾斜 70°，使灯管内的灯芯沾湿，以免灯芯烧焦。

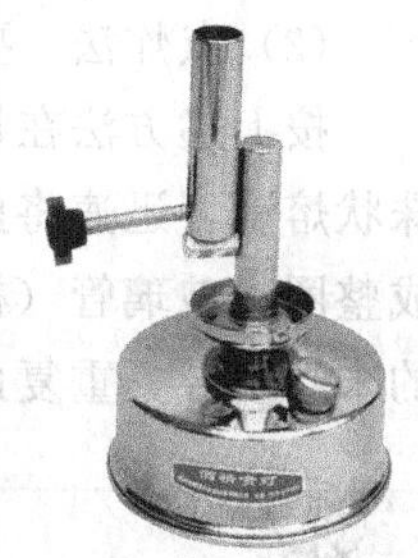

图 1-21　酒精喷灯

在预热盘中注入酒精，点燃后铜质灯管受热。当喷口火焰点燃后，开启灯管上的开关调节空气量，使火焰达到所需的温度。一般情况下，进入的空气越多，即氧气越多，火焰温度越高。用毕后，可用事先准备的废木板（或湿布）平压灯管上方，火焰即可熄灭，然后垫着布旋松螺旋盖（以免烫伤），使罐内温度较高的酒精蒸气逸出。

(1) 喷灯工作时，灯座下绝不能有任何热源，环境温度一般应在 35℃以下，周围不要有易燃物。

(2) 当罐内酒精耗剩 20mL 左右时，应停止使用，如需继续工作，要把喷灯熄灭并降温后再增添酒精，不能在喷灯燃着时向罐内加注酒精，以免引燃罐内的酒精蒸气。

(3) 使用喷灯时如发现罐底凸起，要立即停止使用，检查喷口有无堵塞，酒精有无溢出等，待查明原因，排除故障后再使用。

(4) 每次连续使用的时间不要过长。如发现灯身温度升高或罐内酒精沸腾（有气泡破裂声）时，要立即停用，避免由于罐内压强增大导致罐身崩裂。

2. 玻璃管（棒）的切割

（1）折断法　将玻璃管（棒）放在实验台边缘，左手握住玻璃管（棒），用锉刀的棱锋压在切割点上，朝一个方向用力划，左手同时把玻璃管缓慢朝相反方向转动，这样，玻璃管（棒）上便会划出一道清晰、细直的凹痕，如图 1-22。

注意：锉痕时，锉刀不能来回运动，这样会使锉痕加粗，不便折断或折断后断面边缘不整齐。

在锉痕处滴一滴水，以降低玻璃的强度，然后双手握住锉痕两端，锉痕朝外，两手拇指抵住锉痕背面，稍稍用力向前推，同时向两端拉（三分推力，七分拉力），如图 1-23。这样可以折成整齐的两段，有时为了安全，可在两端包布。

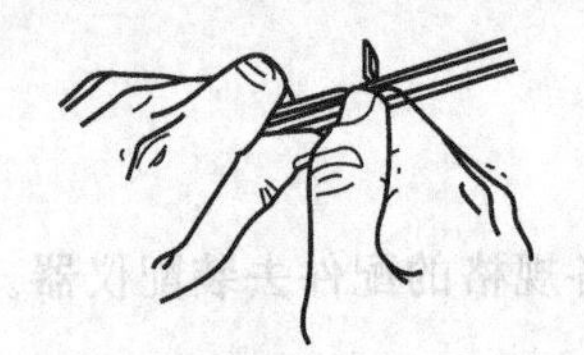

图 1-22　玻璃管（棒）的折断

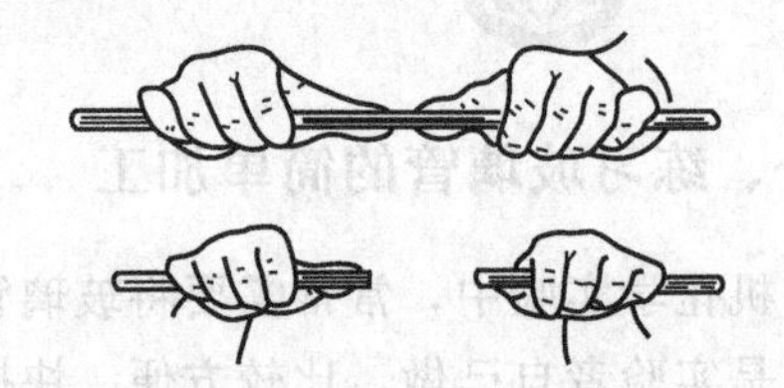

图 1-23　玻璃管（棒）的锉痕

（2）点炸法　要在接近玻璃管端口处折断时，可用该法，以避免两手不方便平衡用力。按上述方法在切割点处锉痕，滴上水，然后将一根拉细的玻璃棒用灯焰加热至白炽而成珠状熔滴，迅速将此熔滴触压到滴过水的锉痕一端，锉痕由于骤然强热而炸裂，并不断扩展成整圈，玻璃管（棒）自行断开。若裂痕未扩展成圆圈，可再次熔烧玻璃棒，用熔滴在裂痕的末端引导，重复此操作，直至玻璃管（棒）完全断开。

注意：切断后的断口非常锋利，容易割伤皮肤和损坏橡皮管，也不易插入塞子的孔道，因此要进行熔光。放在喷灯火焰边缘，转动加热，熔烧光滑为止。熔烧时间不能太长，以防口径变形。

3. 玻璃管（棒）的弯制

实验中，常用到不同弯度的玻璃管，须自制成不同角度的玻璃管。弯制玻璃管（棒）分快弯法和慢弯法两种。

（1）快弯法　快弯法又称吹气弯曲法，如图 1-24。将玻璃管一端先用橡皮头或棉花堵上，也可以先熔封。将待弯曲部位在小火中来回移动预热，然后在氧化焰中均匀、缓慢旋转加热，加热面应约为玻璃管直径的 3 倍。玻璃管慢慢软化到接近流淌的程度，注意保持玻璃管不变形，使玻璃管离开火焰，将玻璃管迅速按竖直、弯曲、吹气三个连续动作，弯制成所需要的角度。如果一次弯曲的角度不合适，可以在吹气后，立即进行小幅度调整。在弯管时要注意弯管在同一平面上。

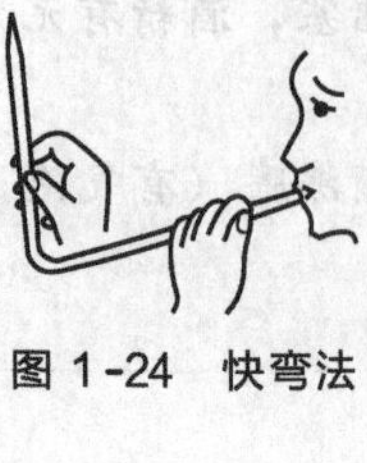

图 1-24　快弯法

(2) 慢弯法　慢弯法又叫分层次弯曲法。如图1-25，将弯曲部位先放在火焰上预热，再放入氧化焰中加热。加热时，要求两手均匀缓慢地向同方向转动玻璃管（棒），不能向内或向外用力，避免改变管径。当受热部位软化后，离开灯焰，轻轻弯成一定角度（约20°），如此反复操作，直到弯成所需角度即可。

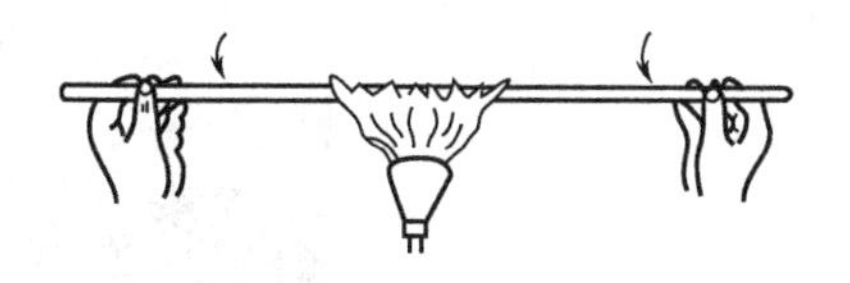

图1-25　慢弯法

注意：当玻璃管弯出一定角度后，再加热时，就须使顶角的内外两侧轮流受热，同时两手要将玻璃管在火焰上作左右往复移动，以使弯曲部位受热均匀。弯管时，不能急于求成，烧得太软，弯得太急，容易出现瘪陷和纠结；若烧得不软，用力过大，则容易折断。

合格的弯曲玻璃管（棒），从整体上看，应该在同一平面内，无瘪陷、扭曲，内径均匀。

(3) 退火　无论哪种方法弯制玻璃管，最后都需要退火处理。

对刚加工完的玻璃制品的受热部位，放在较弱的火焰中重新加热一下，扩宽受热面积，以抵消管内的热膨胀，防止炸裂。

注意：制好的玻璃制品在变硬后应置于石棉网上，千万不能置于瓷板或沾冷水，否则会破裂。

4. 玻璃管（棒）的拉伸

(1) 滴管的制作　取一根玻璃管，双手持握两端，中间部位小火预热后，于氧化火焰中左右往复移动加热，待玻璃管烧至微红变软，旋转并使其缓慢拉长，切割成尾管，拉伸部分要圆且直，如图1-26。冷却后，用砂片在拉细的玻璃管中央轻轻划一下，两手分别执玻璃管两端轻轻一拉，便被一分为二。将细口端在弱火中轻轻熔光，粗口端在强火中均匀烧软后，垂直于石棉网上按一下，使外缘突出。冷却后，装上乳胶头，即成两支滴管。

(2) 毛细管的制作　先将玻璃管内部洗净后烘干。拉制手法与滴管制作时一样，只是玻璃管要烧得更软些，受热部位红黄时，从火焰中移出，两手平稳地、边往复旋转边水平拉伸，拉伸速度先慢后快，直到拉成需要的规格为止。冷却后，用砂片截取15cm长，并将两端于酒精灯的小火焰边缘处，不断转动熔光。

5. 橡皮塞的钻孔

(1) 橡皮塞选配　塞子进入瓶颈或管颈的部分不应小于塞子本身高度的1/3，也不大于2/3，一般在1/2为宜。

(2) 钻孔　如图1-27，将塞子小的一端朝上，左手扶住，右手持钻孔器，可在钻孔器上涂少许甘油或水作润滑剂施加压力，顺时针方向旋转，要垂直转入，转至1/2时，逆时针旋出。然后从另一面钻孔，最后用圆锉刀修复。

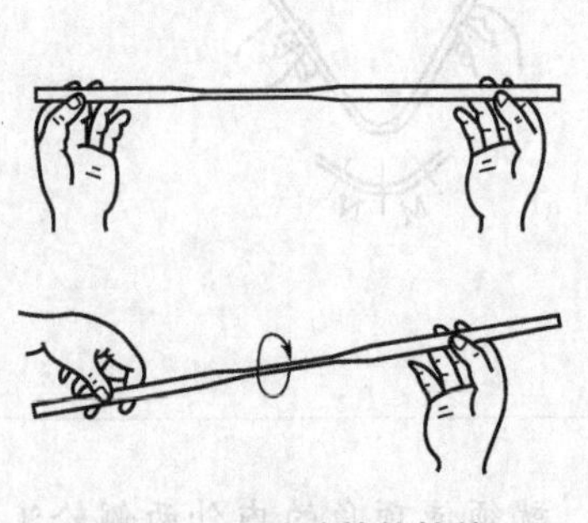

图1-26　玻璃管的拉伸

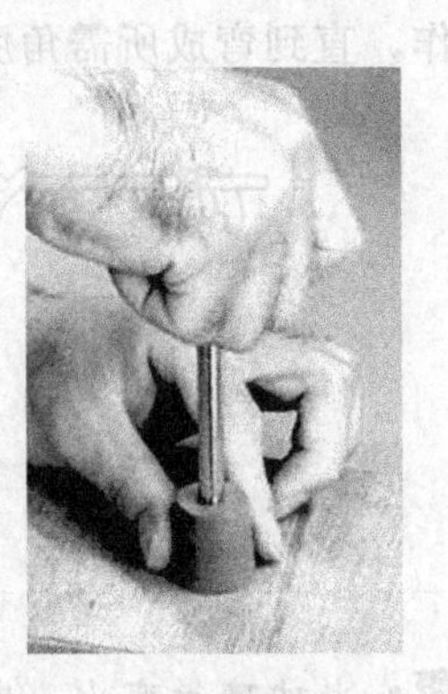

图1-27　橡皮塞钻孔

二、练习实验装置的连接与装配

仪器安装得正确与否，直接影响实验的成败。在安装各类仪器时一般遵循以下原则：

(1) 仪器与配件的规格和性能要适当。如反应烧瓶中所盛物料一般为其容积的1/2～2/3；烧瓶有圆底和平底之分，圆底常用于需要加热的反应中。

(2) 仪器与配件在安装前要洗涤和干燥。

(3) 仪器与配件上的塞子要在组装之前配置好。使用橡皮塞连接或固定装置时，一般应先用甘油或水润湿玻璃管（棒）或温度计欲插入的一端，然后一手持塞子，一手握住玻璃管（棒）或温度计距塞子2～3cm处，均匀而缓慢地将其旋入塞孔内，不能用顶进的方法强行插入。

(4) 安装仪器时，应选好主要仪器的位置，一般按先下后上，由左到右，逐个将仪器连接并固定在铁架台上。要尽量使仪器的中心线都在一个平面内。拆卸的顺序则与组装相反。拆卸前，应先停止加热，移走热源，待稍微冷却后，再逐个拆掉。拆冷凝管时注意不要将水洒到电热套上。

(5) 固定仪器用的铁夹上应套有耐热橡皮管或贴有绒布，不能使铁器与玻璃仪器直接接触。铁夹在夹持时，不应太松也不能太紧，加热的仪器要夹住受热最低的部位，冷凝管应夹在受力的中央部位。组装的仪器装置应正确、稳妥、严密、整齐、美观、便于操作。

请按照以上原则，自制毛细管、滴管和洗瓶，练习常见有机实验装置如过滤、萃取、回流、蒸馏、分馏装置的装配，学会薄层色谱板的制作、点样、展开以及色谱柱的装柱、上样等操作。

任务十　熟悉物理常数的测定方法

有机化合物的物理常数主要包括熔点、沸点、密度、折射率和旋光度等，它们分别以具体的数值表达化合物的物理性质，这些物理性质在一定程度上反映了分子结构的特性。所以，物理常数是有机化合物的特性常数。通过物理常数的测定来鉴别有机化合物是十分重要的。此外，杂质的存在，必然引起物理常数的改变，所以，测定物理常数也可作为检验纯度的标准。

通常，固体试样可以测其熔点，液体试样测密度、折射率等，具有旋光活性的物质还可测旋光度。

一、熔点

熔点是检验化合物纯度的标志之一。所以熔点的测定是有机物定性分析中一项极重要的操作，熔点测得不准，容易导致错误的结论。

在常温、常压下，物质受热从固态转变成液态的过程叫熔化。反之，物质放热从液态转变为固态的过程叫凝固。在一定条件下，固态和液态达到平衡状态相互共存时的温度，就是该物质的熔点。物质从开始熔化（初熔）到完全熔化（全熔）的温度范围叫熔点范围，又称为熔程或熔距。

纯物质通常有很敏锐的熔点，且熔点范围狭窄，一般不超过1℃。如果含有杂质，熔点就会降低，熔程也会增长，通常都在1℃以上。所以，熔点是检验固体有机化合物纯度的重要标志，有时还可通过测定纯度较高的有机化合物的熔点来进行温度计的校正。

在鉴定未知物时，如果测得的熔点与某已知物的熔点相同（或相近），并不能就此完全确认它们为同一化合物，因为有些不同的有机物却具有相同或相近的熔点。此时，可将二者等比例混合，测该混合物的熔点，若熔点不变，则可认为是同一物质，否则，便是不同种物质。

1. 毛细管法测熔点

（1）装置　毛细管法是测定熔点最常用的基本方法。一般都是采用热浴加热，优良的热浴应该装置简单、操作方便，特别是加热要均匀、升温速度要容易控制。在实验室中一般采用提勒管或双浴式热浴。

提勒管（Thiele tube，又称b形管），内盛浴液，液面高度以刚刚超过上侧管1cm为宜，加热部位为侧管顶端，这样可便于管内浴液较好地对流循环。将装好样品的熔点管用小橡胶圈固定在分度值为0.1℃的测量温度计上，并使样品部分位于水银球中部。附有熔点管的温度计通过侧面开口的橡胶塞安装在提勒管中。如图1-28所示。

双浴式熔点测定装置由圆底烧瓶、试管、侧面开口塞、测量温度计、辅助温度计及熔点管组成，如图1-29。在250mL圆底烧瓶中盛放浴液（用量约为容积的2/3），将试管通过一侧面开口的橡胶塞固定在烧瓶中，距瓶底约1.5cm处。试管中可加浴液，也可使用空气浴（不加浴液）。然后将缚有熔点管的温度计通过一侧面开口的橡胶塞固定于试管中，距管底约1cm处。另将一辅助温度计用小橡胶圈固定在测量温度计的外露部位。

（2）操作　无论采用哪种装置，操作方法基本相同。以提勒管式为例加以介绍。

① 样品准备　取待测样品研细，在烘箱中充分干燥后于干燥器内保存。

② 样品填装　取干燥的待测样品0.1g，在洁净干燥的表面皿中堆成小堆。将内径约为1mm的熔点管开口端向样品粉末堆中插几次，样品进入熔点管中。竖起熔点管，开口向上，在桌面上敲几下使物料掉到管底。为了保证样品填装得均匀结实，可取一支长约40cm的玻

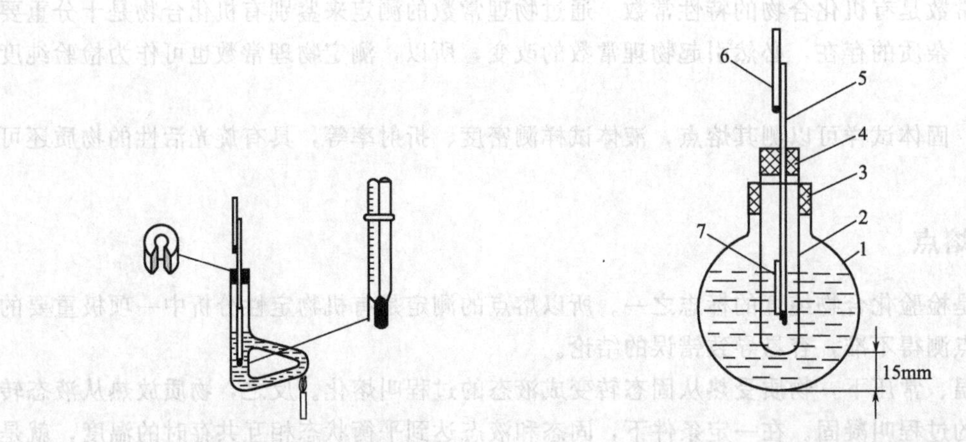
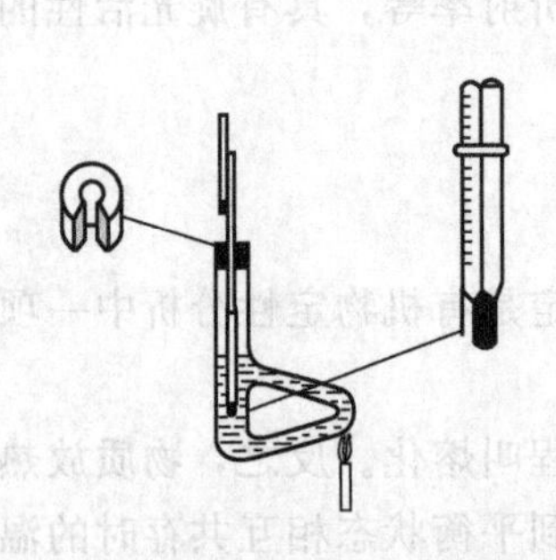

图 1-28 提勒管式熔点测定装置

图 1-29 双浴式熔点测定装置

1—圆底烧瓶； 2—试管； 3，4—侧面开口橡胶塞；
5—测量温度计； 6—辅助温度计； 7—熔点管

璃管，垂直竖立在一块干净的表面皿上，将熔点管开口端向上，由玻璃管上口投入，使其自由落下。反复操作几次，样品就被紧实地填装在熔点管底部了。为了保证测定结果更准确，毛细管中填装好的样品高度一般约为 2～3mm。对于易分解、易脱水、易吸潮或升华的试样，应将熔点管的另一端也熔封。

③ 安装仪器　将提勒管固定在铁架台上，装入浴液。然后按图 1-28 安装附有熔点管的温度计。注意温度计刻度值应置于塞子开口侧并面向操作者以便于读数。熔点管应附于温度计侧面而不能在下面或背面，以便观察管内固体的熔化情况。

④ 加热测熔点　用酒精灯在提勒管侧管弯曲处的底部加热。开始时，升温速度可稍快些，大约每分钟上升 5℃。当距离熔点约 10℃时，应将升温速度控制在每分钟上升 1～2℃，接近熔点时，还应更慢些（约 0.5℃/min）。此时应密切关注熔点管内的变化情况。当发现样品出现潮湿或塌陷时，表明固体开始熔化，温度计上对应的温度即为初熔温度。当固体完全熔化，呈透明状态时，记录此时温度计的读数，即全熔温度。这两个温度值便是该化合物的熔程。如一化合物的初熔温度为 85℃，全熔温度为 85.5℃，则该化合物的熔程（或熔点范围）表示为 85～85.5℃。

熔点的测定，至少要有两次重复的数据。每次测定，都必须重新更新熔点管，并使浴液冷却至低于样品熔点 10℃以下，方可重复操作。

测定熔点时，温度计不是完全浸没在热浴液中的，有一段水银柱外露在空气中，由于受空气冷却的影响，会使观测到的温度比真实浴液温度低一些。因此，可通过 $t=t_1+\Delta t_1$ 进行校正，其中，$\Delta t_1=0.00016(t_1-t_2)h$。

式中　t——待测样品的熔点，℃；

0.00016——玻璃与水银膨胀系数的差值；

t_1——测量温度计的读数，℃；

t_2——辅助温度计的读数，℃；

h——测量温度计外露在热浴液面的水银柱高度所对应的刻度值，℃。

2. 显微熔点法测熔点

该法所用的仪器为显微熔点仪，如图1-30所示。仪器主要由电加热载物台、显微镜、升温旋钮等组成。测定熔点时，可通过放大倍数的显微镜观察固体熔化的情况，初熔点和全熔点可通过仪器面板上显示的温度直接读出。用这种仪器来测定熔点，能直接观察结晶在熔化前后的变化，且测定时，只需要少许几粒晶体就能测定，特别适用于微量分析。

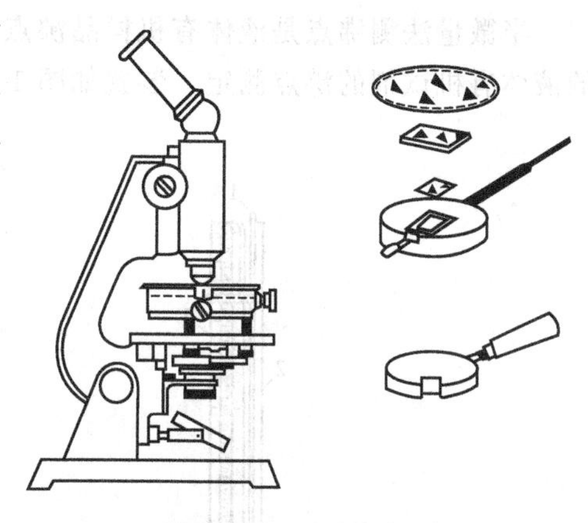

图1-30 显微熔点仪

二、沸点

沸点和折射率是检验液体有机化合物纯度的标志。

沸点是指液体的蒸气压与外界压力相等时的温度。纯净液体受热时，其蒸气压增大，当液体蒸气压等于外界大气压时，液体沸腾，此时对应的温度称为该液体的沸点。由于沸点随气压的改变而发生变化，所以如果不是在标准气压下进行沸点测定，必须将所测得的沸点加以校正。

纯物质在一定压力下有恒定的沸点，其沸点范围（沸程）一般不超过1～2℃，若含有杂质，则沸程增大。因此，测定沸点可以鉴定有机化合物及其纯度。

注意： 并非具有固定沸点的液体就一定是纯净物，因为有时某些共沸混合物也具有固定的沸点。所以沸程小的物质，未必就是纯物质。

1. 毛细管法测沸点（微量法）

毛细管法测沸点通常在沸点管中进行。沸点管是一支直径4～5mm、长70～80mm的一端封闭的玻璃管与一根直径1mm、长90～110mm的一端封闭的毛细管所组成。取待测样0.3～0.5mL注入玻璃管中，将毛细管开口端向下置于其中。将沸点管缚于温度计上（如图1-31），然后置于热浴中，缓慢加热，直至从倒插的毛细管中冒出一股快而连续的气泡流时，移去热源，气泡速度因冷却而逐渐减慢，当气泡停止逸出而液体刚要进入毛细管时，表明毛细管内蒸气压等于外界大气压，此刻的温度即为样品的沸点。

注意： 加热不可过剧，否则液体迅速蒸发至干而无法测定；但必须将样品加热至沸点以上再停止加热。若在沸点以下就移去热源，液体就会立即进入毛细管内，这是由于管内集积的蒸气压力小于大气压的缘故。

微量法的优点是很少量样品就能满足测定的要求。缺点是只有样品特别纯才能得到准确值。如果试样含少量易挥发杂质，则所得的沸点值偏低。

2. 半微量法测沸点

半微量法测沸点是液体有机样品沸点测定的通用试验方法，适用于易受热分解、易氧化的液体有机试剂的沸点测定，装置如图 1-32 所示。

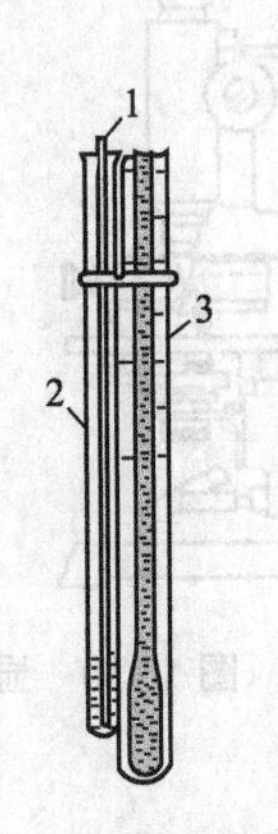

图 1-31　毛细管法测沸点

1—一端封闭的毛细管；2—一端封闭的玻璃管；3—温度计

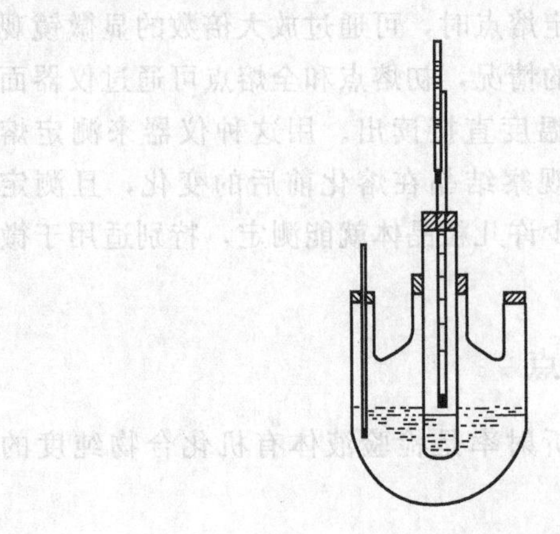

图 1-32　半微量法测沸点

将盛有待测样品的试管由三口烧瓶的中口放入瓶中距瓶底 2.5cm 处，用侧面开口橡胶塞将其固定。烧瓶内盛放浴液，其液面应略高出试管中待测样品的液面。将分度值为 0.1℃ 的测量温度计通过侧面开口橡胶塞固定在试管中距样品液面约 2cm 处，测量温度计的外露部分与一支辅助温度计用小橡胶圈套在一起。三口烧瓶的一侧口可装上一支测浴液的温度计，另一侧口用塞子塞上。

沸点测定时，测量温度计外露水银柱被空气冷却，会使观测到的温度比真实浴液温度低，需对这部分的温度进行校正，计算方法和公式与熔点的校正一样。另外，沸点受大气压强影响较明显，因此还需将实际压强下的沸点校正到标准大气压时的沸点。当实际气压与标准大气压相差 30mmHg 以内时可由下列公式进行校正。

$$t=t_1+\Delta t_1+\Delta t_2$$

其中，

$$\Delta t_1=0.00016(t_1+t_2)h$$

$$\Delta t_2=\lambda(760-p)(t_1+273)$$

式中　t——待测样品的沸点，℃；

0.00016——玻璃与水银膨胀系数的差值；

t_1——测量温度计的读数，℃；

t_2——辅助温度计的读数，℃；

h——测量温度计外露在热浴液面的水银柱高度所对应的度数，℃；

λ——对于缔合性液体如醇、羧酸等，取值为 0.00010；对于非缔合性液体如烃、醚、卤代烃，取值为 0.00012；

p——测定条件下的大气压（单位需换算成 mmHg，其中 1mmHg=133.32Pa）。

三、相对密度

相对密度（relative density）是有机化合物的又一个重要的物理常数。特别是许多惰性有机化合物，如烷烃等，由于它们的性质较稳定，故只能用沸点、折射率及相对密度等作为确证结构的重要依据。

物质的相对密度是指在 t℃时物质的质量与同体积水的质量的比值。密度随温度不同而不同，因此要注明温度条件。用 d_4^{20} 表示的相对密度是指 20℃的物质与 4℃水相比的密度。但由于 4℃比室温低很多，不易测准，故常在 20℃测定密度，用下式换算成对 4℃水的密度：

$$d_4^{20}=d_{20}^{20}\times 0.99823$$

测量样品密度的方法有密度计法、密度瓶法和韦氏天平法等。

四、折射率

折射率又称折光指数，若温度一定，对两种固定的介质而言，折射率 n 是一个常数，它是物质的重要物理性质参数之一。通过折射率的测定，可以了解物质的组成、纯度及结构等。

光线在不同物质中传播速度不同，当光线从一种物质进入另一物质时，在两种物质的界面处将发生折射。根据折射定律对任何两种介质，在一定波长与一定外界条件下，入射角与折射角正弦之比为一常数：

$$n=\frac{\sin i}{\sin\alpha}$$

式中 n——光在待测介质中的折射率；

i——光的入射角；

α——光的折射角。

一般使用阿贝折射仪来测定折射率，其结构示意图如图 1-33 所示。若光线从光疏介质进入光密介质，折射角小于入射角，改变入射角使其达到 90°，此时的折射角最大，称为临界角，阿贝折射仪测定折射率是基于测定临界角的原理。为了测定临界角，阿贝折射仪采用了“半暗半明”的方法，让单色光由 0°～90°的所有角度从介质Ⅰ射入介质Ⅱ，这时介质Ⅱ中临界角以内的整个区域均有光线通过，因此是明亮的，而临界角以外的全部区域没有光线通过，因此是暗的，明暗两区界线十分清楚。如果在介质Ⅱ的上方用一目镜观察，就可看见一个界线十分清楚的半明半暗视场，如图 1-34 所示。

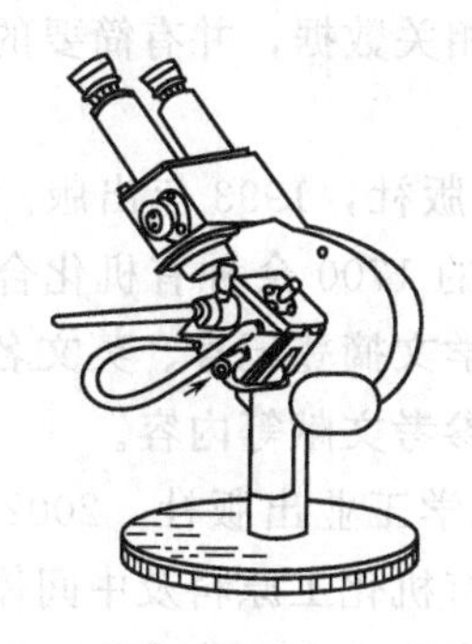

图 1-33 阿贝折射仪结构示意图

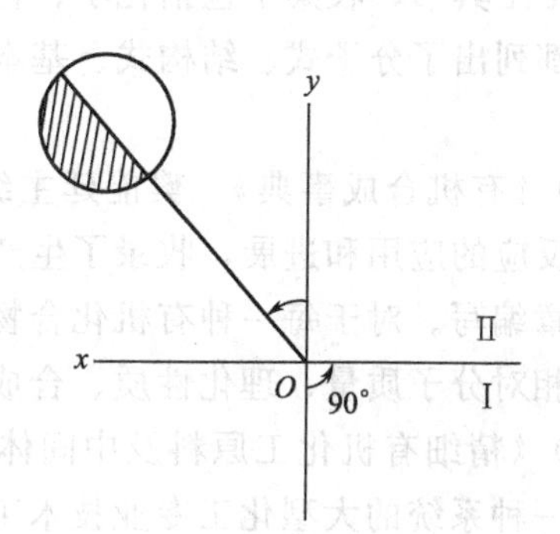

图 1-34 阿贝折射仪目镜视野

因各种液体的折射率不同，要调节入射角始终为 90°，在操作时，只需旋转棱镜转动手轮即可。从刻度盘上可直接读出折射率。具体操作方法可参阅实验室提供仪器的使用说明。

由于测定折射率所需样品量少、测量精度高、重现性好，常用来定性鉴定液体物质或其纯度以及定量分析溶液的组成等。

五、旋光度

当平面偏振光通过含有某些光学活性的化合物液体或溶液时，能引起旋光现象，使偏振光的平面向左或向右旋转一定的角度。旋光物质使偏振光振动面旋转的角度称为旋光度，通常用 α 表示。如果旋转方向是顺时针称为右旋，用（+）表示，逆时针转动称为左旋，用（一）表示。

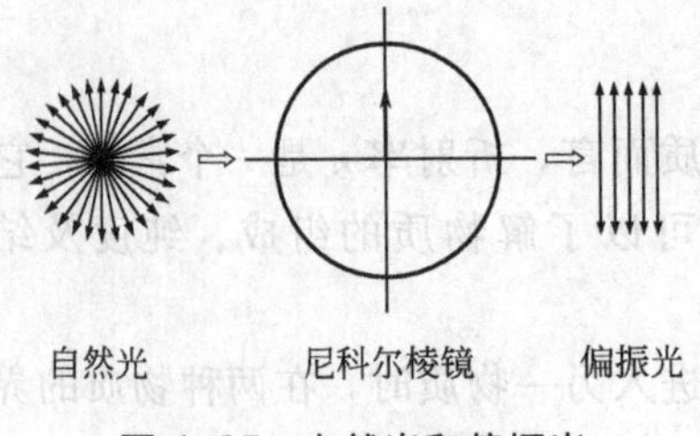

图 1-35　自然光和偏振光

一般光源发出的光，其光波在垂直于传播方向的一切方向上振动，这种光称为自然光。当光线通过尼科尔（Nicol）棱镜（其作用像一个光栅）时，只有与棱镜晶轴平行的振动的光可以通过。这种只在一个方向上振动的光称为平面偏振光，简称偏振光，如图 1-35 所示。

测量旋光度的仪器为旋光仪，旋光度 α 的数值可直接从仪器上读出。旋光仪主要由光源、起偏镜、盛液管、检偏镜和目镜等组成。具体操作方法可参阅实验室提供仪器的使用说明。

任务十一　学会文献资料的检索与方案的制订

一、文献资料的检索

在实验前，需要知道一些有机化合物的物理性质、化学性质、制备方法、检验标准等技术参数，以便更好地设计实验、控制实验条件。

1. 工具书

（1）《化工辞典》（第四版）　王箴主编，化学工业出版社，2000 年出版。这是一部综合性的化工工具书，收集了包括化学、化工、医药、环保等各种词目 16000 余条，对所涉及的化合物都列出了分子式、结构式、基本的物理化学性质及相关数据，并有简要的制法和用途说明。

（2）《有机合成事典》　樊能廷主编，北京理工大学出版社，1993 年出版。依据经典有机合成反应的应用和进展，收录了生产、教学、科研常用的 1700 余种有机化合物，按反应类型分章编写。对于每一种有机化合物，介绍了品名、化学文摘登记号、英文名、别名、分子式、相对分子质量、理化性质、合成反应、操作步骤和参考文献等内容。

（3）《精细有机化工原料及中间体》　徐克勋主编，化学工业出版社，2002 年出版。该手册是一种系统的大型化工专业技术工具书，全书搜集了有机化工原料及中间体达 3000 种，按化学结构分为脂肪族化合物、脂环族化合物、芳香族化合物、杂环化合物、元素有机化合物等内容。

（4）《精细有机化工制备手册》　章思规主编，科学技术文献出版社，1994 年 4 月出版。

该手册分为两部分，分别是单元反应（含实例）、附录。单元反应共有十二章，分章介绍碘化、硝化、卤化、还原、胺化、烷基化、氧化、酰化、羟基化、酯化、成环缩合、重氮化与偶合。实例各条目以产品为中心，每一条目按条目标题（中、英文名）、结构式、分子式、相对分子质量、别名、性状、生产方法、产品规格、原料消耗、用途、危险性质、国内生产厂家、参考文献等进行介绍。

(5)《化学实验规范》 北京师范大学《化学实验规范》编写组编著，北京师范大学出版社，1990 年出版。对各类化学实验的教学要求和规范操作、实验仪器及装置的构造、原理、使用方法与注意事项进行了详尽的介绍。对于规范实验操作具有很好的指导作用。

2. 化学期刊

国外主要刊物有《德国应化》(Angewandte Chemie International Edition)、《美国化学会志》(Journal of the American Chemical Society)、《有机化学杂志》(Journal of Organic Chemistry)、《英国化学会志》(Journal of the Chemical Society) 等；国内主要刊物如《中国科学》、《化学学报》、《有机化学》、《应用化学》、《精细化工》、《化学世界》、《化工进展》等。

3. 文摘

文摘提供发表在杂志、期刊、综述、专利和著作中原始论文的简明摘要。美国《化学文摘》(Chemical Abstracts，简称 CA) 是收集文献最全的文摘性刊物。其检索系统比较完善，有期索引、卷索引、累计索引（作者索引、专利索引、化学物质索引、分子式索引、普通主题索引）等。

4. 互联网资源

中国知网：http：//www. cnki. net；

中国国家数字图书馆：http：//www. nlc. gov. cn；

清华大学图书馆：http：//lib. tsinghua. edu. cn；

北京大学图书馆：http：//lib. beihua. edu. cn；

有机化合物数据库：http：//www. colby. edu/chemistry/cmp/cmp. html。

二、方案的制订

1. 物质的用途及制备方法

通过资料查阅拟制备物质的主要用途，了解其在工业生产及生活中的用途、主要工业制法和实验室制法，并分析制备方法的特点。通过比较，根据实验室实际条件，选择一种切实可行的制备方法。

选择合理的制备路线，需要综合考虑各方面的因素，一般尽量满足以下条件：

(1) 原料资源丰富，便宜易得，生产成本低；

(2) 副反应少，产物易纯化，总收率高；

(3) 反应步骤少，时间短，反应条件温和，实验设备简单，操作安全方便；

(4) 不产生或少产生污染环境的“三废”，副产品可以综合利用；

(5) 减少制备中所需的各种试剂用量，尽量回收利用。

2. 原料的性质

查阅资料，充分了解原料的性质及相关参数，为方案的制订、实验操作以及“三废”处理做好相关准备。

3. 物质的纯化、检验方法及物理性质

分析物质的分离提纯手段、质量检验方法、物理性质，并根据实际情况，对部分物理常数进行测定。

4. 鉴别

通过查阅资料，学习物质的物理化学性质，提出鉴别方法。

5. 实验注意事项

分析实验中的注意事项，尽量避免实验过程中的危险或不规范操作，以保证实验能顺利安全进行。

6.“三废”处理方法

根据原料、产物、副产物的性质分析“三废”的处理方法，增强环保意识。

结合拟订的制备、分离纯化、物理常数的测定、鉴别等方案，整理实践所需的仪器和试剂、实验装置，制订实践工作计划，再付诸实践。

强化练习

1. 问答题。

（1）你身边的哪些物质是有机化合物？试举例，并说明有机化合物有哪些特性。

（2）有机化合物的结构特点是什么？

（3）共价键的断裂方式有几种？有机化合物的反应类型有哪些？

（4）为什么有机化合物的种类繁多，数目庞大？

（5）分离提纯有机物有哪些方法？各自的操作是怎样的？应注意哪些问题？

（6）量筒和抽滤瓶可以在烘箱内烘干吗？为什么？

（7）简述蒸馏和分馏原理，并说明它们在装置、操作上有何不同。

（8）测定熔点对确定化合物的纯度及有机物的鉴定有何意义？

（9）可否用第一次测熔点后已经冷却重新结晶的样品再做第二次测定？为什么？

（10）重结晶时，加入的溶剂量应怎样正确控制？

（11）薄层色谱板如何制作？

（12）色谱柱有几种装柱方法？分别如何操作？向装好的色谱柱中上样时，有几种常见的上样方法？分别如何操作？

（13）实验室中如何从固体中提取某种化合物？该实验方法的原理是什么？通常采用什么装置和仪器？

2. 分别用缩简式和键线式表示下列化合物的构造式。

```
        H  H  H  H  H  H                      H     H     H   H
        |  |  |  |  |  |                      |     |     |   |
(1) H—C—C—C—C—C—C—H             (2)  H—C—— C —— C — C—H
        |  |  |  |  |  |                      |     |     |   |
        H  H  H  H  H  H                      H  H—C—H   H   H
                                                    |
                                                    H
```

```
      H   H   H   H   H                          H
      |   |   |   |   |                         /
(3) H—C—C—C═C—C—H                          O
      |   |           |                         |
      H   H           H                         C
                                             //   \
                                   (4)  H—C       C—H
                                           |       ||
                                        H—C       C—H
                                             \\   /
                                                C
                                                |
                                                H
```

3. 某有机物由 C、H 和 S 三种元素组成，燃烧后得到 2.64g 二氧化碳、1.64g 水，1.92g 二氧化硫，试求它的实验式。

4. 下列化合物按官能团区分，哪些属于同一类化合物？属于什么化合物？若按碳架分类，哪些属于同一类？属于哪一类？

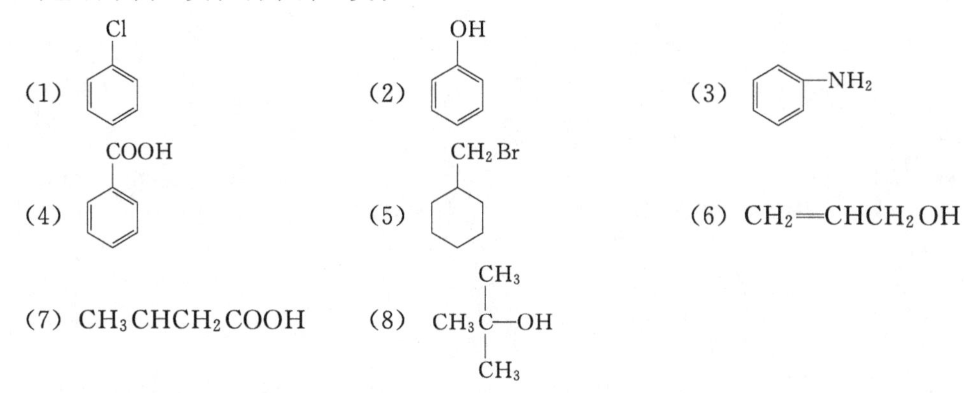

项目二 甲烷的制备及性质

知识目标

- 学习并了解烃的分类、来源、主要制法及其在生产生活中的应用。
- 学习并理解烷烃和环烷烃的物理性质及其变化规律、烷烃的自由基取代反应机理、碳原子的杂化方式与结构间的关系。
- 学习并掌握同系列概念、同分异构体的推导、系统命名、化学性质。

能力目标

- 能够查阅各种图书资料和网络资料，对制备方法进行分析、汇总和比较。
- 能够制订实验室制备的实践方案。
- 能够针对方案实践过程中可能遇到的问题进行提前分析与准备。
- 能够熟练运用有机化学实验的基本操作，对方案进行实践。
- 能够结合实践及所学知识归纳同系列化合物的物理化学性质。

项目实施要求

- 项目实施过程遵循“项目布置—化合物的初步认识—查阅资料—分析资料—确定方案—方案实践—总结归纳—巩固强化”规律。
- “项目布置”要求学生明确项目内容与任务，各项目组制订初步工作计划（开展方式、人员分工、时间安排等）。
- “初步认识”主要通过课堂讨论及讲解的方式进行；查阅和分析资料则需要利用课余时间完成。学生需根据项目中各任务的要求，在项目组内进行分工协调，共同查阅和分析资料，从而形成初步材料。
- 确定方案阶段由各项目组讨论收集的资料，并确定工作计划。
- 实践阶段主要包括前期准备、项目实践及结果展示三个部分，要求各项目组根据确定的方案准备实践所需的试剂与器材，按照方案和工作计划进行实践，并记录现象与结果，完成实践报告的撰写。
- 总结归纳阶段要求学生根据项目实施过程中所学知识、技能、技巧，结合实践结果，对该类化合物的性质进行总结和归纳。教师在这一过程中适时进行知识的分析、补充讲解和拓展。
- 巩固强化阶段要求学生应用相关知识完成强化练习，反馈学习效果。

任务一　烷烃、环烷烃的初步认识

烃（tīng）又称碳氢化合物，是指分子中只含有 C、H 两种元素的有机化合物。

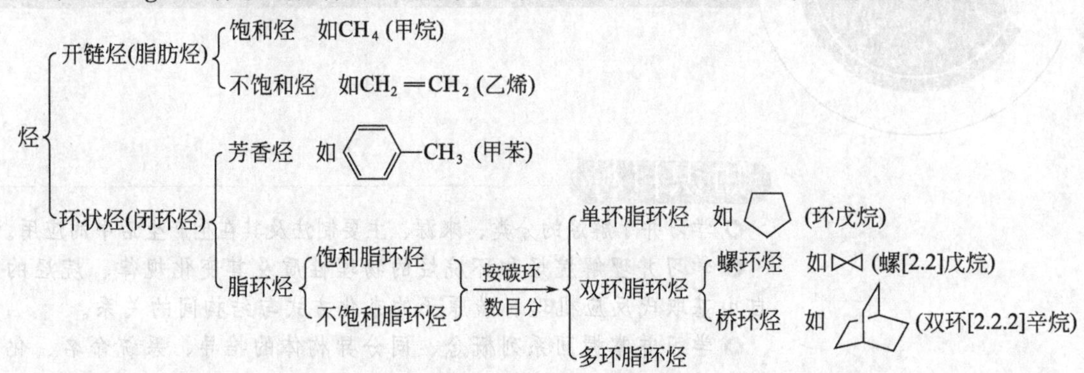

烷烃和环烷烃的主要来源是石油和天然气。石油主要是烃类及少量含有氧、氮、硫的化合物所组成的复杂混合物；天然气中的主要成分是甲烷，还有少量乙烷和丙烷等；从植物中提取出来的香精油中含有环烷烃。目前世界能源 50%均来自于石油。

一、通式与同系列

1. 烷烃

（1）通式　用 C_nH_{2n+2} 表示这一系列化合物的组成，式中 n 表示碳原子数。

（2）同系列　结构相似，具有同一个通式，而在组成上相差一个或多个 CH_2 的化合物组成一个系列，叫同系列。同系列中各同系物的物理性质随着碳原子数的增加而呈规律性的变化，化学性质相似，但也有一些特性。

（3）系差　CH_2 称为同系列的系差。

（4）同系物　同系列中的各化合物互称同系物。

2. 环烷烃

由于环烷烃的种类较多，没有固定的通式，但有一些基本规律，如每多一个环，则氢原子个数比相应的烷烃少 2 个。

二、同分异构与同分异构体的推导

1. 烷烃

烷烃的同分异构是由于分子中碳原子的排列方式不同（即碳架不同）而引起的，所以烷烃的同分异构又叫构造异构。

在烷烃分子中，异构体数目随着碳原子数的增加而增加，可以根据碳架的不同排列方式推导出各种异构体的构造式。

同分异构体的推导（以己烷的异构体推导为例）：

（1）写出最长的碳直链

$$C^1-C^2-C^3-C^4-C^5-C^6$$

（2）写出少一个碳原子的直链作为主链

$$C^1-C^2(C)-C^3-C^4-C^5 \qquad C^1-C^2-C^3(C)-C^4-C^5$$

写出少一个碳原子的直链，并以该直链为主链，剩余的一个C原子作为支链连在主链中可能的位置上。

注意： 支链不能连在端点的C原子上，因为那样相当于接长了主链；也不能连在可能出现重复的C原子上。

(3) 写出少两个碳原子的直链作为主链

$$C^1-C^2(C)-C^3(C)-C^4 \qquad C^1-C^2(C)(C)-C^3-C^4$$

写出少两个C原子的直链作为主链，剩余的两个C原子可以作为一个乙基或两个甲基连在主链中可能的位置上，两个支链可以连在主链中不同的C原子上，也可连在同一C原子上。

碳原子数目较多时，可依次类推：写出少三个C原子的直链作主链，将剩余的三个C原子作为一个、两个、三个支链在主链中可能的位置上……。

(4) 在相应C原子上补足H原子　因此，已烷的同分异构体有5种，它们分别是：

$$CH_3-CH_2-CH_2-CH_2-CH_2-CH_3$$

$$CH_3-CH(CH_3)-CH_2-CH_2-CH_3 \qquad CH_3-CH_2-CH(CH_3)-CH_2-CH_3$$

$$CH_3-CH(CH_3)-CH(CH_3)-CH_3 \qquad CH_3-C(CH_3)_2-CH_2-CH_3$$

2. 环烷烃

环烷烃的同分异构比烷烃更复杂，这是由于除了分子中C原子的排列方式不同（即碳架不同）以外，还有碳环的异构，情况更为复杂。比如以下结构式都能满足分子式$C_{10}H_{18}$，它们互为同分异构体。

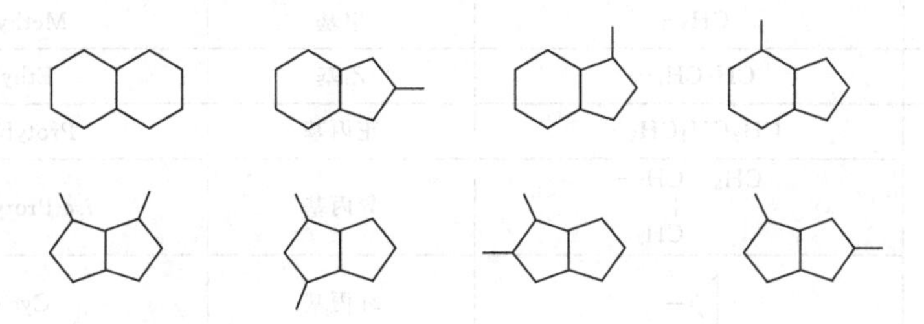

三、碳原子和氢原子类型

常见碳原子和氢原子的类型详见表2-1。

表 2-1 碳原子和氢原子类型

类型	碳原子			氢原子		
	定义	表示	举例	定义	表示	举例
伯	只与一个 C 原子相连	1°C	CH_3 4°| $H_3C-C-CH_3$ | 3°$HC-CH_3$ | 2°CH_2 | 1°CH_3	连在伯 C 原子上的 H	1°H	CH_3 | $H_3C-C-CH_3$ | 3°$HC-CH_3$ | 2°CH_2 | 1°CH_3
仲	与两个 C 原子相连	2°C		连在仲 C 原子上的 H	2°H	
叔	与三个 C 原子相连	3°C		连在叔 C 原子上的 H	3°H	
季	与四个 C 原子相连	4°C		—	—	

四、常见烷基

当烷烃分子中去掉一个 H 原子后剩下的原子团称为烷基。通式为 $C_nH_{2n+1}-$，常用 R—表示。常见基团的构造式及命名见表 2-2。

五、命名

1. 烷烃的命名

（1）普通命名（习惯命名） 该命名法主要针对简单化合物。根据烷烃分子中碳原子的数目命名为“正某烷”、“异某烷”、“辛某烷”。其中“某”指碳原子数目，十以内的分别以甲、乙、丙、丁、戊、己、庚、辛、壬、癸表示，十以上的用中文数字表示。

① 直链的烷烃叫“正某烷”；

② 链端第二位碳原子上连有一个甲基支链的，叫“异某烷”；

③ 链端第二位碳原子上连有两个甲基支链的叫“新某烷”。

$CH_3-CH_2-CH_2-CH_3$ 正丁烷

$CH_3-CH(CH_3)-CH_2-CH_3$ 异戊烷　　$CH_3-C(CH_3)_2-CH_3$ 新戊烷

表 2-2 常见烷基、环烷基的构造式及命名

碳原子数	烷基、环烷基	命名	英语(缩写)
1	CH_3-	甲基	Methyl(Me—)
2	CH_3CH_2-	乙基	Ethyl(Et—)
3	$CH_3CH_2CH_2-$	正丙基	Protyl(*n*-Pro—)
	$CH_3-CH(CH_3)-$	异丙基	*iso*-Protyl(*i*-Pro—)
	▷—	环丙基	Cyclopropyl
4	$CH_3CH_2CH_2CH_2-$	正丁基	Butyl(Bu—)
	$CH_3-CH(CH_3)-CH_2-$	异丁基	*iso*-Butyl(*i*-Bu—)

续表

碳原子数	烷基、环烷基	命　名	英语(缩写)
4	$CH_3-\underset{\vert}{CH}-CH_2-CH_3$	仲丁基	*sec*-Butyl(*s*-Bu—)
	$CH_3-\overset{CH_3}{\underset{CH_3}{C}}-$	叔丁基	*tert*-Butyl(*t*-Bu—)
	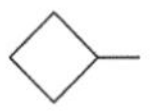 环丁基结构	环丁基	Cyclobutyl
	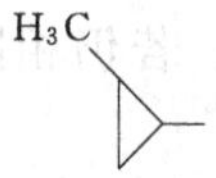 H_3C-环丙基结构	甲基环丙基	Methyl Cyclopropyl
6	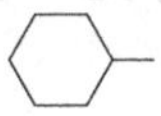 环己基结构	环己基	Cyclohexyl

(2) 系统命名　系统命名是一种普遍适用的命名方法，它是采用国际上通用的IUPAC(国际纯粹与应用化学联合会)命名原则，结合我国的文字特点制定出来的命名方法。

对于直链烷烃，系统命名法与普通命名法相同，但不写"正"字，如：

$$CH_3-CH_2-CH_2-CH_3$$

普通命名　　正丁烷

系统命名　　丁烷

对于支链烷烃的命名规则（最长碳链，最小定位，同基合并，由简到繁）：

① 选择主链　选择最长的碳链作主链，而把主链以外的其他烷基看作主链上的取代基。若分子中有两条以上等长的最长碳链时，要选择取代基最多的最长碳链作主链。根据主链碳原子数目称"某烷"。

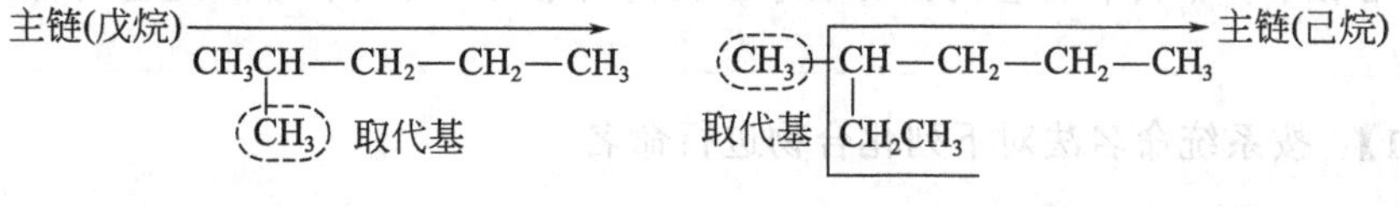

主链(戊烷)：$CH_3\underset{\vert}{CH}-CH_2-CH_2-CH_3$，$(CH_3)$ 取代基

主链(己烷)：$(CH_3)-\underset{\vert}{CH}-CH_2-CH_2-CH_3$，取代基 CH_2CH_3

② 主链编号　从靠近取代基（支链）一端开始，把主链上的碳原子依次用阿拉伯数字进行编号。若从主链的任何一端开始，第一个支链的位次都相同时，则把构造比较简单的支链编为较小的位次。

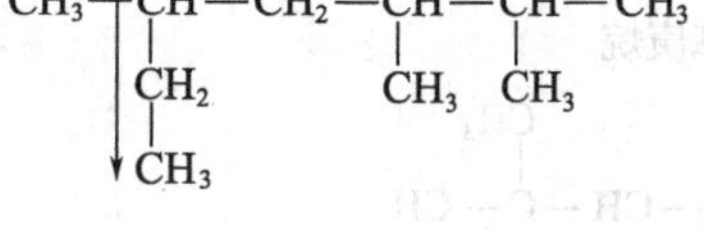

$$CH_3-\underset{\underset{\underset{CH_3}{\vert}}{CH_2}}{\underset{\vert}{CH}}-CH_2-\underset{\underset{CH_3}{\vert}}{CH}-\underset{\underset{CH_3}{\vert}}{CH}-CH_3$$

若从主链上任何一端开始，第一个支链的位次且取代基都相同时，应采用使取代基具有"最低系列"的编号。"最低系列"是指从碳链不同方向编号，得到两种不同编号的系列，则逐次逐项比较各系列的不同位次，最先遇到位次最小者的系列，定为"最低系列"。

(正确编号) 7　6　5　4　3　2　1 ← (错误编号) 1　2　3　4　5　6　7 →

$$\begin{array}{l} CH_3-CH-CH_2-CH-CH-CH-CH_3 \\ \quad\quad | \quad\quad\quad\quad | \quad\quad | \quad\quad | \\ \quad\; CH_3 \quad\quad\; CH_2 \;\; CH_3 \;\; CH_3 \\ \quad\quad\quad\quad\quad\quad | \\ \quad\quad\quad\quad\quad CH_3 \end{array}$$

若两个系列编号相同时，较简基团占较小位号（基团的简繁顺序与取代基的“优先次序规则”相反）。

取代基的“优先次序规则”内容：

Ⅰ. 基团中心原子序数大的“优于”原子序数小的。

Ⅱ. 若基团中心原子相同时，则比较与它相连接的几个原子，原子序数大的“优于”原子序数小的；若相同，则依次比较第二个、第三个；若仍相同，则沿取代基链逐次相比，直到能比出大小为止。

Ⅲ. 当取代基为不饱和基团时，则把双键或三键看作是2个或3个单键。

取代基由简到繁次序（“>”表示“简于”）：

$$CH_3- > CH_3CH_2- > CH_3CH_2CH_2- > CH_3CH_2CH_2CH_2- > CH_3CH(CH_3)CH_2- > (CH_3)_2CH- > CH_3CH_2CH(CH_3)- > (CH_3)_3C-$$

③ 写出全名称　按照取代基位次（阿拉伯数字表示）、相同取代基的数目（用中文数字“二”、“三”、“四”…表示）、取代基名称、主链名称的顺序写出全名称。

注意：

Ⅰ. 在分子中，若相同取代基有多个，每个取代基的位次均需写出，阿拉伯数字间用“,”隔开。

Ⅱ. 阿拉伯数字与汉字之间用“-”相连，汉字之间不用任何符号连接。

Ⅲ. 名称中，不同取代基列出的顺序按由简到繁的顺序写，即优先基团排在后面。

【例 2-1】 按系统命名法对下列化合物进行命名：

7　6　5　4　3　2　1

$$\begin{array}{l} CH_3-CH-CH_2-CH-CH-CH-CH_3 \\ \quad\quad | \quad\quad\quad\quad | \quad\quad | \quad\quad | \\ \quad\; CH_3 \quad\quad\; CH_2 \;\; CH_3 \;\; CH_3 \\ \quad\quad\quad\quad\quad\quad | \\ \quad\quad\quad\quad\quad CH_3 \end{array}$$

2,3,6-三甲基-4-乙基庚烷

5　4　3　2　1 (主链), 6, 7 (支链)

$$\begin{array}{l} CH_3-CH-CH_2-CH-CH-CH_3 \\ \quad\quad\quad | \quad\quad\quad\quad | \quad\quad | \\ \quad\quad\; CH_2 \quad\quad\; CH_3 \;\; CH_3 \\ \quad\quad\quad | \\ \quad\quad\; CH_3 \end{array}$$

2,3,5-三甲基庚烷

$$\begin{array}{l} \quad\quad\quad\quad\quad\quad\quad\quad\quad\quad\quad CH_3 \\ \quad\quad\quad\quad\quad\quad\quad\quad\quad\quad\quad\; | \\ CH_3-CH-CH_2-CH-C-CH_3 \\ \quad\quad | \quad\quad\quad\quad\quad | \quad\;\; | \\ \quad\; CH_2 \quad\quad\quad\;\; CH_3 \; CH_3 \\ \quad\quad | \\ \quad\; CH_3 \end{array}$$

2,2,3,5-四甲基庚烷

(螺环结构，编号 1–9，1位连 CH_3)

1-甲基螺[3.5]-5-壬烯

2. 环烷烃的命名

(1) 单环烷烃命名

① 根据C原子个数称"环某烷"。

② 环上有取代基的，取代基位次尽可能最小，编号从小的取代基开始。

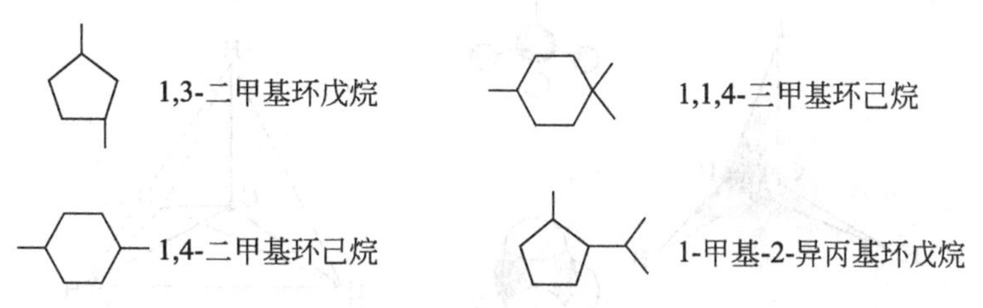

③ 如环上取代基复杂，可把碳环当做取代基。例如：

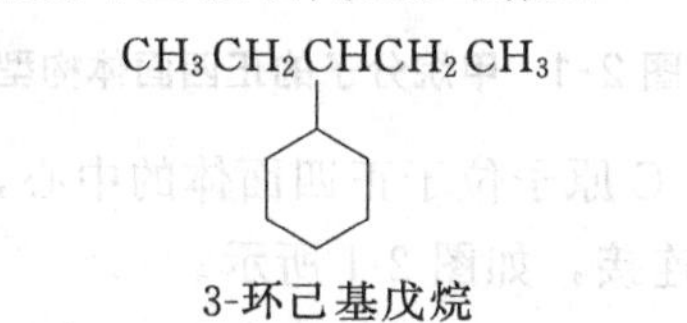

3-环己基戊烷

(2) 螺环命名　脂肪环中有两个环共用一个C的双环，叫螺环。共用的C原子叫螺原子。

① 根据母体环中碳的总数称为"某烷"，并在前加"螺"。

② 编号是从与螺原子相邻的小环碳原子开始，再通过螺原子到较大的环。即：小环→螺原子→大环。

③ 在"螺"字后面的方括号中，用阿拉伯数字标出各碳环（除螺原子）的碳原子数，先小环后大环，数字间用圆点隔开。

④ 取代基按由简到繁写在名称的最前面。例如：

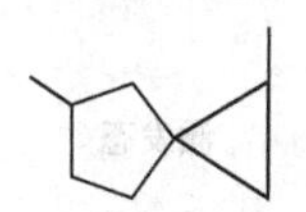

1,5-二甲基螺[2.4]庚烷

(3) 稠环和桥环命名

① 根据母体中环的个数称为"二（或双）环某烷"、"三环某烷"。

② 编号从第一个桥头C原子开始，先沿大环到另一个桥头C原子，再沿次大环回到第一桥头C原子，最后编最短桥路。即：桥头C→大环→另一桥头C→次大环→第一个桥头C→最短桥路上的C原子。

③"环"后的方括号用阿拉伯数字标出桥上两个桥头C原子之间的C原子数，由大环到小环的顺序排列。例如：

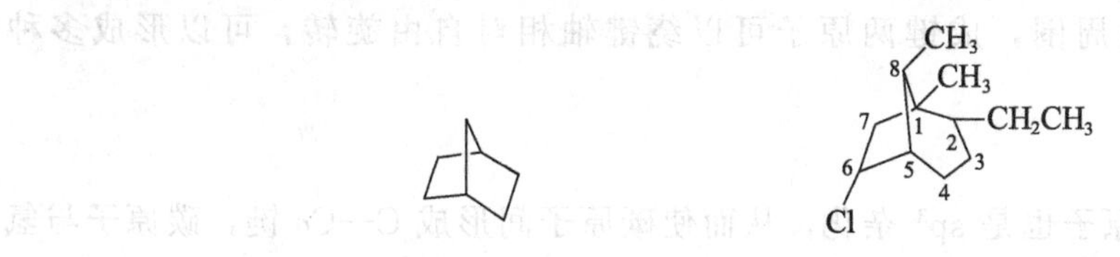

二环[2.2.1]庚烷　　1,8-二甲基-2-乙基-6-氯二环[3.2.1]辛烷

六、结构

1. 甲烷的结构

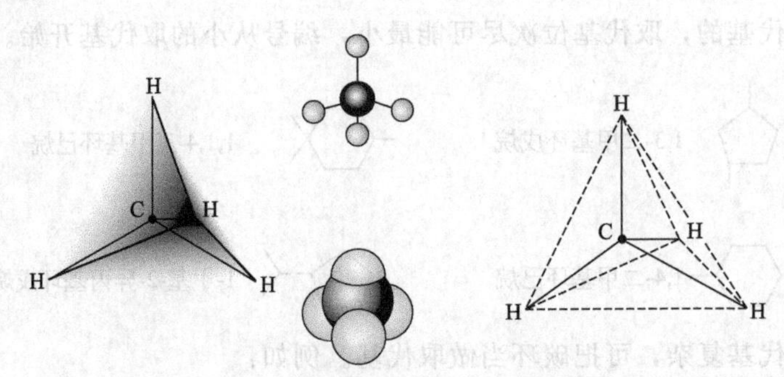

图 2-1 甲烷分子的正四面体构型

甲烷分子为正四面体结构，C 原子位于正四面体的中心，它的四个价键从中心指向正四面体的四个顶点，并和 H 原子连接，如图 2-1 所示。

四个 C—H 键的键长均为 0.109nm，键角均为 109.5°。

2. 碳原子的 sp^3 杂化与 σ 键

C 原子基态时，最外层电子构型为 $2s^2 2p_x^1 2p_y^1$，只有两个未成对电子。根据价键理论，只能与 H 原子形成两个共价键。这显然与碳原子的四价和甲烷分子的真实构型不相符合。因此引入杂化轨道理论稀释这一问题。

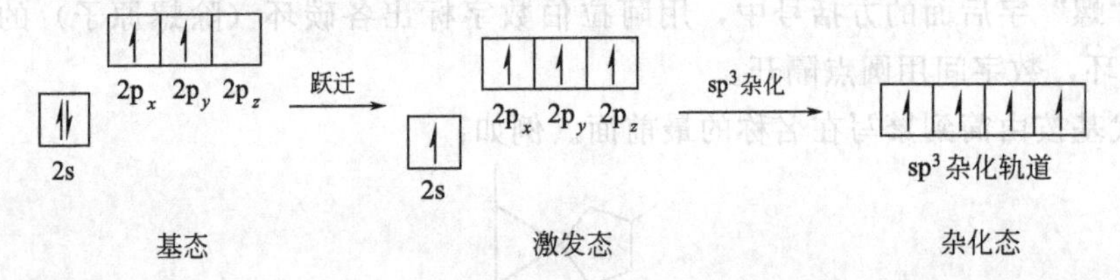

杂化理论认为：C 原子在成键时，首先从 C 原子的 2s 轨道上激发 1 个电子到空的 $2p_z$ 轨道上去，形成了 4 个未成对电子的最外层电子结构。然后 C 原子的 2s 轨道和 3 个 p 轨道重新组合分配，形成 4 个等同的原子轨道，称 sp^3 杂化轨道。每一个 sp^3 杂化轨道中，含有 1/4s 成分和 3/4p 成分，其形状一头大，一头小，如图 2-2 所示。

4 个 sp^3 杂化轨道完全相同，彼此间夹角为 109.5°。C—C 键是由两个 C 碳原子各自的 1 个 sp^3 轨道结合形成的；每个 C 原子的另外 3 个 sp^3 轨道分别与 3 个 H 原子的 1s 轨道重叠形成 3 个 C—H(σ) 键，如图 2-3 所示。

像甲烷分子中的 C—H 键一样，成键原子沿键轴方向重叠（“头碰头”重叠）形成的共价键叫 σ 键，其特点是轨道重叠程度大，键比较牢固，如图 2-4 所示；成键电子云呈圆柱形对称分布于键轴周围，成键两原子可以绕键轴相对自由旋转，可以形成多种曲折形式。

3. 链状烷烃的结构

其他烷烃分子中的碳原子也是 sp^3 杂化，从而使碳原子间形成 C—Cσ 键，碳原子与氢原子间形成 C—Hσ 键。

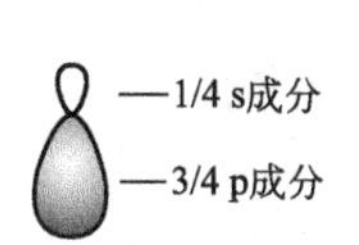

(a) 一个sp^3杂化轨道

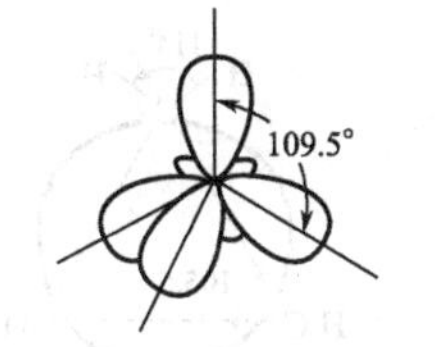

(b) 碳原子的四个sp^3杂化轨道

图 2-2 sp^3 杂化轨道

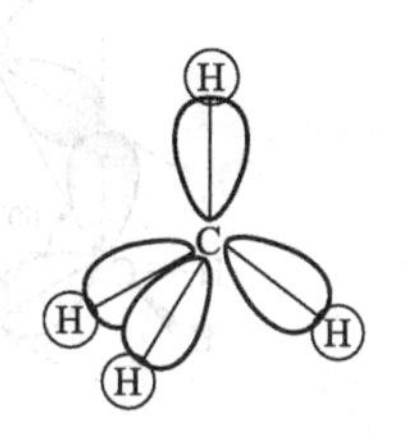

图 2-3 1个 C 原子的 4 个 sp^3 杂化轨道分别与 4 个 H 原子的 1s 轨道重叠形成 4 个 C—H σ 键

图 2-4 2个 C 原子的 sp^3 杂化轨道相互重叠形成 1 个 C—C σ 键

由于烷烃分子中的碳原子基本保持 109.5°的键角（即正四面体结构），所以链状烷烃分子中的碳链并非直线排列，而是曲折地排布在空间中，呈锯齿形。但有时为了书写方便，常写成直链式。例如：

$$H_3C-\overset{H_2}{C}-C_{H_2}-\overset{H_2}{C}-C_{H_2}-\overset{H_2}{C}-C_{H_2}-CH_3$$

键线式为

常写成 $CH_3—CH_2—CH_2—CH_2—CH_2—CH_2—CH_2—CH_3$

4. 环烷烃的结构

环烷烃和烷烃一样，分子中各碳原子都是以 sp^3 杂化轨道重叠而形成 σ 键的，其稳定性与成环的碳原子数即环的大小有关。为什么环烷烃的稳定性会因环的大小而异呢？对这一问题的探讨有以下两种理论。

（1）拜耳（Baeyer）张力学说　该学说认为，所有环状化合物都具有环平面结构，由于键角（即多边形内角）与 sp^3 杂化轨道正常键角（109.5°）有差别，因此所有环系都存在角张力。大环化合物与小环化合物一样，环系越偏出五元环，偏转角越大，张力越大。由于张力越大，分子能量越高，分子越不稳定，故小环的环丙烷环系容易开环。这便是拜耳张力学说对不同环烷烃稳定性的解释。

事实上，大环化合物是稳定的。除三元环和芳香环具有平面结构外，其他环都不是真正的平面结构，因此自然也就不存在所谓“偏转角”，拜耳张力学说是错误的。但其所提出的当分子内键角偏离正常键角时会产生张力的现象，却是存在的，通常称这种张力为角张力。

（2）近代共价键理论——弯曲键　近代共价键理论认为，要形成一个化学键，两个成键原子必须处于使原子轨道重叠的位置，重叠越多，形成的键越牢固。

环烷烃的 C—C 键都是 σ 键，其碳原子大多为 sp^3 杂化，键角为 109.5°。但根据量子力学计算，环丙烷分子中 C—C—C 键角为 105.5°，H—C—H 键角为 114°。因此，成键时，两个成键的电子云并非在一条直线上，而是以弯曲方向重叠，形成“弯曲键”，如图 2-5 所示。

这种“弯曲键”表明，杂化轨道的重叠程度没有一般 σ 键大，因而分子有一种力量趋向

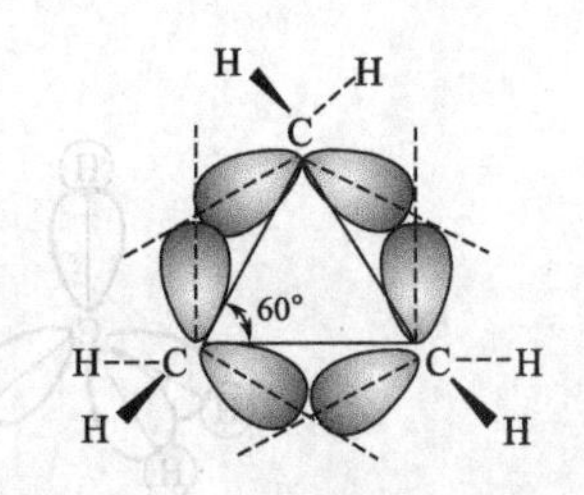

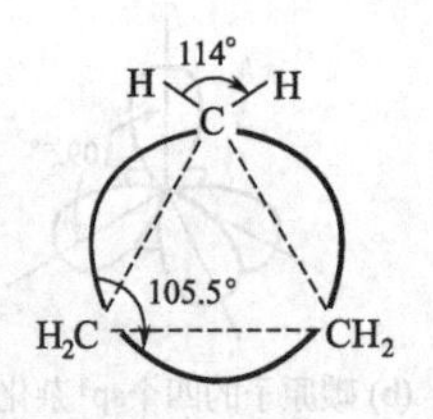

图 2-5 环丙烷分子中的弯曲键

于能量最小、重叠程度最大的可能，这便是拜耳（Baeyer）提出的“角张力”。这是造成环丙烷在化学性质上最不稳定的根本原因。

环丁烷的结构与环丙烷相似，分子中原子轨道也不是直接重叠，但它比环丙烷稳定，是由于其环中 C—C 键的弯曲程度不如环丙烷那样强烈，角张力没有环丙烷大。环戊烷分子中 C—C—C 键角为 108°，接近 sp^3 杂化轨道间夹角 109.5°，环张力甚微，是比较稳定的环。环已烷中，碳原子为 sp^3 杂化，C—C 键角可保持 109.5°，因此，环很稳定。

任务二　查阅甲烷的用途、制备方法

一、甲烷的用途

查阅甲烷的主要来源，在工业生产、日常生活中的具体用途，以及同系列重要烷烃及其下游主要产品。

二、制备及收集方法

查阅工业制法、实验室制法、收集贮存方法及所需仪器、试剂。充分了解原料的性质及相关参数，为方案的制订、实验操作以及“三废”处理做好相关准备。

任务三　确定制备方案

一、分析并确定制备及收集方案

整理分析查阅的资料，比较各种制备、收集方法的特点，结合实际情况，确定实验室可行的制备及收集方案，并拟订工作计划。

二、“三废” 处理

根据已拟订的制备、收集方案，分析项目实施过程中原料、产物和副产物的性质，结合资料，制订“三废”的处理方案，增强环保意识。

三、注意事项

结合制备、收集、“三废”处理过程中需要注意的实验操作技术、有毒有害物品的正确使用以及紧急情况发生后的应急处理措施，尽量避免实施过程中的危险或不规范操作，以保证项目能顺利安全地实施。

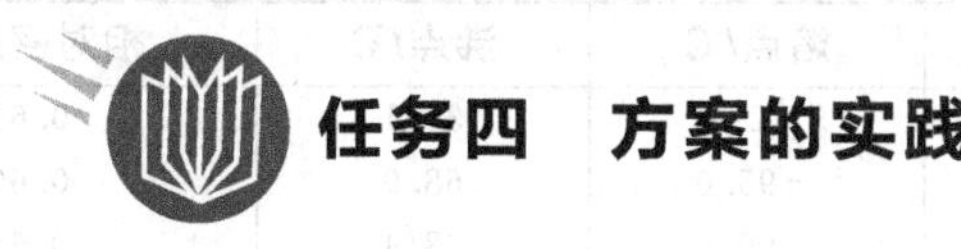

任务四 方案的实践

一、前期准备

根据拟订的制备、收集方案和工作计划，设计实验装置、实施具体步骤，整理实施方案所需的仪器和试剂，领取所需试剂、器材，配制相关溶液、装置的准备及具体工作分工。

二、方案的实践

根据制订的工作计划对项目进行实施。主要包括甲烷的制取、收集，在实施过程中，如遇突发问题或不能实施的环节，小组内成员需共同讨论解决，指导教师在过程中加强巡查和指导。

三、结果展示

实践结果以撰写实践报告的形式为主，报告中应体现以下部分内容：

1. 项目或任务的背景

结合物质的用途，明确项目实践的目标。

2. 项目实施的可行性分析

项目实践中具体要怎么做？采用什么方法？可供参考的文献资料有哪些？

3. 项目或任务的结果

通过项目的实践，是否制得产品？产品外观、收率等指标分别为多少？性质鉴定结果如何？

4. 争议的最大问题

5. 心得体会

任务五 归纳烷烃、环烷烃的性质

一、物理性质

有机物的物理常数主要有：状态、相对密度（d）、熔点（m. p.）、沸点（b. p.）、折射率（n）、溶解度。在表 2-3 中列出了部分链烷烃和环烷烃的物理常数。

表 2-3 部分链烷烃和环烷烃的物理常数

状态	名称	熔点/℃	沸点/℃	相对密度(d_4^{20})	折射率(n_D^{20})
气态	甲烷	−182.5	−164	0.466(−164℃)	
	乙烷	−183.3	−88.6	0.572(−100℃)	
	丙烷	−189.7	−42.1	0.585(−45℃)	
	丁烷	−138.4	−0.5	0.6012	
	环丙烷	−127.6	−32.9	0.7200(−79℃)	

续表

状态	名称	熔点/℃	沸点/℃	相对密度(d_4^{20})	折射率(n_D^{20})
液态	戊烷	−129.7	36.1	0.6262	1.3575
	己烷	−95.0	68.9	0.6603	1.3751
	庚烷	−90.6	98.4	0.6838	1.3878
	辛烷	−56.8	125.7	0.7025	1.3974
	壬烷	−51	150.8	0.7176	1.4054
	癸烷	−29.7	174	0.7298	1.4102
	十一烷	−25.6	195.9	0.7402	1.4176
	十二烷	−9.6	216.3	0.7487	1.4216
	十三烷	−5.5	235.4	0.7564	1.4256
	十四烷	5.9	253.7	0.7628	1.4290
	十五烷	10	270.6	0.7685	1.4315
	十六烷	18.2	287	0.7733	1.4345
	环丁烷	−80.0	12.0	0.7030(0℃)	
	环戊烷	−93.0	49.2	0.7457	
	环己烷	6.5	80.7	0.7785	
固态	十七烷	22	301.8	0.7780	1.4369
	十八烷	28.2	316.1	0.7768	1.4390
	二十烷	36.8	343	0.7886	1.4491
	环十二烷	61.0		0.8610	

1. 物态

室温和常压下，C_1～C_4 的烷烃、环烷烃为气态；C_5～C_{16} 的链烷烃、C_5～C_{11} 的环烷烃为液态；高级烷烃、环烷烃为固态。

2. 沸点

同系列的烃化合物的沸点随分子中碳原子数的增加而升高，这是因为随着分子中碳原子数目的增加，相对分子质量增大，分子间的范德华力增强，若要使其沸腾汽化，就需要提供更多的能量，所以同系物相对分子质量越大，沸点越高。

同碳数的环烷烃比相应的烷烃沸点高。

在相同碳原子数的烷烃异构体中，直链烷烃沸点最高，支链烷烃沸点较低。支链越多，沸点越低。这主要是由于烷烃的支链产生了空间阻碍作用，使烷烃分子彼此间难以靠得很近，分子间引力大大减弱的缘故。支链越多，空间位阻越大，分子间作用力越小，沸点越低。

通常可利用烃的沸点不同，将混合的烃分离开来。如对原油进行加工分馏，可将其分成汽油、煤油、柴油、石蜡等不同馏分。

3. 熔点

同系列的烃，其熔点基本随相对分子质量的增加而有规律地升高。对于链状烷烃，含偶数碳原子链状烷烃的熔点比相邻含奇数碳原子烷烃升高多一些。这是因为偶数碳链具有较好的对称性，分子晶格排列紧密，分子间作用力大，熔点高。如图 2-6 所示。

4. 相对密度

同系列烃类化合物，随着分子中碳原子数的增加，相对密度逐渐增大。其相对密度均小于 1，即比水轻。

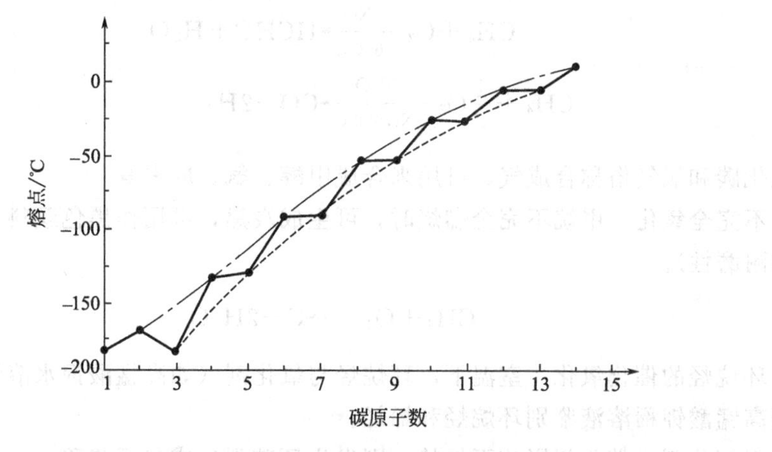

图 2-6 直链烷烃的熔点曲线

5. 溶解性

由于链状烷烃和环烷烃的分子没有极性或极性很弱，故难溶于水，而易溶于四氯化碳、苯、氯仿等有机溶剂。

6. 折射率

直链烷烃的折射率随相对分子质量的增加而升高。

对于液体可用折射率进行鉴别，这比利用熔点、沸点、相对密度等物理常数鉴别烷烃更准确、更快速、更可靠。

二、化学性质

烷烃分子中，都是以较牢固的σ键相连，再加上C—C键是非极性的共价键，C—H键的极性也较小，因此化学性质很不活泼，尤其直链烷烃具有很强的稳定性。如石油醚常用作溶剂，石蜡可作为药物基质，煤油用来保存金属钠，都是利用了烷烃的稳定性。在常温下，不易与强酸、强碱、强氧化剂及强还原剂反应。但稳定是相对的，在一定条件下，σ键也可以断裂发生某些反应。

1. 氧化反应

(1) 完全氧化　烷烃在空气中燃烧，生成二氧化碳和水，并放出大量的热。产生的热可用于人类的生产和生活，如天然气中甲烷的燃烧能提供热能。

烷烃燃烧通式：

$$C_nH_{2n+2}+\frac{3n+1}{2}O_2 \xrightarrow{\text{点燃}} nCO_2+(n+1)H_2O$$

这是汽油成为内燃机燃料的基本原理。

(2) 控制氧化　在化工生产中，可控制适当的条件，使烷烃发生部分氧化，生成一系列有用的含氧衍生物。如用石油的轻油馏分（主要含C_4H_{10}）氧化生产乙酸；用石蜡（C_{20}～C_{30}的烷烃）氧化成高级脂肪酸；甲烷氧化生成甲醛或CO和H_2的混合物。

$$CH_4 + O_2 \xrightarrow[600℃]{NO} HCHO + H_2O$$

$$CH_4 + \frac{1}{2}O_2 \xrightarrow[Ni,650℃]{Al_2O_3} CO + 2H_2$$

一氧化碳和氢气俗称合成气，可用来合成甲醇、氨、尿素等。

（3）不完全氧化　甲烷不完全燃烧时，可生成炭黑，可用作黑色颜料、橡胶的填料（增强橡胶的耐磨性）。

$$CH_4 + O_2 \longrightarrow C + 2H_2O$$

（4）环烷烃的催化氧化　室温下，环烷烃与氧化剂（如高锰酸钾水溶液）不起反应，因此，可用高锰酸钾稀溶液鉴别环烷烃和烯烃。

若在强氧化剂或催化剂影响下加热，则发生环破裂生成二元羧酸。

$$\text{(环己烷)} + HNO_3 \xrightarrow{\triangle} \begin{array}{l} CH_2{-}CH_2{-}COOH \\ | \\ CH_2{-}CH_2{-}COOH \end{array}$$

2. 裂化和裂解反应

（1）裂化　指在无氧条件下，烷烃由较大分子转变成较小分子的过程。主要是为了得到更多的高质量汽油。

（2）裂化反应实质　C—C 键和 C—H 键的断裂，其产物是复杂的混合物。

$$CH_3{-}CH_2{-}CH_2{-}CH_3 \xrightarrow{\triangle} \begin{cases} CH_4 + CH_3{-}CH{=}CH_2 \\ CH_2{=}CH_2 + CH_3{-}CH_3 \\ H_2 + CH_3{-}CH_2{-}CH{=}CH_2 \end{cases}$$

（3）裂解　高于 700℃温度下将石油进行深度裂化的过程。主要目的是为了得到更多的低级烯烃，它们是基本的化工原料。

3. 卤代反应

（1）取代反应　分子中的 H 原子被其他原子或基团所取代的反应。

（2）卤代反应　烷烃中的氢原子被卤原子（Cl、Br）取代的反应。

烷烃与氯气在室温和黑暗中不起反应，但在高温或光照下反应却很剧烈。如甲烷与氯气的混合物，在日光照射下可发生爆炸，生成氯化氢和碳。

$$CH_4 + 2Cl_2 \xrightarrow{\text{强光}} C + 4HCl$$

甲烷在漫射光或热（约 400℃）作用下，H 原子逐渐被 Cl 原子取代，得到一氯甲烷、二氯甲烷、三氯甲烷和四氯甲烷的混合物。

$$CH_4 + Cl_2 \xrightarrow[\text{或}\triangle]{\text{光照}(h\nu)} CH_3Cl + HCl$$

$$CH_3Cl + Cl_2 \xrightarrow[\text{或}\triangle]{\text{光照}(h\nu)} CH_2Cl_2 + HCl$$

$$CH_2Cl_2 + Cl_2 \xrightarrow[\text{或}\triangle]{\text{光照}(h\nu)} CHCl_3 + HCl$$

$$CHCl_3 + Cl_2 \xrightarrow[\text{或}\triangle]{\text{光照}(h\nu)} CCl_4 + HCl$$

可发现，甲烷氯化时可发生连串反应。

若控制反应条件，特别是调节甲烷与氯气的物质的量之比，可使某种氯化烷成为其中的主要产品。

如 $n(CH_4):n(Cl_2)=10:1$ 时，产物中 CH_3Cl 的量可达98%；$n(CH_4):n(Cl_2)=1:4$ 时，产物中几乎全部是 CCl_4。

对于大于4个碳原子的环烷烃来说，也能发生该反应：

$$\text{环戊烷} + Br_2 \xrightarrow[\text{或}300^\circ C]{\text{光}} \text{溴代环戊烷}(\text{C}_5\text{H}_9\text{—Br}) + HBr$$

卤代反应可制得重要的化工原料卤代烃，如氯甲烷可用作制冷剂和麻醉剂、溶剂、甲基化试剂；溴甲烷在农业上可用作杀虫熏蒸剂；氯代环已烷有麻醉和刺激皮肤的作用，在药物合成中用于抽取抗癫痫、痉挛药盐酸苯海索。另外，由于向分子中引入了卤原子，从而可以发生一系列反应，如引入—OH、作为亲电试剂可向其他分子中引入烷基等。

(3) 卤素卤代反应速率　其反应速率次序为：$F_2>Cl_2>Br_2>I_2$。其中，F原子半径很小，过于活泼，氟化反应激烈，反应难以控制；而碘原子半径较大，碘代反应又难以发生。所以常说的卤代反应主要指氯和溴取代氢原子。

(4) 氢原子被取代的顺序　如果分子中有不同类型的H原子，则H原子被取代的活性为：$3^\circ H>2^\circ H>1^\circ H$，例如：

$$CH_2CH_2CH_3 \xrightarrow[h\nu,25^\circ C]{Br_2} \underset{\text{1-溴丙烷(3\%)}}{CH_2CH_2CH_2Br} + \underset{\text{2-溴丙烷(97\%)}}{CH_3\underset{\displaystyle Br}{\underset{|}{C}}HCH_3}$$

(5) 烷烃卤代反应的自由基取代反应机理　反应机理即指化学反应所经历的途径或过程。烷烃发生卤代反应属于自由基反应历程，主要有三个阶段：

链引发

$$Cl_2 \xrightarrow{h\nu} 2Cl\cdot$$

链增长

$$CH_4+Cl\cdot \longrightarrow \cdot CH_3+HCl$$

$$\cdot CH_3+Cl_2 \longrightarrow CH_3Cl+Cl\cdot$$

链终止

$$Cl\cdot+\cdot Cl \longrightarrow Cl_2$$

$$CH_3\cdot+\cdot CH_3 \longrightarrow CH_3CH_3$$

$$CH_3\cdot+\cdot Cl \longrightarrow CH_3Cl$$

氯分子吸收能量均裂为氯自由基，从而引发反应进行。在链增长阶段，由于大量甲烷存在，氯自由基遇到甲烷分子，可夺取其中的H原子而生成HCl和另一个带有未成对电子的甲基自由基。甲基自由基非常活泼，可再与 Cl_2 分子作用，生成一氯甲烷，同时生成一个新的氯自由基。新自由基重复上述反应，使反应连续不断地进行下去。

当一氯甲烷达到一定浓度后，氯自由基也可与生成的一氯甲烷作用，生成一氯甲基自由基，它又可与氯分子作用，逐步生成二氯甲烷、三氯甲烷和四氯甲烷。当甲烷和氯分子的量减少时，各自由基的概率也随之增加，它们相互作用的结果是使反应链终止。

4. 加成反应

该反应主要是 5 个 C 以下的环烷烃才发生。

(1) 催化加氢　环烷烃催化加氢后，环被破坏，生成烷烃，但环的大小不同，加氢反应难易不同。

$$\triangle + H_2 \xrightarrow[80℃]{Ni} CH_3CH_2CH_3$$

$$\square + H_2 \xrightarrow[200℃]{Ni} CH_3CH_2CH_2CH_3$$

$$⬠ + H_2 \xrightarrow[300℃]{Ni} CH_3CH_2CH_2CH_2CH_3$$

(2) 加卤素、卤化氢　环烷烃开环生成链状卤代烷烃。环丙烷在室温下，与溴加成，使溴水褪色，而环丁烷需加热才能反应。

$$\triangle + Br_2 \xrightarrow{CCl_4} CH_2BrCH_2CH_2Br$$

$$\square + Br_2 \xrightarrow{\triangle} CH_2BrCH_2CH_2CH_2Br$$

环丙烷可与 HX 反应，环丁烷只能同活泼的 HI 反应。

$$\triangle + HBr \longrightarrow CH_3CH_2CH_2Br$$

$$\triangle\!-CH_3 + HBr \longrightarrow CH_3\underset{\displaystyle Br}{\underset{|}{C}H}CH_2CH_3$$

$$\square + HI \longrightarrow CH_3CH_2CH_2CH_2I$$

$$\overset{|}{\triangle} + HCl \longrightarrow CH_3\underset{\displaystyle Cl}{\underset{|}{C}H}CH_2CH_3$$

$$(H_3C)_2\triangle\!-CH_3 \xrightarrow{HBr} (H_3C)_2\underset{\displaystyle Br}{\underset{|}{C}}-\underset{\displaystyle CH_3}{\underset{|}{C}H}CH_3$$

环烷烃既像烷烃，又像烯烃。普通环（五、六、七碳环）烷烃的化学性质和烷烃相似，易发生取代反应；小环环烷烃的化学性质（如环丙烷、环丁烷）与烯烃相似，易开环发生加成反应。即“小环似烷，大环似烯”，小环指五个碳以下的环，大环则指五个以及上的环。

三、烷烃的鉴别

1. 链状烷烃的鉴别

由于烷烃化学性质稳定，一般不用化学反应来鉴别，而是借助元素分析，溶解度试验，物理常数和波谱分析来鉴别。

当一个有机物，其元素定性分析的结果只含 C、H 两种元素，该化合物又不与水或 5% 的 NaOH、5%的 HCl、浓硫酸作用时，一般可认为该物质是烷烃。再通过物理常数的测定

或波谱分析，便可鉴定是什么烷烃。

烷烃的元素定性分析方法：通过 C 和 H 与 CuO 一起加热而测得。C 氧化成二氧化碳，H 氧化成水。

$$(C,H)+CuO \xrightarrow{\triangle} Cu+CO_2+H_2O$$

烷烃的鉴定在日常分析工作中用得很少。

2. 环烷烃的鉴别

低于 5 个碳原子的环烷烃，如环丙烷、环丁烷既可使溴水褪色（可与烷烃区别），但不能使高锰酸钾水溶液褪色（可与烯烃区别）。

强化练习

1. 列出 C—Cσ 键的主要特点。

2. 写出符合下列条件的 C_5H_{12} 烷烃的构造式，并用系统命名法命名。

（1）分子中只有伯氢原子

（2）分子中有一个叔氢原子

（3）分子中有伯氢、仲氢原子，而无叔氢原子

3. 将下列烷烃按照沸点由高到低的顺序排列（不要查表）。

（1）辛烷，甲基庚烷，2,3-二甲基庚烷，2-甲基己烷

（2）3,3-二甲基戊烷，正庚烷，2-甲基庚烷，正戊烷，2-甲基己烷

4. 用系统命名法命名下列化合物。

（1）$(CH_3)_2CHCH_2CH_2CH(C_2H_5)_2$

（2）$H_3C—C(CH_3)_2—C(CH_3)_2—C(CH_3)_2—CH(CH_2CH_3)—CHCH_3$

（3）$H_3C—CH(CH_2—C_2H_5)—CH(CH_2CH_3)—CH_2—CH(CH_3)—CH_3$

（4）$CH_3CH(\text{环丙基})CH_2C(CH_3)_2—CH_3$

（5）（双环结构，含 CH_3、CH_2CH_3 取代基）

（6）（螺环结构，含 CH_3 取代基）

5. 完成下列反应。

（1）环丙基—CH_2CH_3 +
- $\xrightarrow{H_2,Ni}$?
- $\xrightarrow[光]{HI}$?
- $\xrightarrow{Cl_2}$?
- $\xrightarrow[CCl_4]{Br_2}$?

（2）H_3C—环丁基—$CH=CHCH_3$ $\xrightarrow[H_2O]{KMnO_4}$?

6. 用简单的化学方法，鉴别下列化合物。

(1) 甲基环己烷，甲基环丙烷 (2) 1,2-二甲基环丙烷，环戊烷

7. 烷烃高温气相氯化时，烷烃分子中任何一个氢原子都可能被取代生成一氯代烷。写出下列烷烃一元氯代生产的产物的构造式。

(1) 丙烷 (2) 正丁烷 (3) 异丁烷

(4) 异戊烷 (5) 正戊烷 (6) 新戊烷

项目三 乙烯的制备及性质

知识目标

- 学习并了解烯烃的分类、来源、主要制法及其在生产生活中的应用。
- 学习并理解烯烃的物理性质及其变化规律、烯烃的加成反应机理。
- 学习并理解碳原子的杂化方式与结构间的关系。
- 学习并掌握烯烃同分异构体的推导、系统命名、化学性质及鉴别方法。

能力目标

- 能够查阅各种图书资料和网络资料，对制备方法进行分析、汇总和比较。
- 能够制订实验室制备及鉴别的实践方案。
- 能够针对方案实践过程中可能遇到的问题进行提前分析与准备。
- 能够熟练运用有机化学实验的基本操作，对方案进行实践。
- 能够结合实践及所学知识归纳同系列化合物的物理化学性质。

项目实施要求

- 项目实施过程遵循“项目布置—化合物的初步认识—查阅资料—分析资料—确定方案—方案实践—总结归纳—巩固强化”规律。
- “项目布置”要求学生明确项目内容与任务，各项目组制订初步工作计划（开展方式、人员分工、时间安排等）。
- “初步认识”主要通过课堂讨论及讲解的方式进行；查阅和分析资料则需要利用课余时间完成。学生需根据项目中各任务的要求，在项目组内进行分工协调，共同查阅和分析资料，从而形成初步材料。
- 确定方案阶段由各项目组讨论收集的资料，并确定工作计划。
- 实践阶段主要包括前期准备、项目实践及结果展示三个部分，要求各项目组根据确定的方案准备实践所需的试剂与器材，按照方案和工作计划进行实践，并记录现象与结果，完成实践报告的撰写。
- 总结归纳阶段要求学生根据项目实施过程中所学知识、技能、技巧，结合实践结果，对该类化合物的性质进行总结和归纳。教师在这一过程中适时进行知识的分析、补充讲解和拓展。
- 巩固强化阶段要求学生应用相关知识完成强化练习，反馈学习效果。

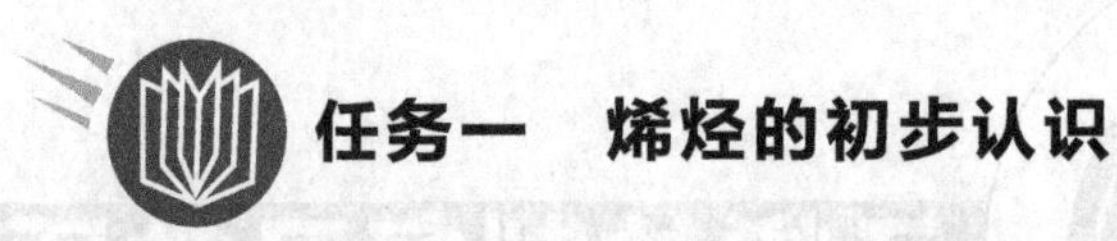

任务一　烯烃的初步认识

分子中含有碳碳双键（C═C）的不饱和烃叫做烯烃。烯烃的主要来源是石油及其裂解产物。

一、分类与通式

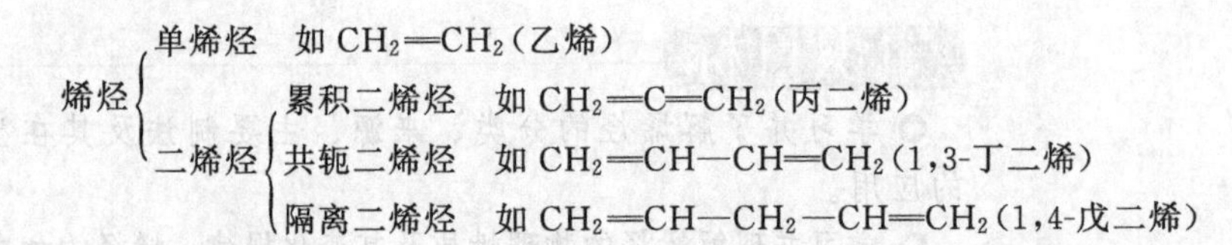

分子中只含有一个碳碳双键的烯烃叫单烯烃，通式为 C_nH_{2n}（$n\geqslant 2$）；分子中含有两个碳碳双键的烯烃叫二烯烃，通式为 C_nH_{2n-2}（$n\geqslant 2$）。由此可见，每多一个双键，氢原子个数则减少 2 个。

二、同分异构

烯烃的同分异构现象比烷烃复杂，除了构造异构外，还有顺反异构，其中构造异构包括碳链异构和双键位置异构。

1. 单烯烃

（1）构造异构

① 碳链异构　烯烃的碳链异构是由于分子中碳原子的排列方式不同而引起的。例如，C_4H_8 有两种碳链异构：

$$CH_2{=}CHCH_2CH_3 \qquad \qquad \begin{array}{l} CH_2{=}CCH_3 \\ \quad\ \ | \\ \quad\ CH_3 \end{array}$$

② 双键位置异构　烯烃的双键位置异构是由于分子中双键的排列方式不同而引起的。例如，C_4H_8 的直链烯烃有两种双键位置异构：

$$CH_2{=}CHCH_2CH_3 \qquad \qquad CH_3CH{=}CHCH_3$$

烯烃构造异构体的推导，首先写出碳链异构，再在碳链中可能的位置上依次移动双键的位置。例如，烯烃 C_5H_{10} 的构造异构体如下：

$$CH_2{=}CHCH_2CH_2CH_3 \qquad \qquad CH_3CH{=}CHCH_2CH_3$$

$$\begin{array}{l} \quad\ CH_3 \\ \quad\ \ | \\ CH_2{=}CCH_2CH_3 \end{array} \qquad \begin{array}{l} CH_2{=}CHCHCH_3 \\ \qquad\quad\ \ | \\ \qquad\quad CH_3 \end{array} \qquad \begin{array}{r} CH_3 \\ | \\ CH_3CH{=}CCH_3 \end{array}$$

（2）顺反异构　由于烯烃的双键不能自由旋转，因此当双键的两个碳原子上分别连有不同的原子或基团时，便可能存在两种不同的空间排列方式，从而形成两个不同的化合物。两个相同基团在异侧时称为反式（*trans-*），两个相同基团在同侧时称为顺式（*cis-*）。例如 2-丁烯的两种排列方式：

$$\begin{matrix} CH_3 & & CH_3 \\ & C{=}C & \\ H & & H \end{matrix} \qquad\qquad \begin{matrix} H & & CH_3 \\ & C{=}C & \\ CH_3 & & H \end{matrix}$$

顺-2-丁烯　　　　　　反-2-丁烯

这种由于原子或基团在空间的排列方式不同所引起的异构现象叫顺反异构，这两种异构体叫顺反异构体。

注意： 并不是所有烯烃都有顺反异构体，只有分子中具有下列结构时，才会产生顺反异构：

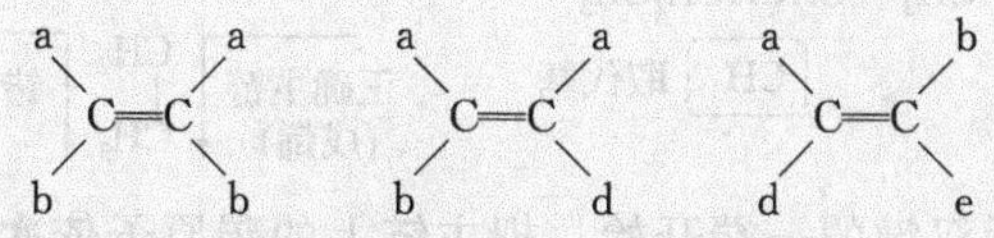

其中 a、b、d、e 代表不同的原子或基团。也就是说，同一个双键碳原子上所连接的原子或基团互不相同时才有顺反异构。

如果双键上任何一个碳原子连接的两个原子或基团相同时，就没有顺反异构体。例如：

$$\begin{matrix} a & & a \\ & C{=}C & \\ a & & b \end{matrix} \qquad\qquad \begin{matrix} a & & d \\ & C{=}C & \\ b & & d \end{matrix}$$

顺反异构不仅在化学活泼性上有差异，并且其物理性质也存在很大的差异，因此可以利用它们性质上的差异进行鉴别和分离。

2. 二烯烃

二烯烃的同分异构和单烯烃比较类似，可以按照单烯烃的方式进行推导。

三、命名

烯烃一般采用 IUPAC 系统命名法，它们的命名原则和烷烃相似。

1. 单烯烃的命名

(1) 构造异构体命名

① 普通命名（习惯命名） 该命名法主要针对个别烯烃，如简单的烯烃，命名方式和烷烃类似。例如：

$CH_2{=}CH_2$　　　$CH_3CH{=}CH_2$　　　$CH_2{=}CCH_3$（CCH_3 中 C 上连有 CH_3）

乙烯　　　丙烯　　　异丁烯

② 系统命名 对于直链烯烃按照分子中碳原子的数目称为某烯。同烷烃一样，碳原子数在十以内用甲、乙、丙、丁、戊、己、庚、辛、壬、癸表示，十以上用中文数字表示，并在烯字前面加“碳”字。为了区别位置异构，还要在烯烃名称前面用阿拉伯数字标明双键在链中的位次，同样用短线“-”隔开，如无异构体，则不用加阿拉伯数字。例如：

$CH_2=CHCH_2CH_2CH_3$ 1-戊烯

$CH_3CH=CHCH_2CH_2CH_3$ 2-己烯

$CH_3(CH_2)_5CH=CH(CH_2)_3CH_3$ 5-十二碳烯

对于支链烯烃的命名规则与烷烃类似。

a. 选择主链 选择含有双键在内的最长碳链作为主链，并把主链以外的其他烷基看作主链上的取代基。若分子中有两条以上等长的最长碳链时，要选择取代基最多的最长碳链作为主链。根据主链碳原子数目称“某烯”。

主链(戊烯) $CH_2=CHCHCH_2CH_3$（CH_3 取代基）

$CH_3CH=C(CH_3)CH_2CH_3$（CH_2CH_3）：错误主链；正确主链(戊烯)；错误主链

b. 主链编号 从靠近双键的一端开始，把主链上的碳原子依次用阿拉伯数字进行编号，使表示双键位置的数字尽可能最小。

错误编号 6 5 4 3 2 1

1 2 3 4 5 6 正确编号

$CH_3CH=CHCH_2CHCH_3$（CH_3）

c. 写出全名称 按照取代基位次、相同取代基的数目、取代基名称、双键位次、主链名称的顺序写出烯烃名称。

【例 3-1】 按系统命名法对下列化合物进行命名：

$\overset{1}{C}H_2=\overset{2}{C}H\overset{3}{C}(CH_3)_2\overset{4}{C}H_2\overset{5}{C}H_3$

3,3-二甲基-1-戊烯

$\overset{1}{C}H_3\overset{2}{C}H_2-\overset{3}{C}(CH_2CH_3)=\overset{4}{C}(CH_3)-(CH_2)_4-\overset{9}{C}H(CH_3)\overset{10}{C}H_3$

4,9-二甲基-3-乙基-3-癸烯

③ 烯基 和烷基相似，烯烃分子中去掉一个氢原子后剩下的基团叫烯基。一些常见烯基如下：

$CH_2=CH-$	$CH_3CH=CH-$	$-CH_2CH=CH_2$	$CH_3-\overset{\vert}{C}=CH_2$
乙烯基	丙烯基	烯丙基	异丙烯基

(2) 顺反异构体命名 顺反异构体的命名包括两种，一种是顺反命名法，一种是 Z/E 命名法。

① 顺反命名 该命名法在顺式异构体名称前面加上“顺-”，反式异构体名称前面加上“反-”，例如：

$(CH_3)(H)C=C(CH_2CH_3)(H)$ 顺-2-戊烯

$(CH_3)(H)C=C(H)(CH_3)$ 反-2-甲基-2-戊烯

但顺反命名法有局限性，因为当两个双键碳原子上没有相同的原子或基团时，就难以确定其为顺式或反式，例如：

$$\begin{array}{ccc} CH_3 & & CH_2CH_2CH_3 \\ & C=C & \\ H & & CH_2CH_3 \end{array}$$

② Z/E 命名　当双键碳原子连有 4 个互不相同的原子或基团，以及结构较复杂的顺反异构体时依据顺反命名法就很困难。对这类烯烃，在 IUPAC 命名中常采用字母“Z”和“E”来表示。“Z”表示碳碳双键上的优先原子或基团在双键的同一侧，“E”表示它们各自在双键的异侧。例如：

$$\begin{array}{ccc} a & & b \\ & C=C & \\ d & & e \end{array}$$

其中 a、b、d、e 为 4 个各不相同的原子或基团，根据基团或原子的“优先次序规则”（项目一　烷烃命名部分），若 a 优先于 d，b 优先于 e，则命名为“Z”；若 a 优先于 d，e 优先于 b，则命名为“E”。

命名时，先将化合物按系统命名法进行命名，然后在名称前加上“（Z)-”或“（E)-”。例如：

$$\begin{array}{ccc} CH_3CH_2 & & CH(CH_3)_2 \\ \downarrow & C=C & \downarrow \\ CH_3 & & CH_2CH_2CH_3 \end{array}$$

(Z)-3-甲基-4-异丙基-3-庚烯

$$\begin{array}{ccc} Cl & & Cl \\ \downarrow & C=C & \uparrow \\ H & & Br \end{array}$$

(E)-1,2-二氯-1-溴乙烯

以上结构式中的箭头由较优基团指向另一基团。当两箭头方向一致，表示优先基团或原子处于双键同一侧，为 Z 式；两箭头方向相反，表示优先基团或原子处于双键的异侧，为 E 式。

2. 二烯烃的命名

二烯烃的命名与单烯烃类似。

（1）构造异构体命名

① 选主链　选取含两个双键的最长碳链为主链，称为“某二烯”。

② 编号　从靠近链端的双键开始编号，侧链视为取代基，双键的位次分别以两个双键碳原子中位次较小的一个表示，放在烯烃名称前面。

③ 写名称　按照取代基位次、相同基数目、取代基名称、两个双键的位次，母体名称的顺序写出来。例如：

$$\begin{array}{l} \quad\;\; CH_2CH_2CH_3 \\ \quad\;\; | \\ CH_2=C-CH_2CH_2CH_2CH=CHCH_3 \end{array}$$

2-丙基-1,6-辛二烯

（2）顺反异构体命名　顺反异构体的命名采用 Z/E 命名方法。例如：

$$\begin{array}{ccccc} & & H & & CH_3 \\ CH_3 & & & C=C & \\ & C=C & & & H \\ H & & H & & \end{array}$$

(2Z,4E)-2,4-已二烯

$$\begin{array}{ccccc} & & H & & H \\ CH_3 & & & C=C & \\ & C=C & & & CH_3 \\ H & & H & & \end{array}$$

(2Z,4Z)-2,4-已二烯

四、结构

1. 乙烯的结构（见图 3-1）

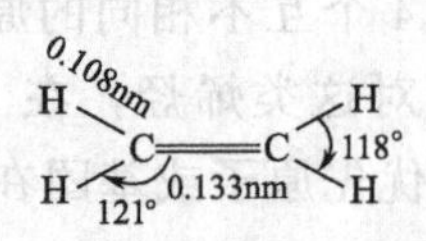

图 3-1 乙烯分子的平面构型

乙烯是最简单的烯烃，仪器测得乙烯是平面型分子，也就是说乙烯分子中的两个碳原子和四个氢原子都在同一平面内，其中 H—C—C 键角约为 121°，H—C—H 键角约为 118°。

2. 碳原子的 sp^2 杂化与 π 键

（1）sp^2 杂化　杂化轨道认为，碳原子在形成双键时，1 个 2s 轨道和 2 个 2p 轨道杂化，形成了 3 个新的能量相等的轨道，称为 sp^2 杂化轨道。如图 3-2 所示。

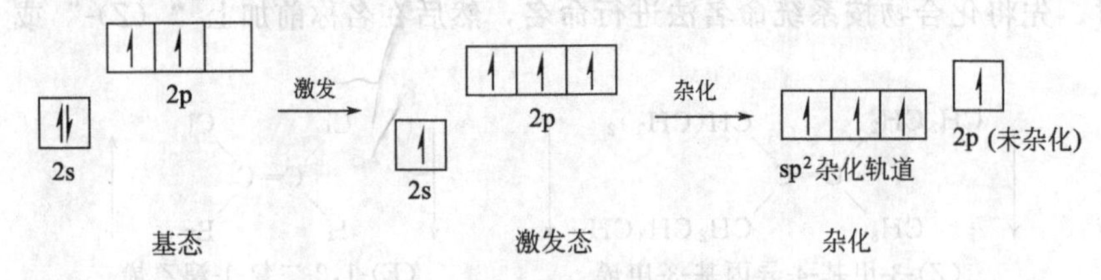

图 3-2 碳原子轨道的 sp^2 杂化

sp^2 杂化轨道与 sp^3 杂化轨道大致相同，只是 sp^2 杂化轨道的 s 成分更大一些，每一个 sp^2 杂化轨道含有 1/3 s 成分和 2/3 p 成分，其形状也是一头大、一头小的葫芦形、如图 3-3。

碳原子的 3 个 sp^2 杂化轨道完全相同，以平面三角形对称地分布在碳原子周围，彼此间夹角为 120°，另一个未参与杂化的电子在 p 轨道，这个 p 轨道的对称轴与 3 个 sp^2 杂化轨道所在的平面垂直。如图 3-4 所示。

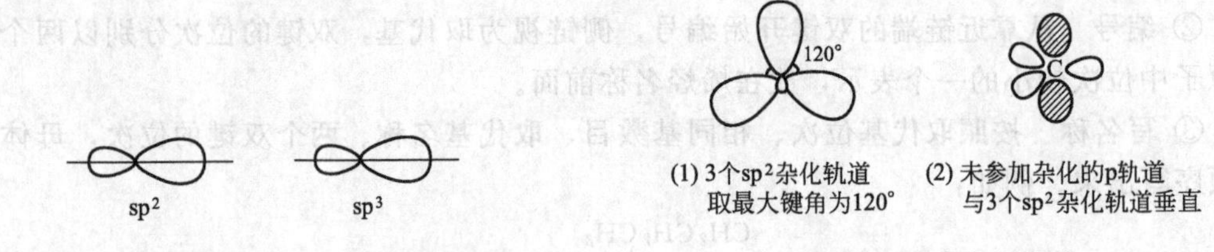

图 3-3 sp^2 杂化轨道与 sp^3 杂化轨道比较　　图 3-4 sp^2 杂化轨道

（2）π 键　在乙烯分子中，双键碳原子各以 1 个 sp^2 轨道相互结合，形成 C—C σ 键，而每个碳原子的其余 2 个 sp^2 轨道分别与另外 2 个氢原子结合形成 2 个 C—H σ 键。2 个 sp^2 杂化的双键碳原子各自还剩下的一个未杂化的 2p 电子在 p 轨道。这 2 个碳原子的 p 轨道相互平行，"肩并肩"地侧面重叠成键。这种由原子轨道从侧面重叠形成的共价键叫 π 键。π 键由两部分组成，一部分电子云在原子平面的上方，另一部分电子云在原子平面下方，故原子核对 π 电子的束缚力比较小。可见，乙烯分子中的碳碳双键（C═C）是由一个 σ 键和一

个 π 键组成的。如图 3-5、图 3-6 所示。

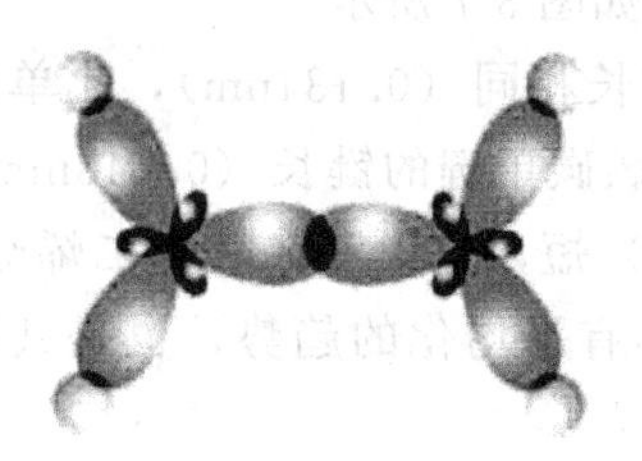

图 3-5 乙烯分子中的 σ 键

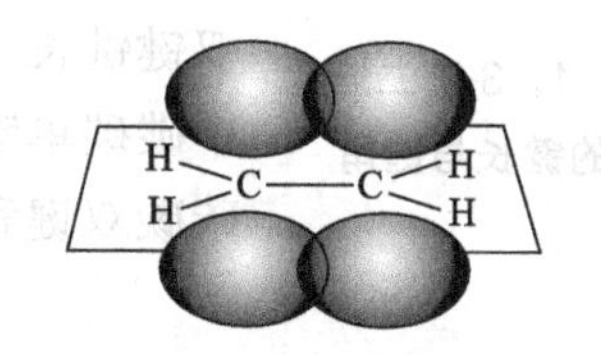

图 3-6 乙烯分子中的 π 键

烯烃的结构与乙烯相似，双键碳原子也是 sp^2 杂化，与双键碳原子相连的各个原子在同一平面，碳碳双键都是由 1 个 σ 键 1 个 π 键组成的。

（3）σ 键与 π 键比较　烯烃分子中都含有 σ 键和 π 键，由于两者结合牢固程度不同，使得烯烃的化学活性比烷烃大得多。如表 3-1 所示。

表 3-1　σ 键与 π 键比较

	σ 键	π 键
存在形式	可以单独存在于任何共价键中	不能单独存在，只能在双键或三键中与 σ 键共存
形成方式	轨道沿键轴“头碰头”重叠，重叠程度大	成键轨道“肩并肩”平行重叠，重叠程度小
性质	键能大，键稳定	键能小，键不稳定
	成键的 2 个碳原子可沿键轴“自由”旋转	成键的 2 个碳原子不能沿键轴“自由”旋转
	电子云受核的束缚大，不易极化	电子云受核的束缚小，容易极化

3. 二烯烃的结构

（1）二烯烃的分类　二烯烃的性质与双键的相对位置关系密切相关，根据二烯烃中双键的相对位置不同，可分为三类。

① 累积二烯烃　两个双键连在同一个碳原子上的二烯烃叫做累积二烯烃，如丙二烯 $CH_2=C=CH_2$。由于两个 π 键连接在一个碳原子上，因此累积二烯烃很不稳定，非常活泼，极少见。

② 共轭二烯烃　两个双键被一个单键隔开的二烯烃叫做共轭二烯烃，即含有 $\gt C=\underset{H}{C}-\underset{H}{C}=C\lt$ 体系的二烯烃。所谓“共轭”就是单键、双键相互交替，最简单的共轭二烯烃为 1,3-丁二烯 $CH_2=CH-CH=CH_2$。共轭二烯烃结构特殊，具有不同于其他二烯烃的特殊性质。

③ 隔离二烯烃　两个双键被两个或多个单键隔开的二烯烃叫做隔离二烯烃，又叫孤立二烯烃，即含有 $\gt C=\underset{H}{C}-(CH_2)_n-CH=C\lt$ （n 为自然数）体系的二烯烃，如 1,4-戊二烯（$CH_2=CHCH_2CH=CH_2$）。隔离二烯烃双键被多个单键分开，相隔较远，它们之间相互影响很小，因此它的性质与单烯烃类似。

（2）共轭二烯烃的结构和共轭效应　最简单的共轭二烯烃为 1,3-丁二烯，下面以 1,3-丁二烯为例来讨论共轭二烯烃的结构。

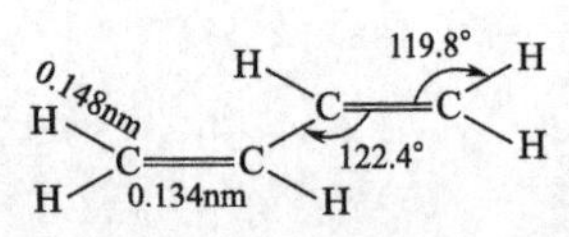

图 3-7 1，3-丁二烯分子中的键长与键角

① 1,3-丁二烯的结构 1,3-丁二烯 4 个碳原子和 6 个氢原子共平面，其键长和键角的数据如图 3-7 所示。

上述共轭二烯中，双键键长相同（0.134nm），比单烯烃中的双键键长（0.133nm）略长；碳碳单键的键长（0.148nm）比烷烃中碳碳单键的键长（0.154nm）短，这说明在共轭二烯烃分子中，碳碳双键和碳碳单键的键长具有平均化的趋势，也是共轭二烯烃的共性。

杂化轨道理论认为，1,3-丁二烯中的 4 个碳原子为 sp^2 杂化，它们各以 sp^2 杂化轨道沿键轴方向相互重叠，剩余的 sp^2 杂化轨道则与氢原子的 1s 轨道形成 6 个 C—Hσ 键，这 9 个 σ 键处于同一平面上，相互间的夹角为 120°。每个碳原子余下的 1 个 p 轨道与 σ 键所在的平面相垂直，且彼此平行，从侧面“肩并肩”重叠。这样，p 轨道就不仅在 C1 与 C2、C3 与 C_4 之间平行重叠，而且在 C2 与 C3 之间也有一定程度的重叠，从而形成 1 个包括 4 个碳原子在内的大 π 键，这个大 π 键是一个整体，叫共轭 π 键，具有较强的稳定性。如图 3-8 所示。

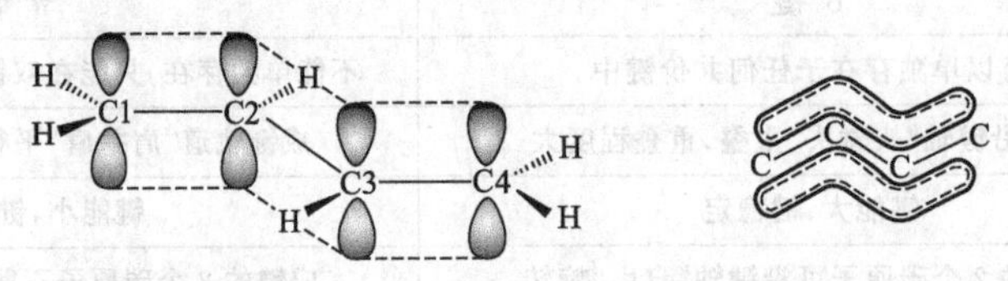

图 3-8 1，3-丁二烯中的共轭 π 键

由于 π 键上的每个电子均受到 4 个核的束缚，使得大 π 键中的电子云密度和键长发生了平均化，即 1,3-丁二烯分子中的两个双键不是孤立的，而是一个整体，但在书写时仍习惯于写成两个双键。

② 共轭体系与共轭效应 具有共轭 π 键的体系叫做共轭体系。在共轭体系中，形成共轭 π 键的所有原子为一个整体，它们之间相互影响形成共轭效应。共轭效应有如下几个特点：

a. 键长平均化 由于发生了键的离域，使得共轭体系的碳碳双键和碳碳单键的键长趋于平均化。

b. 体系能量低 形成共轭体系后分子势能降低，氢化热降低，性质比较稳定。

c. 共轭效应不随碳链增长而减弱 由于共轭的 π 电子发生了离域，可以在整个共轭体系中流动，当共轭体系受到外界试剂影响时，整个共轭体系中的每个原子的电子云密度都会受到影响，从而使这些原子上的正负电荷交替出现，形成正负极性交替的现象：

$$\underset{\delta^+}{CH_2}{=}\underset{\delta^-}{CH}-\underset{\delta^+}{CH}{=}\underset{\delta^-}{CH_2}\leftarrow A^+-B^-$$

$$\underset{\delta^+}{CH_2}{=}\underset{\delta^-}{CH}-\underset{\delta^+}{CH}{=}\underset{\delta^-}{CH}-\underset{\delta^+}{CH}{=}\underset{\delta^-}{CH}-\underset{\delta^+}{CH}{=}\underset{\delta^-}{CH_2}\leftarrow A^+-B^-$$

这种现象的出现使得共轭烯烃的加成反应既可发生在双键上，也可发生在双键间的单键上。

任务二 查阅乙烯的用途、 制备及鉴别方法

一、乙烯的用途

查阅乙烯的主要来源，在工业生产、日常生活中的具体用途，以及同系列重要烯烃及其下游主要产品。

二、制备及收集方法

查阅工业制法、实验室制法，以及收集贮存方法及所需仪器、试剂。充分了解原料的性质及相关参数，为方案的制订、实验操作以及“三废”处理做好相关准备。

三、鉴别方法

通过查阅资料，学习物质的物理化学性质、鉴别方法及应用范围。

任务三 确定合成路线及鉴别方案

一、分析并确定制备及收集方案

整理分析查阅的资料，比较各种制备、收集方法的特点，结合实际情况，确定实验室可行的制备及收集方案，并拟订工作计划。

二、分析并确定鉴别方案

整理分析查阅的资料，结合烯烃类物质的性质，分析各鉴别方法的特点及原理，结合实际情况，确定鉴别方案，并拟订工作计划。

三、“三废” 处理

根据已拟订的制备、收集及鉴别方案，分析项目实施过程中原料、产物和副产物的性质，结合资料，制订“三废”的处理方案，增强环保意识。

四、注意事项

结合制备、收集、鉴别、“三废”处理过程中的需要注意的实验操作技术、有毒有害物品的正确使用以及紧急情况发生后的应急处理措施，尽量避免实施过程中的危险或不规范操作，以保证项目能顺利安全地实施。

任务四 方案的实践

一、前期准备

根据拟订的制备、收集、鉴别方案和工作计划，设计实验装置、实施具体步骤，整理实

施方案所需的仪器和试剂，领取所需试剂、器材，配制相关溶液、装置的准备及具体工作分工。

二、方案的实践

根据制订的工作计划对项目进行实施。主要包括乙烯的制取、收集，以及鉴别，在实施过程中，如遇突发问题或不能实施的环节，小组内成员需共同讨论解决，指导教师在过程中加强巡查和指导。

三、结果展示

实践结果以撰写实践报告的形式为主，报告中应体现以下部分内容：

1. 项目或任务的背景

结合物质的用途，明确项目实践的目标。

2. 项目实施的可行性分析

项目实践中具体要怎么做？采用什么方法？可供参考的文献资料有哪些？

3. 项目或任务的结果

通过项目的实践，是否制得产品？产品外观、收率等指标分别为多少？鉴别结果如何？

4. 争议的最大问题

5. 心得体会

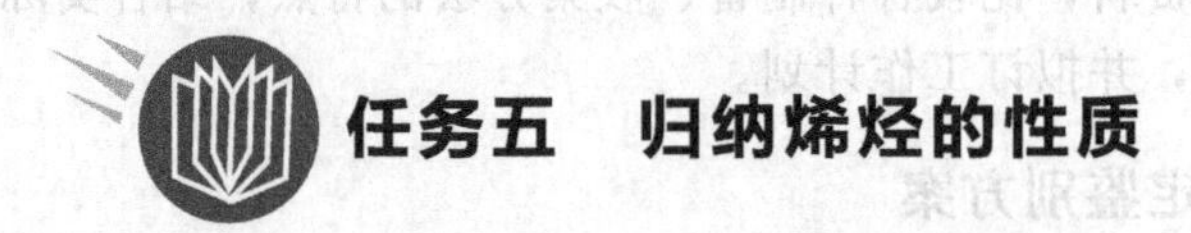

任务五 归纳烯烃的性质

一、物理性质

烯烃在许多物理性质方面与烷烃类似，烯烃的物理性质也是随碳原子数的增加而呈规律性变化。

1. 物态、颜色与气味

在室温下 C_2～C_4 的烯烃是气体，C_5～C_{18} 的烯烃为液体，高级烯烃为固体。

纯烯烃是无色的。乙烯略带甜味，液态烯烃具有汽油的气味。

2. 沸点

烯烃与烷烃相似，随分子中碳原子数目的增加而升高。在顺反异构体中，顺式异构体的沸点略高于反式异构体，这是因为顺式异构体分子的极性较大，分子间作用力较强。

3. 熔点

烯烃熔点的变化规律与沸点相似，随着碳原子数目的增加而升高。但在顺反异构体中，反式异构体的熔点比顺式异构体高，这是因为反式异构体的对称性较大，在晶格中排列较为紧密。

4. 溶解性

烯烃难溶于水，易溶于有机溶剂。

5. 相对密度

烯烃的相对密度都小于1，但比相应的烷烃略大。

部分烯烃的物理性质见表3-2。

表3-2 部分烯烃的物理性质

状态	名称	熔点/℃	沸点/℃	相对密度(d_4^{20})	折射率(n_D^{20})
气态	乙烯	−169.2	−103.7	0.570(−103.7℃)	1.363(−100℃)
	丙烯	−184.9	−47.4	0.610(−47.4℃)	1.3567(−40℃)
	1-丁烯	−183.4	−6.3	0.625(−6.3℃)	1.3962
	顺-2-丁烯	−138.4	3.7	0.621	1.3931(−25℃)
	反-2-丁烯	−105.6	0.9	0.604	1.3848(−25℃)
	异丁烯	−140.4	−6.9	0.631(−10℃)	1.3926(−25℃)
液态	1-戊烯	−138	30.0	0.641	1.3715
	1-己烯	−138	63.5	0.673	1.3837
	1-庚烯	−119	93.3	0.697	1.3998
	1-辛烯	−101.7	121.3	0.715	1.4087
	1-壬烯	−81.7	146	0.730	
	1-癸烯	−66.3	172.6	0.740	1.4215
固态	1-十九碳烯	21.5	177(1333Pa)	0.786	

二、化学性质

烯烃的化学性质与烷烃不同，其官能团为碳碳双键，π键容易断裂，非常活泼。所以烯烃的主要反应就发生在碳碳双键以及受碳碳双键影响较大的α-C—H键上（与官能团相连的碳原子叫做α-碳原子，α-碳原子上的氢原子叫做α-氢原子），主要有加成反应、氧化反应、聚合反应以及α-氢的取代反应等。

$$H-\overset{H}{\overset{|}{C}}=\overset{H}{\overset{|}{C}}-\underset{H}{\underset{|}{\overset{H}{\overset{|}{C}}}}-H$$

官能团（指向C=C）；α-碳原子；α-氢原子

1. 加成反应

烯烃与某些试剂作用时，碳碳双键中的π键断裂，形成两个σ键，试剂的两个原子或基团分别加到两个不饱和碳原子上生成饱和化合物的反应叫做加成反应。

$$\gt C=C\lt + X-Y \longrightarrow -\underset{X}{\underset{|}{C}}-\underset{Y}{\underset{|}{C}}-$$

烯烃　　试剂　　加成产物

加成反应是烯烃的特征反应之一。通过加成反应，可以由烯烃合成许多有用的化工产品，并且可利用该性质对烯烃进行鉴别、分离。

（1）催化加氢　烯烃在常温常压下很难与氢气作用，但在催化剂存在下，可以与氢气作用生成饱和烃，同时放出热量。烯烃加氢放出的热量叫做氢化热。

$$RHC=CHR'+H_2 \xrightarrow{催化剂} RH_2C-CH_2R'+氢化热$$

可以通过测定烯烃加氢反应的氢化热来比较不同烯烃的相对稳定性，氢化热越高，烯烃越不稳定。

由于催化加氢反应是定量进行的，因此可利用催化加氢消耗的氢气量计算出混合物中不饱和化合物的含量。

常用的催化剂为铂(Pt)、铑(Rh)、钯(Pd)、镍(Ni) 等过渡金属制成的细粉或多孔性颗粒。工业上常用催化能力较强的雷尼镍作催化剂。

汽油中含有的少量烯烃，性能不稳定，可以通过催化加氢的方式使烯烃转化为烷烃，从而提高了汽油的稳定性及质量，便于保存和运输。

液态油脂的结构中含有双键，容易变质，可通过催化加氢将液态油脂转变成固态油脂，便于保存和运输。

双键上的取代基团越多，烯烃越稳定。一般烯烃的相对稳定性次序如下：

$$\underset{\text{四取代}}{CR_2{=}CR_2} > \underset{\text{三取代}}{CR_2{=}CHR} > \underset{\text{二取代}}{CHR{=}CHR} > \underset{\text{一取代}}{CHR{=}CH_2} > \underset{\text{乙烯}}{CH_2{=}CH_2}$$

(2) 亲电加成　由于烯烃的 π 键较弱，π 电子受核的束缚较小，电子云流动性强，易极化给出电子，所以容易被缺电子的试剂进攻。这种缺电子的试剂称为亲电试剂，烯烃与亲电试剂的加成称亲电加成反应，常见的亲电试剂有卤素、卤化氢、水、硫酸、次卤酸。

① 加卤素　烯烃容易与卤素发生加成反应生成邻二卤代物，该反应是制备邻二卤代物的最好方法。

卤素的活性次序为 $F_2 > Cl_2 > Br_2 > I_2$，其中氟与烯烃的反应十分剧烈，碘与烯烃一般不反应，所以常常用氯和溴与烯烃反应。

工业上用乙烯和氯气作用，在催化剂氯化铁的作用下发生加成反应生成 1,2-二氯乙烷。

$$CH_2{=}CH_2 + Cl_2 \xrightarrow[40^\circ C,\,0.1\sim0.2MPa]{FeCl_3} \underset{\text{1,2-二氯乙烷}}{\underset{|\qquad\quad|}{CH_2{-}CH_2} \atop Cl\qquad Cl}$$

在常温、常压、不加催化剂的情况下，烯烃可以与溴迅速发生反应。如将烯烃通入溴水或溴的四氯化碳溶液中，溴的红棕色很快褪去生成邻二溴代烃：

$$CH_2{=}CH_2 + \underset{\text{红棕色}}{Br_2} \xrightarrow{CCl_4} \underset{\text{无色}}{{CH_2{-}CH_2} \atop {|\qquad\ \ |} \atop {Br\qquad Br}}$$

工业上和实验室常利用烯烃与溴的四氯化碳溶液加成前后明显的颜色变化，来鉴别烯烃。

② 加卤化氢　烯烃与卤化氢加成常常得到一卤代烷。通常将干燥的卤化氢气体直接通入烯烃中进行反应。浓的 HI 和 HBr 可以直接与烯烃反应，而浓 HCl 需在三氯化铝催化下才能进行反应。卤化氢反应的活性为 $HI > HBr > HCl$。

$$CH_2{=}CH_2 + HX \longrightarrow CH_3CH_2X$$

$$X = I、Br、Cl$$

上述反应物乙烯分子为对称分子，两个双键碳原子上所连接的原子完全相同，因此无论试剂加在哪个双键上，其产物都是相同的。两个双键上所连接的原子或基团不同的烯烃叫不对称烯烃。不对称烯烃与卤化氢加成时，可得到两种不同产物。如丙烯与氯化氢加成，可得到下列两种产物：

$$CH_3CH{=}CH_2 \xrightarrow{HCl} \underset{\text{2-氯丙烷}}{CH_3\underset{|}{\overset{}{C}}HCH_3}\ (Cl) + \underset{\text{1-氯丙烷}}{CH_3CH_2CH_2Cl}$$

实验证明，丙烯与氯化氢加成的主要产物为 2-氯丙烷。

在不对称烯烃加成上，俄国化学家马尔科夫尼科夫（Markovnikow）研究大量反应后得出一条规律：不对称烯烃与不对称试剂加成时，试剂中的氢原子（或带正电部分）加到烯烃中含氢较多的双键碳原子上，卤原子或其他带负电的基团加到含氢较少的双键碳原子上。这个规律被称为马尔科夫尼科夫加成规则，简称马氏规则。例如：

$$RR'C{=}CH_2 \xrightarrow{HX} RR'CX{-}CH_3$$

$X{=}Cl,Br,I$

利用马氏规则可预测烯烃加成反应的主要产物

当在过氧化物存在的情况下，不对称烯烃与溴化氢的加成违反马氏规则，称为反马氏加成。例如：

$$CH_3CH{=}CH_2 \xrightarrow[\text{过氧化物}]{HBr} CH_3CH_2CH_2Br$$

只有在过氧化物存在的情况下，烯烃与 HBr 反应才会发生反马氏加成，而 HI、HCl 均不能发生反马氏加成。

该反应为自由基加成，与亲电加成机理不同。

③ 加硫酸　烯烃可与浓硫酸反应，生成硫酸氢酯。

$$H_2C{=}CH_2 + H{-}OSO_3H \longrightarrow \underset{\text{硫酸氢酯}}{H_2C(OSO_3H){-}CH_2(H)}$$

硫酸氢酯溶于硫酸，所以可以用浓硫酸除去烷烃中的烯烃杂质。

【例 3-2】 庚烷是聚丙烯生产中使用的溶剂，但要求不能含有烯烃。设计一个简单的方法进行检验，若含有烯烃，设法将其除去。

解　检验实际上即为鉴别，除杂质即为分离提纯。除杂质时，可使杂质通过反应生成主要物质，但注意在这过程中不能引入新的杂质；也可利用杂质与主要物质间的性质的差异进行分离。

鉴别：$\left.\begin{matrix}\text{庚烷}\\\text{烯烃}\end{matrix}\right\}\xrightarrow[\text{室温}]{Br_2/CCl_4}\left\{\begin{matrix}\times\\\text{褪色}\end{matrix}\right.$

分离：$\left.\begin{array}{l}\text{庚烷}\\\text{烯烃}\end{array}\right\}\xrightarrow[\text{振荡后静置}]{\text{浓硫酸}}\xrightarrow{\text{分层}}\left\{\begin{array}{l}\text{上层:庚烷}\\\text{下层:硫酸氢烷基酯和硫酸}\end{array}\right.$

不对称烯烃与硫酸加成亦符合马氏规则。

$$CH_3CH{=}CH_2 \xrightarrow{\text{浓 } H_2SO_4} \underset{\displaystyle OSO_3H}{CH_3\underset{|}{C}HCH_3}$$

硫酸氢酯可进一步水解得到醇，这是工业上制备醇的方法之一，又叫做间接水合反应。例如：

$$\underset{\displaystyle OSO_3H}{CH_3\underset{|}{C}HCH_3} + H_2O \xrightarrow{\triangle} \underset{\displaystyle OH}{CH_3\underset{|}{C}HCH_3} + H_2SO_4$$

该反应在工业上用于制备乙醇和其他仲醇、叔醇，但生成的酸会对环境造成一定污染，对设备也存在腐蚀问题。

④ 加水　烯烃在催化剂（磷酸或硫酸）、高温、高压条件下，可以直接与水加成生成醇。工业上称这种方法为烯烃直接水合法。

$$CH_2{=}CH_2 + H_2O \xrightarrow[300℃,7MPa]{\text{磷酸-硅藻土}} CH_3CH_2OH$$

不对称烯烃与水加成仍符合马氏规则。例如：

$$CH_3CH{=}CH_2 + H_2O \xrightarrow[250℃,4MPa]{\text{磷酸-硅藻土}} \underset{\displaystyle OH}{CH_3\underset{|}{C}HCH_3}$$

这是工业上用于制备乙醇、异丙醇的重要方法，该方法避免了酸对环境的污染和对设备腐蚀的问题，但对烯烃的纯度要求较高，需要达到97%以上。

⑤ 加次卤酸　烯烃与氯或溴的水溶液加成，生成卤代醇。反应的结果相当于加上一个次卤酸分子，因此通常叫做次卤酸加成。

$$H_2C{=}CH_2 + HO{-}Cl \quad (\text{或 } Cl_2/H_2O) \longrightarrow \underset{\displaystyle OH}{H_2\underset{|}{C}}{-}\underset{\displaystyle Cl}{\underset{|}{C}H_2}$$

氯乙醇是微黄色液体，有毒。常用作医药、农药（如驱蛔灵、普鲁卡因等）的原料，也是一种植物发芽的催速剂，还可用于制备工业原料环氧乙烷。

不对称烯烃与水加成仍符合马氏规则。这时带正电的 X^+ 加到含氢较多的双键碳原子上，而带负电的 OH^- 加到含氢较少的双键碳原子上。例如：

$$CH_3CH{=}CH_2 + Cl^+{-}OH^- \longrightarrow \underset{\displaystyle HO}{CH_3\underset{|}{C}H}{-}\underset{\displaystyle Cl}{\underset{|}{C}H_2}$$

(3) 亲电加成反应机理　在上述亲电反应中，亲电试剂（卤素、卤化氢、水、硫酸、次卤酸）首先异裂形成离子，其中正离子进攻 π 键形成一个碳正离子中间体，碳正离子很活泼，一旦形成立即与负离子结合形成新的化合物。基本机理如下：

$$A{:}B \longrightarrow A^+ + B^- \quad \text{试剂异裂}$$

$$>C=C< + A^+ \xrightarrow{慢} -\overset{+}{C}-\overset{A}{C}-$$ 生成碳正离子，慢反应，决定反应速率

碳正离子

$$-\overset{+}{C}-\overset{A}{C}- + B^- \xrightarrow{快} -\overset{B}{C}-\overset{A}{C}-$$ 生成新化合物

烯烃与卤化氢的加成就是如此：

$$HCl \longrightarrow H^+ + Cl^-$$

$$H_2C=CH_2 + H^+ \xrightarrow{慢} CH_3-CH_2^+$$

$$CH_3-CH_2^+ + Cl^- \xrightarrow{快} CH_3-CH_2Cl$$

烯烃与卤素的加成要复杂一些，在加成反应中第一步形成了环状的溴汨离子，第二步溴负离子从溴汨离子三元环的背面进攻，从而生成二溴代物。反应结果是两个溴从双键的两侧加成到烯烃分子中，这种加成方式称为反式加成。

$$>C=C< + Br-Br \xrightarrow{慢} >\underset{Br^-}{C-C}<(Br^+) \xrightarrow{快} Br-C-C-Br$$

溴汨离子

在亲电加成反应中，碳正离子的形成是决定整个反应的关键步骤，因此碳正离子的稳定性决定了烯烃加成的主要产物以及双键反应的活性。

碳正离子的中心碳原子为 sp^2 杂化，是平面构型，正电荷处于垂直于此平面的 p 轨道中。碳正离子中的烷基等给电子基团使正电荷分散，因此碳正离子所连的烷基越多，碳正离子越稳定。不同碳正离子的稳定性顺序为：$3°C^+ > 2°C^+ > 1°C^+ > {}^+CH_3$。

（4）共轭二烯烃的亲电加成反应　共轭二烯烃的化学性质与单烯烃有类似之处，也可与卤素、卤化氢等亲电试剂发生亲电加成反应。但由于这类二烯烃分子中有 π-π 共轭，因此它的性质主要表现在共轭加成和稳定性两方面，可发生一些特殊的反应。

① 1,2-加成和 1,4-加成　用溴处理 1,4-戊二烯，首先得到 4，5-二溴-1-戊烯，加更多的溴可得到 1,2,4,5-四溴戊烷。反应中两个双键独立地进行反应，如同在两个分子中一样，这是隔离二烯烃典型的性质。

$$CH_2=CHCH_2CH=CH_2 \xrightarrow{Br_2} \underset{Br}{CH_2}-\underset{Br}{CH}CH_2CH=CH_2 \xrightarrow{Br_2} \underset{Br}{CH_2}-\underset{Br}{CH}CH_2\underset{Br}{CH}-\underset{Br}{CH_2}$$

具有共轭结构的 1,3-丁二烯在相同条件下与 1mol 溴反应时，得到的产物除 3,4-二溴-1-丁烯外，还有 1,4-二溴-2-丁烯，如：

$$CH_2=CHCH=CH_2 \xrightarrow{Br_2} \begin{cases} \xrightarrow{1,2-加成} \underset{Br}{CH_2}-\underset{Br}{CH}CH=CH_2 \\ \xrightarrow{1,4-加成} \underset{Br}{CH_2}-\overset{H}{C}=CH-\underset{Br}{CH_2} \end{cases}$$

溴加到 C_1,C_2（相邻的）上，称为1,2-加成（前一个反应）；溴加到 C_1,C_4（共轭体系两端），同时双键转移到中间，称为1,4-加成，也称为共轭加成（后一个反应）。1,2-加成和1,4-加成经常在反应中同时发生，这是共轭烯烃的共同特点。

共轭二烯烃与卤素和卤化氢加成的机理和单烯烃相同，按亲电加成反应机理进行。以1,3-丁二烯与氯化氢加成为例：

$$CH_2{=}CHCH{=}CH_2 \xrightarrow{{}^{+}H-Cl^{-}} \overset{1}{C}H_2-\overset{\delta^+}{\overset{2}{C}H}\cdots\overset{3}{C}H\cdots\overset{\delta^+}{\overset{4}{C}H_2} \xrightarrow{Cl^-} \begin{cases} \xrightarrow{1,2\text{-加成}} CH_3-\underset{Cl}{CH}CH{=}CH_2 \\ \xrightarrow{1,4\text{-加成}} CH_3-\overset{H}{C}{=}CH-CH_2Cl \end{cases}$$

卤化氢的质子加到共轭体系一端的碳原子上，形成较稳定的烯丙基碳正离子和氯负离子，氯负离子很快与碳正离子的 C_2 或 C_4 结合，分别得到1,2-加成和1,4-加成的产物。

1,2-加成和1,4-加成是同时发生的，哪一种反应占优势，决定于反应温度、反应物的结构、产物的稳定性和溶剂的极性。实验数据证明，较高温或极性溶剂有利于1,4-加成产物的产生，低温或非极性溶剂有利于1,2-加成产物的产生。反应符合马氏加成规则。

② 双烯合成　1928年，德国化学家狄尔斯（Diels，O.）和阿尔德（Alder，K.）在研究1,3-丁二烯和顺丁烯二酸酐的互相作用时发现了一类反应，即共轭双烯与含有烯键或炔键的化合物互相作用，生成六元环状化合物的反应，这类反应称为狄尔斯-阿尔德（Diels-Alder）反应，又称为双烯合成。

$$\begin{matrix} HC{\diagup}CH_2 \\ \| \\ HC{\diagdown}CH_2 \end{matrix} + \begin{matrix} CH_2 \\ \| \\ CH_2 \end{matrix} \xrightarrow[17h]{165℃,\ 90MPa} \text{环己烯}$$

在双烯合成中，含有共轭双键的二烯烃叫做双烯体，与双烯体发生双烯合成反应的不饱和化合物叫亲双烯体。如果亲双烯体连有吸电子基团或双烯体中有给电子基团，反应就比较容易进行。例如：

$$\text{1,3-丁二烯} + \text{乙炔} \xrightarrow{\triangle} \text{1,4-环己二烯}$$

$$\text{环戊二烯} + CH_2{=}CHCH_2Cl \xrightarrow{\triangle} \text{(降冰片烯)}-CH_2Cl$$

$$\text{1,3-丁二烯} + \underset{\text{顺丁烯二酸酐}}{\text{顺丁烯二酸酐}} \xrightarrow[100℃]{\text{苯}} \underset{\text{(白色)}}{\text{四氢邻苯二甲酸酐}}\downarrow$$

共轭二烯烃与顺丁烯二酸酐的加成产物是白色固体，高温时又可分解为原来的二烯烃，所以可用于二烯烃的鉴定与分离。

2. 氧化反应

烯烃的碳碳双键非常活泼，容易发生氧化反应。当氧化剂和氧化条件不同时，产物也不相同。

（1）被高锰酸钾氧化　烯烃与冷的、稀的碱性高锰酸钾水溶液反应生成邻二醇。例如：将乙烯通入稀的、冷的高锰酸钾水溶液时，随着反应的进行，高锰酸钾溶液的紫色逐渐消退，同时生成乙二醇和二氧化锰沉淀：

$$CH_2{=\!=}CH_2 + KMnO_4 \xrightarrow{\text{冷、稀、碱性或中性}} \underset{OH}{\underset{|}{C}H_2}-\underset{OH}{\underset{|}{C}H_2} + MnO_2\downarrow$$

由于反应前后现象明显，可用于鉴别烯烃。

如果用浓的、热的或酸性高锰酸钾，反应条件比较强烈，氧化更快、更彻底，碳碳双键发生断裂。例如：

$$RR'C{=}CHR'' + KMnO_4 \xrightarrow{H^+} \underset{\text{酮}}{RR'C{=}O} + \underset{\text{醛}}{O{=}CHR''} \xrightarrow[\text{进一步氧化}]{KMnO_4} \underset{\text{酸}}{O{=}C(R'')OH}$$

$$RR'C{=}CH_2 + KMnO_4 \xrightarrow{H^+} \underset{\text{酮}}{RR'C{=}O} + \underset{\text{甲醛}}{O{=}CH_2} \xrightarrow[\text{进一步氧化}]{KMnO_4} \underset{\text{碳酸}}{O{=}C(OH)_2} \longrightarrow CO_2 + H_2O$$

氧化产物的结构取决于碳碳双键上氢被烷基取代的情况，双键中 $R_2C{=}$、$RCH{=}$ 和 $CH_2{=}$ 部分分别被氧化成酮、酸和二氧化碳。

该反应不仅可用于鉴别烯烃，还可以根据产物推测烯烃的结构。

（2）臭氧化反应　将含有6%～8%臭氧的氧气在低温下（－86℃）通入烯烃或烯烃溶液中，臭氧迅速地定量氧化烯烃，生成臭氧化合物。臭氧化合物很不稳定，容易发生爆炸，因此一般不经分离而是直接在溶液中进行水解得到醛或酮及过氧化氢，过氧化氢可进一步将产物中的醛氧化为酸。为了防止氧化，水解时加入还原剂，常用的还原剂为锌粉，可以得到醛的产物。例如：

$$RR'C{=}CH R''(H) \xrightarrow{O_3} \underset{\text{臭氧化合物}}{\text{RR'C(O-O)(O)CH R''(H)}} \xrightarrow{Zn/H_2O} RR'C{=}O + O{=}CH R''(H)$$

（3）过氧酸氧化　烯烃能被过氧酸氧化成环氧化合物。例如：

$$\rangle C{=}C\langle + RCOOOH \longrightarrow \rangle \overset{O}{C{-}C}\langle$$

环氧化合物极性水解可得到反式邻二醇。例如：

$$\text{环己烯} \xrightarrow{RCOOH(C=O)} \text{环氧环己烷} \xrightarrow{H_3O^+} \text{1,2-环己二醇(OH, OH)}$$

3. 聚合反应

在一定条件下，烯烃能在引发剂或催化剂作用下，断裂π键，以头尾相连的方式自身加成，形成高分子化合物。烯烃的这种自身加成反应叫做聚合反应。

能发生聚合反应的相对分子质量较小的化合物叫做单体，聚合后得到的相对分子质量较大的化合物叫做聚合物。例如乙烯在一定条件下生成聚乙烯：

$$nCH_2{=}CH_2 \xrightarrow[100MPa]{400℃} \left[CH_2-CH_2\right]_n$$

乙烯（单体）　　聚乙烯（聚合物）

其中“$-CH_2-CH_2-$”叫链节，n 叫聚合度。

乙烯、丙烯等可在齐格勒-纳塔催化剂存在下，聚合得到聚烯烃。例如：

$$nCH_2{=}CHCH_3 \xrightarrow[50℃,100MPa]{TiCl_4\text{-}Al(C_2H_5)_3} \left[CH_2-\underset{CH_3}{\underset{|}{CH}}\right]_n$$

共轭二烯烃比较容易发生聚合反应生成高分子化合物。例如：

$$nCH_2{=}CHCH{=}CH_2 \xrightarrow[\text{聚合}]{\text{齐格勒-纳塔催化剂}} \left[-CH_2(H)C{=}C(H)CH_2-\right]_n$$

4. α-氢原子的卤代反应

α-H受双键的影响，在一定条件下表现出活性，容易发生卤代反应。烯烃卤代反应条件与烷烃相似，可以是高温，也可是紫外光照射，为自由基反应历程。

例如丙烯和氯气发生反应时，在较低温度下主要发生碳碳双键的亲电加成反应，生成1,2-二氯丙烷；而在光照或高温的情况下生成3-氯丙烯：

$$CH_3CH{=}CH_2 \xrightarrow[<300℃]{Cl_2} CH_3\underset{Cl}{\underset{|}{CH}}-\underset{Cl}{\underset{|}{CH_2}}$$

$$CH_3CH{=}CH_2 \xrightarrow[500℃ \text{ 或 } h\nu]{Cl_2} \underset{Cl}{\underset{|}{CH_2}}-\overset{H}{C}{=}CH_2$$

三、鉴别

1. 在不同溶剂中的溶解性

烯烃不溶于水、烯酸、稀碱，但能溶于浓硫酸，可以用浓硫酸鉴别烯烃和烷烃。

2. 利用双键上的反应

可以用溴的四氯化碳或高锰酸钾溶液鉴别烯烃。前者与烯烃发生加成反应，使溴的红棕色褪去；后者使烯烃发生氧化，双键断裂，紫色褪去，并有棕色二氧化锰沉淀生成。

强化练习

1. 写出烯烃 C_6H_{12} 的同分异构体，并用系统命名法命名。

2. 指出下列化合物中哪些可能存在顺反异构体，写出顺反异构体的构造式，并命名。

(1) $CH_3-\underset{\displaystyle CH_2CH_3}{\underset{|}{C}}=CH_2$　(2) $CH_3-\underset{\displaystyle CH_2Cl}{\underset{|}{C}}=CHCH_3$　(3) $CH_3-\underset{\displaystyle CH_3}{\underset{|}{C}}=CHCH_3$

3. 写出下列化合物的构造式。

(1) 异戊烯　　(2) 2-甲基-2,4-己二烯

(3) (*Z*)-2,4-二甲基-3-己烯　　(4) 反-4-壬烯

(5) (*E*)-6-甲基-3-乙基-2-庚烯　　(6) 异丙烯基

4. 用系统命名法命名下列化合物。

(1) $CH_3-\underset{\displaystyle CH_3-CHCH_2CH_3}{\underset{|}{C}}=CH_2$　(2) $CH_3-\underset{\displaystyle CH_2}{\underset{\|}{C}}-CH_2CH_2CH_3$

(3)
$$\begin{array}{ccc} (CH_3)_3C & & CH_2CH_3 \\ & \diagdown\ \ \diagup & \\ & C=C & \\ & \diagup\ \ \diagdown & \\ CH_3 & & CH_2CH_2\underset{\displaystyle CH_3}{\underset{|}{C}H}CH_3 \end{array}$$

(4)
$$\begin{array}{ccc} CH_3 & & CH_2CH_3 \\ & \diagdown\ \ \diagup & \\ & C=C & \\ & \diagup\ \ \diagdown & \\ CH_3 & & H \end{array}$$

(5) $CH_3-\underset{\displaystyle CH_2CH_3}{\underset{|}{C}}=CHCH=CHCH_3$　(6) $CH_3-\underset{\displaystyle CH_3}{\underset{|}{C}}=CH\underset{\displaystyle C_2H_5}{\underset{|}{C}H}CH=\underset{\displaystyle CH_3}{\underset{|}{C}}CH_3$

5. 写出 2-甲基-1-丁烯与下列试剂反应的产物。

(1) Br_2/CCl_4　(2) Br_2/H_2O　(3) 稀 $KMnO_4$

(4) 酸性 $KMnO_4$　(5) HCl/过氧化物　(6) HBr/过氧化物

(7) ①浓 H_2SO_4　② $H_2O/\triangle$

6. 写出下列反应的产物或反应条件。

(1) $CH_3\overset{\displaystyle CH_3}{\overset{|}{C}H}CH=CH_2 \xrightarrow[Cl_2]{500℃} ? \xrightarrow[(2)\ H_2O]{(1)\text{浓}\ H_2SO_4} ?$

(2) $nCH_3CH=CHCH_3 \xrightarrow{\text{齐格勒-纳塔催化剂}} ?$

(3) $+\ \begin{array}{l} \diagup OCH_3 \\ \| \\ \diagdown CHO \end{array} \xrightarrow[100℃]{\text{苯}} ?$

(4) $CH_2=CHCH=CH_2 \xrightarrow{?} \underset{\displaystyle Br}{\underset{|}{C}H_2}-CH=CHCH_3$

(5) $CH_3\underset{\displaystyle CH_3}{\underset{|}{C}H}CH=CH_2 \xrightarrow{?} CH_3\underset{\displaystyle CH_3}{\underset{|}{C}H}CH_2CH_3$

(6) $CH_3CH=CH_2 \xrightarrow{HBr} ?$
　　$\xrightarrow{\text{过氧化物}} ?$

(7) $CH_3C(CH_3){=}CHCH_2CH_3 \xrightarrow[OH^-]{KMnO_4} ?$；$\xrightarrow[H^+]{KMnO_4} ?$

(8) $CH_3C(CH_3){=}CHCH_2CH_3 \xrightarrow{?} CH_3\overset{O}{\overset{\|}{C}}CH_3 + H\overset{O}{\overset{\|}{C}}CH_2CH_3$

(9) $CH_3C(CH_3){=}CHCH_2CH_3 + HOCl \longrightarrow ?$

(10) 2,3-二甲基-1,3-丁二烯 + ? $\xrightarrow[100℃]{苯}$ 1,2,4,5-四甲基-1-环己烯

7. 用化学反应鉴别下列化合物。

丁烷、2-丁烯、环丁烷、1,3-丁二烯

8. 由丙烯合成下列化合物，试剂任选。

(1) $CH_3-CH(Br)-CH_2Cl$　　(2) $CH_2(Cl)-CH(OH)-CH_2Cl$

(3) $CH_2(Br)-CH(Br)-CH_2Br$　　(4) $BrCH_2CH_2CH_2Br$

9. 分子式为 C_6H_{12} 的三种烯烃 A、B 和 C，用过量的酸性高锰酸钾溶液氧化后，A 只得到一种产物 $CH_3\overset{O}{\overset{\|}{C}}CH_3$，B 得到 CO_2 和 $CH_2\overset{O}{\overset{\|}{C}}CH_2CH_3$，C 得到 $CH_3\overset{O}{\overset{\|}{C}}CH_3$ 和 CH_3CH_2COOH。试推测 A、B 和 C 的构造式，并写出上述各步化学反应式。

10. 分子式为 C_6H_{12} 的烯烃在有过氧化物和无过氧化物存在时与 HBr 加成所得到的产物是一种，试写出该烯烃的构造式。

项目四 乙炔的制备及性质

知识目标

- 学习并了解炔烃的分类、来源、主要制法及其在生产生活中的应用。
- 学习并理解炔烃的物理性质及其变化规律、炔烃的加成反应机理。
- 学习并理解碳原子的杂化方式与结构间的关系。
- 学习并掌握炔烃同分异构体的推导、系统命名、化学性质及鉴别方法。

能力目标

- 能够查阅各种图书资料和网络资料，对制备方法进行分析、汇总和比较。
- 能够制订实验室制备及鉴别的实践方案。
- 能够针对方案实践过程中可能遇到的问题进行提前分析与准备。
- 能够熟练运用有机化学实验的基本操作，对方案进行实践。
- 能够结合实践及所学知识归纳同系列化合物的物理化学性质。

项目实施要求

- 项目实施过程遵循“项目布置—化合物的初步认识—查阅资料—分析资料—确定方案—方案实践—总结归纳—巩固强化”规律。
- “项目布置”要求学生明确项目内容与任务，各项目组制订初步工作计划（开展方式、人员分工、时间安排等）。
- “初步认识”主要通过课堂讨论及讲解的方式进行；查阅和分析资料则需要利用课余时间完成。学生需根据项目中各任务的要求，在项目组内进行分工协调，共同查阅和分析资料，从而形成初步材料。
- 确定方案阶段由各项目组讨论收集的资料，并确定工作计划。
- 实践阶段主要包括前期准备、项目实践及结果展示三个部分，要求各项目组根据确定的方案准备实践所需的试剂与器材，按照方案和工作计划进行实践，并记录现象与结果，完成实践报告的撰写。
- 总结归纳阶段要求学生根据项目实施过程中所学知识、技能、技巧，结合实践结果，对该类化合物的性质进行总结和归纳。教师在这一过程中适时进行知识的分析、补充讲解和拓展。
- 巩固强化阶段要求学生应用相关知识完成强化练习，反馈学习效果。

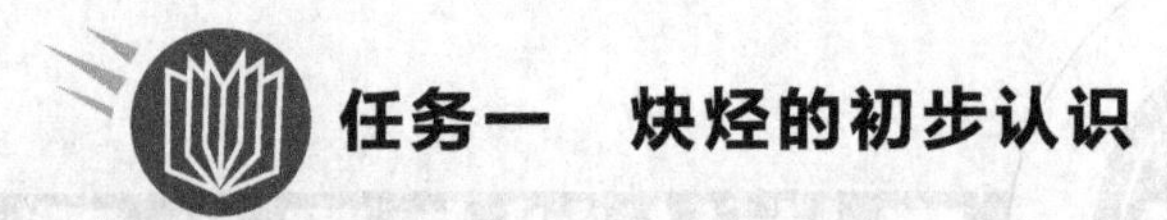

任务一　炔烃的初步认识

分子中含有碳碳三键（C≡C）的不饱和烃叫做炔烃。炔烃的主要来源是煤、石油以及天然气。

一、通式

炔烃为分子中含有碳碳三键不饱和键的烃，单炔烃比同碳原子的单烯烃少两个氢原子，其通式为 C_nH_{2n-2}（$n \geqslant 2$）。最简单的炔烃为乙炔。

二、同分异构

炔烃碳原子的杂化情况与烯烃不同，其同分异构现象比烯烃简单，主要是由于碳链不同和三键位置不同而引起的构造异构，没有顺反异构。所以炔烃的构造异构体比相同碳原子数的烯烃少，与二烯烃互为同分异构体。如戊炔的构造异构体有 3 个，而戊烯有 5 个构造异构体。

$CH{\equiv}CCH_2CH_2CH_3$　　$CH_3C{\equiv}CCH_2CH_3$　　$CH{\equiv}CCH(CH_3)CH_3$

三、命名

炔烃的系统命名法与烯烃相似，选取含有三键的最长的碳链为主链，编号从靠近三键一端开始编号，同时需在“某炔”前标明三键位置。例如：

$CH_3C{\equiv}CCH_2CH_3$　　2-戊炔

$CH_3C{\equiv}CCH(CH_3)CH(CH_2CH_3)CH_3$　　4,5-二甲基-2-庚炔

$CH{\equiv}CCH(CH_2CH_3)CH(CH_3)CH_3$　　4-甲基-3-乙基-1-戊炔

如果分子中同时存在双键和三键时，应选取同时含有双键和三键在内的最长碳链为主链，按碳原子数称为“某烯炔”（先“烯”后“炔”，碳原子个数位于“烯”前面），编号从靠近双键或三键一端开始，要使不饱和键位次之和尽可能小。如果两个编号相同，则使双键具有最小的位次。例如：

$CH{\equiv}CCH{=}CHCH_3$　　3-戊烯-1-炔

$CH{\equiv}CCH_2CH{=}CH_2$　　1-戊烯-4-炔

$CH_3C{\equiv}CCH(CH_3)CH{=}CH_2$　　3-甲基-1-己烯-4-炔

四、结构

1. 乙炔的结构

乙炔是最简单的炔烃，是一个直线型分子，两个碳原子和两个氢原子都在一条直线，碳碳三键和碳氢键之间的夹角为 180°（见图 4-1）。

2. 碳原子的 sp 杂化

在炔烃分子中，碳原子在形成三键时，是以一个 2s 轨道和一个 2p 轨道杂化，形成两个

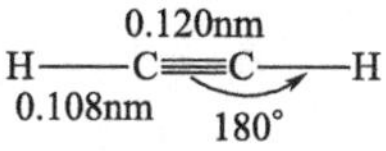

0.120nm
H—C≡C—H
0.108nm 180°

图 4-1 乙炔分子的平面结构

完全相同的新轨道，叫做 sp 杂化轨道。这两个 sp 杂化轨道的对称轴在一条直线上。碳原子的 sp 杂化过程如图 4-2。

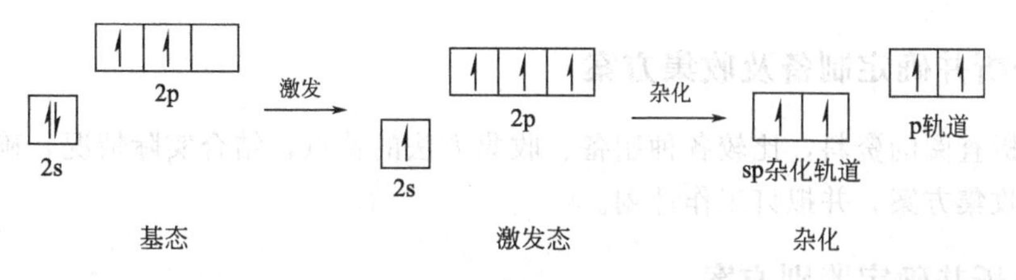

图 4-2 碳原子轨道的 sp 杂化

乙炔分子中的两个碳原子各以一个 sp 轨道相互重叠，形成碳碳 σ 键，另一个 sp 轨道分别与氢的 1s 轨道重叠形成 C—H σ 键，分子中四个原子处于一条直线上。如图 4-3。

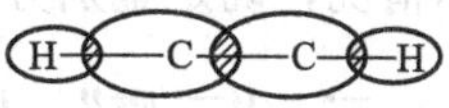

H—C—C—H

图 4-3 乙炔分子中的 σ 键

两个碳原子各自剩下的两个 p 轨道的对称轴互相垂直且在一个平面，这一平面与 sp 杂化轨道的对称轴垂直。每个碳原子上垂直的两个 p 轨道分别与另一碳原子的两个 p 轨道从侧面重叠（“肩并肩重叠”），形成两个互相垂直的 π 键。π 电子云位于 σ 键轴的上下和前后部位，形成以 σ 键为对称轴的圆筒状。如图 4-4、图 4-5 所示。

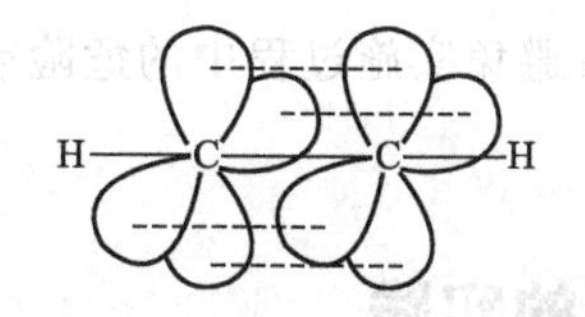

图 4-4 乙炔分子中的 π 键

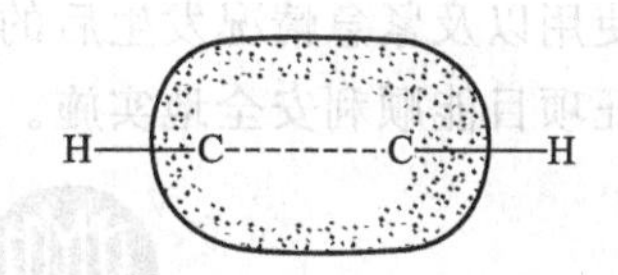

图 4-5 乙炔分子中 π 电子云的分布

可见，乙炔分子中的碳碳三键是由一个 σ 键和两个 π 键组成的。其他炔烃分子中的碳碳三键结构与乙炔相同。

任务二 查阅乙炔的用途、制备及鉴别方法

一、乙炔的用途

查阅乙炔的主要来源，在工业生产、日常生活中的具体用途，以及同系列重要炔烃及其下游主要产品。

二、制备及收集方法

查阅工业制法、实验室制法、收集贮存方法及所需仪器、试剂。充分了解原料的性质及相关参数，为方案的制订、实验操作以及“三废”处理做好相关准备。

三、鉴别方法

通过查阅资料，学习物质的物理化学性质、鉴别方法及应用范围。

任务三　确定合成路线及鉴别方案

一、分析并确定制备及收集方案

整理分析查阅的资料，比较各种制备、收集方法的特点，结合实际情况，确定实验室可行的制备及收集方案，并拟订工作计划。

二、分析并确定鉴别方案

整理分析查阅的资料，结合炔烃类物质的性质，分析各鉴别方法的特点及原理，结合实际情况，确定鉴别方案，并拟订工作计划。

三、“三废” 处理

根据已拟订的制备、收集及鉴别方案，分析项目实施过程中原料、产物和副产物的性质，结合资料，制订“三废”的处理方案，增强环保意识。

四、注意事项

结合制备、收集、鉴别、“三废” 处理过程中的需要注意的实验操作技术、有毒有害物品的正确使用以及紧急情况发生后的应急处理措施，尽量避免实施过程中的危险或不规范操作，以保证项目能顺利安全地实施。

任务四　方案的实践

一、前期准备

根据拟订的制备、收集、鉴别方案和工作计划，设计实验装置、实施具体步骤，整理实施方案所需的仪器和试剂，领取所需试剂、器材，配制相关溶液、装置的准备及具体工作分工。

二、方案的实践

根据制订的工作计划对项目进行实施。主要包括乙炔的制取、收集以及鉴别，在实施过程中，如遇突发问题或不能实施的环节，小组内成员需共同讨论解决，指导教师在过程中加强巡查和指导。

三、结果展示

实践结果以撰写实践报告的形式为主，报告中应体现以下部分内容：

1. 项目或任务的背景

结合物质的用途，明确项目实践的目标。

2. 项目实施的可行性分析

项目实践中具体要怎么做？采用什么方法？可供参考的文献资料有哪些？

3. 项目或任务的结果

通过项目的实践，是否制得产品？产品外观、收率等指标分别为多少？鉴别结果如何？

4. 争议的最大问题

5. 心得体会

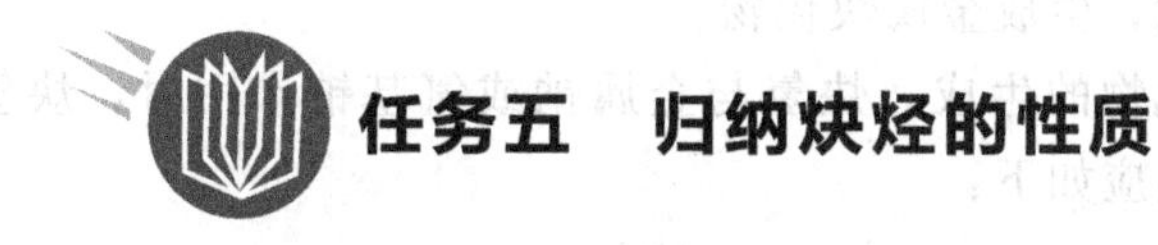

任务五 归纳炔烃的性质

一、物理性质

炔烃在许多物理性质方面与烷烃、烯烃类似，物理性质也是随碳原子数的增加而呈规律性变化。

1. 物态

在室温下 C_2～C_4 的炔烃是气体，C_5～C_{17} 的炔烃为液体，高级炔烃为固体。

2. 熔点、沸点

炔烃的熔点、沸点随着碳原子数目的增加而升高。一般比相应原烷烃、烯烃略高，这是因为碳碳三键键长较短，分子间距离较近、作用力较强的缘故。其中三键在链中间的炔烃比在端炔的沸点和熔点都高，这可能是因为分子对称性的原因导致。

3. 相对密度

炔烃的相对密度都小于 1，比水轻。相同碳原子数的烃的相对密度由大到小顺序为炔烃＞烯烃＞烷烃。

4. 溶解性

炔烃难溶于水，易溶于有机溶剂，如乙醚、石油醚、丙酮、苯、四氯化碳等。

部分炔烃的物理常数见表 4-1。

表 4-1 部分炔烃的物理常数

状态	名称	熔点/℃	沸点/℃	相对密度(d_4^{20})	折射率(n_D^{20})
气态	乙炔	−80.8	−84	0.618(−84℃)	
	丙炔	−101.5	−23.2	0.671(−23.2℃)	
	1-丁炔	−125.7	8.1	0.668(8.1℃)	1.3962
液态	2-丁炔	−32.2	27	0.691	1.3921
	1-戊炔	−90	40.2	0.690	1.3852
	2-戊炔	−101	56	0.710	1.4039
	3-甲基-1-丁炔	−89	29.5	0.666	1.3723
	1-己炔	−132.4	71.3	0.719	1.3989
	1-庚炔	−81	99.7	0.733	1.4115
	1-辛炔	−79.3	125.2	0.7461	1.4087
	1-壬炔	−50	150.8	0.757	1.4159
固态	1-十八碳炔	28	180(0.052MPa)	0.802	1.4265

二、化学性质

炔烃分子中碳碳三键的碳原子是 sp 杂化，电负性较大，因此连在炔烃分子碳碳三键上的氢具有微弱的酸性，可以生成盐或金属炔化物。此外，由于官能团碳碳三键中有 2 个不稳定的 π 键，因此炔烃的化学性质非常活泼，与烯烃相似，容易发生加成反应、氧化反应、聚合反应。

1. 炔氢的反应

炔烃三键碳原子上的氢称为炔氢，也叫活泼氢。炔氢具有弱酸性，比较活泼，可以被某些金属原子或离子取代，生成金属炔化物。

(1) 活泼金属炔化物的生成　炔氢与金属钠或氨基钠作用时，炔氢原子可被钠原子取代，生成炔化钠。其反应如下：

$$Na + 2CH{\equiv}CH \xrightarrow{110℃} \underset{\text{乙炔钠}}{2CN{\equiv}CNa} + H_2\uparrow$$

$$RC{\equiv}CH + NaNH_2 \xrightarrow{\text{液氨}} RC{\equiv}CNa + NH_3$$

乙炔与过量钠在更高温度下反应，可以生成乙炔二钠。

$$2Na + CH{\equiv}CH \xrightarrow{190\sim220℃} \underset{\text{乙炔二钠}}{NaC{\equiv}CNa} + H_2\uparrow$$

反应类似于酸或水与金属钠的反应，说明乙炔具有酸性，但乙炔的酸性既不能使石蕊试纸变红，又没有酸味，通过测定 pK_a 值可知乙炔是一个很弱的酸，它的酸性比水和醇小得多，而比氨强。

酸性	烷烃 <	烯烃 <	氨 <	乙炔 <	乙醇 <	水
pK_a	约 50	约 40	35	25	16	15.7

生成的炔化钠可以与卤代烃反应生成较高级的炔烃：

$$RC{\equiv}CNa + R'X \longrightarrow RC{\equiv}CR' + NaX$$

这是有机合成上增长碳链的一种方法，可由低级炔烃制备高级炔烃。

(2) 重金属炔化物的生成　炔氢还能与某些重金属离子反应，生成不溶性炔化物。例如将乙炔通入硝酸银的氨溶液，立即有乙炔银的白色沉淀生成：

$$CH{\equiv}CH + 2Ag(NH_3)_2NO_3 \longrightarrow \underset{\text{乙炔银(白色)}}{AgC{\equiv}CAg\downarrow} + 2NH_4NO_3 + 2NH_3$$

将乙炔通入氯化亚铜的氨溶液中，立即生成砖红色乙炔亚铜沉淀：

$$CH{\equiv}CH + 2Cu(NH_3)_2Cl \longrightarrow \underset{\text{乙炔亚酮(砖红色)}}{CuC{\equiv}CCu\downarrow} + 2NH_4Cl + 2NH_3$$

其他含有炔氢原子的炔烃，也可以发生这一反应。

$$RC{\equiv}CH + Ag(NH_3)_2NO_3 \longrightarrow RC{\equiv}CAg\downarrow + NH_4NO_3 + NH_3$$

$$RC{\equiv}CH + Cu(NH_3)_2Cl \longrightarrow RC{\equiv}CCu\downarrow + NH_4Cl + NH_3$$

上述反应在常温下便可以迅速进行，现象明显，可用于鉴别端炔（含炔氢）。

炔银和炔亚铜不稳定，干燥时容易发生爆炸。可在鉴别完后，用稀盐酸或硝酸分解，可得到原来的炔烃。

$$AgC\equiv CAg + 2HCl \longrightarrow CH\equiv CH + 2AgCl\downarrow$$

$$RC\equiv CAg + HNO_3 \longrightarrow RC\equiv CH + AgNO_3$$

可利用这一性质分离、提纯炔烃，或从其他烃类中除去少量的炔烃杂质。

2. 加成反应

炔烃与烯烃相似，在与某些试剂作用时，碳碳三键中的 π 键断裂，发生加成反应。

（1）加氢

① 催化加氢　炔烃在铂、钯、镍等过渡金属催化剂的作用下与氢加成得到烷烃。该反应首先生成烯烃，但一般不停留在烯烃阶段，可进一步加氢生成烷烃。例如：

$$RC\equiv CR' \xrightarrow[Pt]{H_2} \begin{matrix} R & & R' \\ & C=C & \\ H & & H \end{matrix} \xrightarrow[Pt]{H_2} CRH_2CR'H_2$$

为了将该反应停留在烯烃阶段，可采用活性比较低的催化剂，如林德拉（Lindlar）催化剂 Pd-$CaCO_3$/HOAc、Cram 催化剂 Pd/$BaSO_4$-喹啉、P-2（Brown）催化剂 Ni_2B。例如：

$$CH\equiv CH \xrightarrow[Lindlar]{H_2} CH_2=CH_2$$

林德拉催化剂是把钯沉积在碳酸钙上用醋酸铅处理，使钯部分中毒，降低活性。

这几种催化剂不仅能将反应停留在烯烃阶段，还能得到顺式加成的产物。例如：

$$CH_3C\equiv CCH_3 \xrightarrow[Lindlar]{H_2} \begin{matrix} CH_3 & & CH_3 \\ & C=C & \\ H & & H \end{matrix}$$

在某些高分子化合物的合成中，需要高纯度的乙烯，而从石油中裂解得到的乙烯往往含有少量乙炔，可以通过控制加氢的方式将其转化为乙烯，以提高乙烯的纯度。

如果分子中同时有双键和三键，在催化加氢时，三键优先于双键发生反应，这是因为三键比双键更易吸附在催化剂表面上，从而更利于反应的进行。

② 与金属反应　在液氨中用金属钠或金属锂还原炔烃，主要得到反式烯烃：

$$CH_3C\equiv CCH_3 \xrightarrow[\text{液氨}-33℃]{Na\text{或}Li} \begin{matrix} CH_3 & & H \\ & C=C & \\ H & & CH_3 \end{matrix}$$

（2）亲电加成　炔烃和烯烃一样可以发生 π 键断裂，发生加成反应，但其亲电加成活性比烯烃小一些，如烯炔加卤素首先加在双键上。

① 加卤素　炔烃和卤素反应先生成卤代烯，再进一步加成生成卤代烷。如乙炔与氯加成，一般用 $FeCl_3$ 和 $SnCl_2$ 作为催化剂，先形成 1,2-二氯乙烯，进一步反应形成 1,1,2,2-四氯乙烷：

$$CH\equiv CH \xrightarrow[FeCl_3]{Cl_2} \begin{matrix} Cl & & H \\ & C=C & \\ H & & Cl \end{matrix} \xrightarrow[FeCl_3]{Cl_2} CHCl_2CHCl_2$$

在较低温度下，反应可以控制在二卤代烯烃阶段。

烯烃可以使溴立刻褪色；炔烃与溴加成一般不加催化剂炔烃便可与溴发生反应，但反应速率较双键慢，这主要是由于炔烃加成形成的烯基碳正离子的稳定性较差。因此可看到溴的红棕色缓慢褪去，该性质也可用来鉴别炔烃。

$$CH\equiv CH \xrightarrow{Br_2} \underset{H}{\overset{Br}{}}C{=}C\underset{Br}{\overset{H}{}} \xrightarrow{Br_2} CHBr_2CHBr_2$$

$$CH_2{=}CHCH_2C\equiv CH \xrightarrow{Br_2} \underset{Br}{CH_2}\underset{Br}{CH}CH_2C\equiv CH$$

② 加卤化氢　炔烃和卤化氢发生加成反应不如烯烃活泼，通常需要在催化剂存在下进行。炔烃与等摩尔卤化氢加成，生成卤代烯烃，进一步加成，生成偕二卤代物（偕表示两个卤素连在同一个碳原子上）。不对称炔烃的加成符合马氏规则。

$$RC\equiv CH \xrightarrow[HgCl_2]{HX} \underset{X}{RC}{=}CH_2 \xrightarrow[HgCl_2]{HX} R{-}\underset{X}{\overset{X}{C}}{-}CH_3$$

③ 催化加水　炔烃在硫酸和硫酸汞的催化下与水反应，先得到烯醇，烯醇非常不稳定，很快发生重排。例如：

$$CH\equiv CH + H_2O \xrightarrow[HgSO_4]{稀H_2SO_4} \left[\underset{\text{乙烯醇（不稳定）}}{\overset{HO\quad H}{CH{=}CH}}\right] \xrightarrow{重排} \underset{\text{乙醛}}{CH_3\overset{O}{\overset{\|}{C}}H}$$

不对称炔烃与水加成仍符合马氏规则。

只有乙炔水合后会生成醛，其他炔烃都生成相应的酮。例如：

$$CR\equiv CH + H_2O \xrightarrow[HgSO_4]{稀H_2SO_4} \left[\underset{\text{烯醇式（不稳定）}}{\overset{HO\quad H}{CR{=}CH}}\right] \xrightarrow{重排} \underset{\text{酮式}}{CH_3\overset{O}{\overset{\|}{C}}R}$$

烯醇式与酮式之间的变化是可逆的，一般平衡倾向于酮式。通常称这种异构为互变异构。

（3）亲核加成　炔烃与烯烃的另一个区别是它能与乙醇、氢氰酸、乙酸这一类亲核试剂进行亲核加成，而简单的烯烃却不行。亲核试剂进攻炔烃的不饱和键而引起的加成反应称为炔烃的亲核加成反应。

在碱催化下，乙炔与醇发生反应，生成甲基乙烯基醚。

$$CH\equiv CH + CH_3OH \xrightarrow[160\sim165℃,2MPa]{20\%\ KOH水溶液} CH_2{=}CH{-}OCH_3$$

甲基乙烯基醚是合成高分子材料、涂料、胶黏剂等的原料。

乙炔在氯化铵与氯化亚铜存在下可与氢氰酸反应得到丙烯腈。

$$CH\equiv CH + HCN \xrightarrow[Cu_2Cl_2]{NH_4Cl} CH_2=CH-CN$$

丙烯腈是合成聚丙烯腈的单体，聚丙烯腈是制造人造羊毛的原料。

在催化剂作用下，乙炔能与乙酸发生加成反应生成乙酸乙烯酯。

$$CH\equiv CH + CH_3COOH \xrightarrow[150\sim180℃]{\text{乙酸锌-活性炭}} CH_2=CH-OOCCH_3$$

乙酸乙烯酯是合成纤维维纶的原料。

3. 氧化反应

炔烃容易被高锰酸钾氧化生成羧酸。一般“RC≡”部分被氧化为羧酸，“≡CH”被氧化为 CO_2。

$$RC\equiv CH + KMnO_4 \longrightarrow \left[\begin{matrix} O & O \\ \| & \| \\ RC & -CH \end{matrix}\right] \xrightarrow{KMnO_4} RCOOH + CO_2$$

$$RC\equiv CR' + KMnO_4 \longrightarrow \left[\begin{matrix} O & O \\ \| & \| \\ RC & -CR' \end{matrix}\right] \xrightarrow{KMnO_4} RCOOH + R'COOH$$

反应中高锰酸钾颜色消褪，可用于炔烃的鉴别，也可根据反应产物推测炔烃的结构。

炔烃也能被臭氧氧化，水解后得到羧酸。

$$RC\equiv CR' \xrightarrow[(2)H_2O]{(1)O_3} RCOOH + R'COOH$$

根据酸的结构，可确定三键的位置。

4. 聚合反应

乙炔的聚合与烯烃不同，一般不聚合成高聚物。在不同催化剂作用下，发生不同的低聚反应，如二聚成乙烯基乙炔、三聚成苯或二乙烯基乙炔、四聚成环辛四烯等：

$$2CH\equiv CH \xrightarrow{CuCl-NH_4Cl} \underset{\text{乙烯基乙炔}}{CH\equiv C-CH=CH_2} \xrightarrow[CuCl-NH_4Cl]{CH\equiv CH} \underset{\text{二乙烯基乙炔}}{CH_2=HC-C\equiv C-CH=CH_2}$$

$$3HC\equiv CH \xrightarrow[\text{或金属羰基化合物}]{\text{高温}} \text{苯}$$

$$4HC\equiv CH \xrightarrow{Ni(CN)_2} \text{环辛四烯}$$

在齐格勒-纳塔催化剂的作用下，乙炔还可聚合成聚乙炔。

$$nHC\equiv CH \xrightarrow{\text{齐格勒-纳塔}} \left[CH=CH\right]_n$$

三、鉴别

1. 溴或高锰酸钾法

利用炔烃能使溴的四氯化碳溶液或高锰酸钾溶液颜色褪去的现象，可将炔与饱和烃、卤代烃等鉴别开来。

2. 金属钠法

对于有炔氢的炔烃，可与金属钠反应放出氢气。利用该性质可将端炔与其他位置的炔以及不与金属钠反应的有机物（如烷烃、烯烃、芳香烃、醚等）鉴别开来。

3. 重金属炔化物法

端炔可与硝酸银或氯化亚铜的氨溶液反应，得到不同颜色的金属炔化物沉淀。可利用该性质将端位炔与其他化合物鉴别开来。

强化练习

1. 写出炔烃 C_6H_{10} 的同分异构体，并用系统命名法命名。

2. 写出下列化合物的构造式。

（1）乙炔二钠　（2）3-甲基-1-己炔

（3）聚丙炔　（4）2-庚烯-5-炔

3. 用系统命名法命名下列化合物。

（1）$CH_3-CH=CH-CH_2C\equiv CH$

（2）$CH\equiv C-CH_2C(CH_3)_3$

（3）$CH_3CH=CHCHCH_2C\equiv CCH_3$，其中 CH 上连有 CH_2CH_3

（4）$CH\equiv C-CHCH_2CH_3$，其中 CH 上连有 $CH_2C\equiv CH$

（5）$CH_3CH_2-CHCHCH_3$，其中第一个 CH 上连有 $CH_2CH_2CH_3$，第二个 CH 上连有 $C\equiv CH$

（6）$CH_3CH-C\equiv CCHC\equiv CCHCH_3$，其中各 CH 上依次连有 $C(CH_3)_3$、C_2H_5、CH_3

4. 写出 1-丁炔与下列试剂反应的产物

（1）1mol HBr　（2）Na/液氨　（3）H_2/Lindlar　（4）$KMnO_4/H^+$

（5）H_2SO_4/Hg^{2+}　（6）1mol Br_2　（7）2mol Br_2　（8）$Ag(NH_3)_2NO_3$

5. 请补充下列反应式中的反应条件或产物。

（1）$CH\equiv CH \xrightarrow{?} CH_3CHO$

（2）$CH\equiv CH \xrightarrow{?} CH_2=CHOCH_2CH_3$

（3）$CH_3C\equiv CH \xrightarrow[\text{液氨}]{NaNH_2} ? \xrightarrow{CH_3CH_2Br} ?$

（4）$CH_3C\equiv CCH_3 \xrightarrow[HgSO_4]{H_2SO_4} ?$

（5）$CH_3C\equiv CCH_3 \xrightarrow{HBr\text{（过量）}} ?$

（6）$CH_3C\equiv CH \xrightarrow[Pt]{H_2} ? \xrightarrow[Pt]{H_2} ?$

6. 用化学反应鉴别下列各组化合物。

（1）己烷、2-己炔、1-己炔　（2）丙烷、丙烯、丙炔

7. 合成题（无机试剂任选）。

（1）由乙烯、乙炔合成 3-己炔

（2）由乙炔合成丁酮（$CH_3\overset{O}{\overset{\|}{C}}CH_2CH_3$）

（3）由 1-丁炔合成丙酸（CH_3CH_2COOH）

（4）由 1-丁炔合成 1-溴丁烷（$CH_3CH_2CH_2CH_2Br$）

8. 分子式为 C_6H_{10}（A）和（B）的化合物催化加氢，A 得到 3-甲基戊烷，B 得到 2-甲基戊烷，A 和 B 都能和氯化亚铜氨溶液反应得到沉淀，试推测 A、B 的构造式，并写出上述各步化学反应式。

9. 化合物 A 和 B 分子式都为 C_6H_{10}，都能使溴的四氯化碳溶液褪色。A 不能和氯化银的氨溶液反应，与高锰酸钾溶液反应得到一种酸。B 不能和氯化银的氨溶液反应，和高锰酸钾溶液反应生成 CO_2 和 $HOOCCH_2CH_2COOH$。试推测 A、B 的构造式，并写出上述各步化学反应式。

项目五 对甲苯磺酸钠的制备

知识目标

- 学习并了解单环芳烃、稠环芳烃的分类，苯的结构，闭合共轭体系的特点。
- 学习并掌握单环芳烃及衍生物的命名方法、单环芳烃的化学性质及其在工业生产中的应用。
- 学习并掌握单环芳烃取代反应的定位规律及其在有机合成中的应用。

能力目标

- 能够查阅各种图书资料和网络资料，对制备方法进行分析、汇总和比较。
- 能够制订实验室制备的实践方案。
- 能够针对方案实践过程中可能遇到的问题进行提前分析与准备。
- 能够熟练运用有机化学实验的基本操作，对方案进行实践。
- 能够结合实践及所学知识归纳化合物的性质。

项目实施要求

- 项目实施过程遵循“项目布置—化合物的初步认识—查阅资料—分析资料—确定方案—方案实践—总结归纳—巩固强化”规律。
- “项目布置”要求学生明确项目内容与任务，各项目组制订初步工作计划（开展方式、人员分工、时间安排等）。
- “初步认识”主要通过课堂讨论及讲解的方式进行；查阅和分析资料则需要利用课余时间完成。学生需根据项目中各任务的要求，在项目组内进行分工协调，共同查阅和分析资料，从而形成初步材料。
- 确定方案阶段由各项目组讨论收集的资料，并确定工作计划。
- 实践阶段主要包括前期准备、项目实践及结果展示三个部分，要求各项目组根据确定的方案准备实践所需的试剂与器材，按照方案和工作计划进行实践，并记录现象与结果，完成实践报告的撰写。
- 总结归纳阶段要求学生根据项目实施过程中所学知识、技能、技巧，结合实践结果，对化合物的性质及鉴定方法进行总结和归纳。教师在这一过程中适时进行知识的分析、补充讲解和拓展。
- 巩固强化阶段要求学生应用相关知识完成强化练习，反馈学习效果。

任务一　芳香烃的初步认识

芳香烃是芳香族化合物的母体，是一类具有特定环状结构和特殊化学性质的化合物。这类化合物因最初从树脂和香精油中获得，大多数具有芳香气味，因而称为“芳香烃”或“芳烃”。但随着有机化学的发展，人们发现许多具有芳香族化合物特性的物质并没有香味，有些甚至还带有令人不愉快的刺激性气味。因此，“芳香”二字早已失去了原来的含义，只是人们已经习惯了这种叫法，仍然沿用至今。

通常将分子中只含碳和氢两种元素的芳香族化合物叫芳香烃，简称芳烃。芳香烃具有苯的结构，与苯有相似的化学性质和电子结构。因此含有一个苯环的单环芳烃是学习的重点。

一、分类

根据分子中含有苯环的数目及苯环的连接情况，将芳香烃分为以下三类：

1. 单环芳香烃

分子中只含有一个苯环的芳烃，包括苯、苯的同系物和苯基取代的不饱和烃。例如：

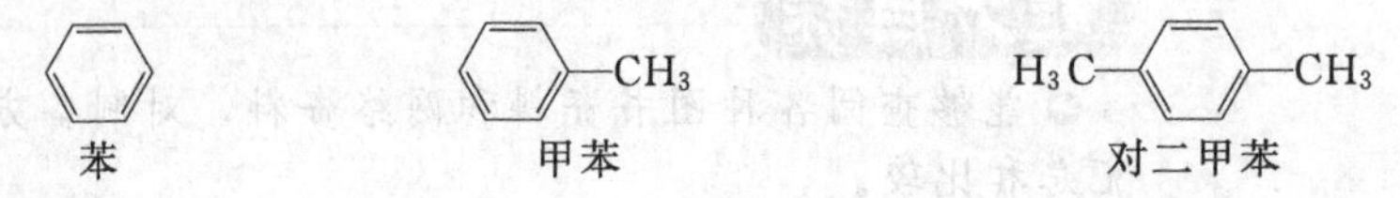

苯　　甲苯　　对二甲苯

2. 多环芳香烃

分子中含有两个或两个以上苯环的化合物称为多环芳烃，其连接方式有三种：

(1) 联苯类　苯环间通过单键相连，例如：

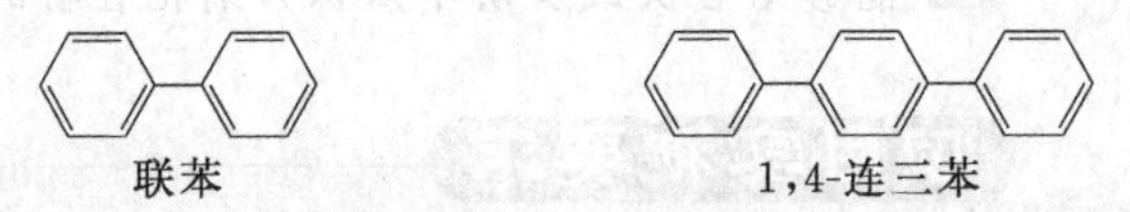

联苯　　1,4-连三苯

(2) 多苯代脂肪烃　苯环之间通过烷基间接相连，也可看作脂肪烃分子中的氢原子被苯环取代的产物。例如：

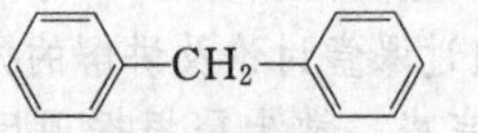

$C_6H_5-CH_2-C_6H_5$　　$(C_6H_5)_2CH-C_6H_5$

二苯甲烷 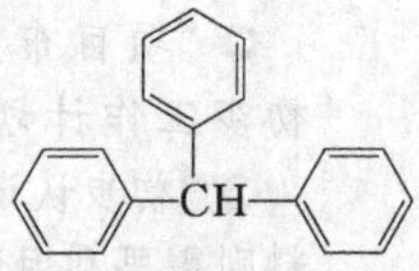　　三苯甲烷

(3) 稠环芳烃　指两个或两个以上苯环彼此共用两个相邻的C原子连接起来的芳香烃。例如：

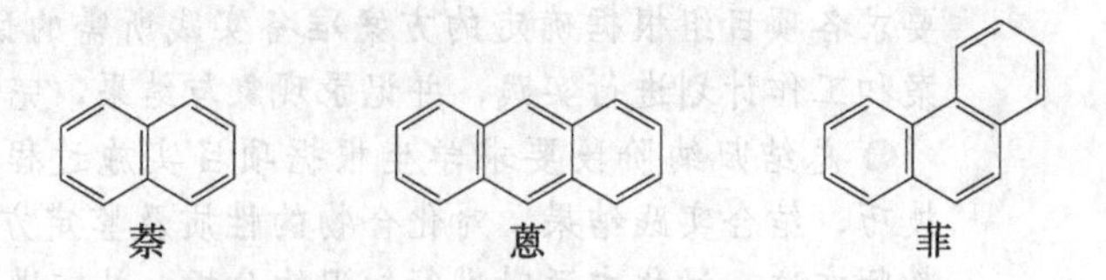

萘　　蒽　　菲

3. 非苯芳烃

非苯芳烃分子中不存在苯环结构，但具有与苯相似的电子结构和性质的环烃，例如：

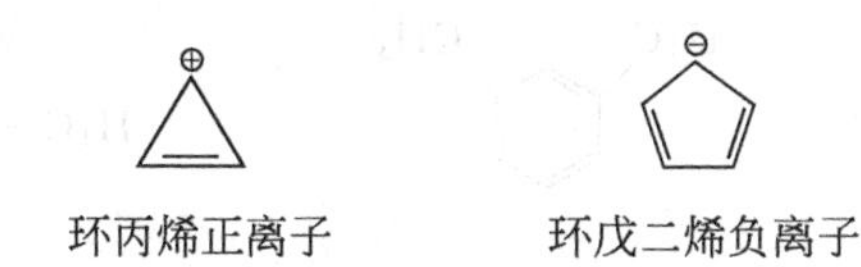

环丙烯正离子 环戊二烯负离子

二、通式

苯是最简单的单环芳烃，其同系物可以看作是苯环上的氢原子被烷基取代的衍生物，称为烷基苯。根据苯环上氢原子被烷基取代的数目，有一烷基苯、二烷基苯、三烷基苯等。烷基苯的通式是 C_nH_{2n-6}，当 $n=6$ 时，分子式为 C_6H_6，表示苯分子。

三、同分异构

单环芳烃的异构主要是构造异构，主要是侧链构造异构和侧链在苯环上的位置异构。

1. 侧链构造异构

苯环上的氢原子被烃基取代后生成的化合物叫烃基苯，连在苯环上的烃基又叫侧链。侧链为甲基、乙基时，不能产生构造异构，但当侧链有三个或三个以上碳原子时，则可能因碳链排列方式不同而产生构造异构体，例如：

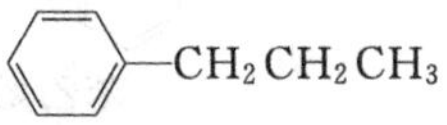

$C_6H_5-CH_2CH_2CH_3$　　$C_6H_5-CH(CH_3)_2$

正丙苯 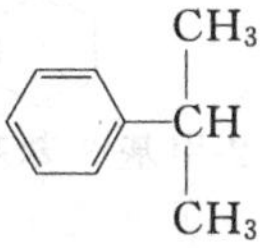　　异丙苯

2. 侧链在环上的位置异构

当苯环上连有两个或两个以上取代基时，可因侧链在环上的相对位置不同而产生异构体，例如：

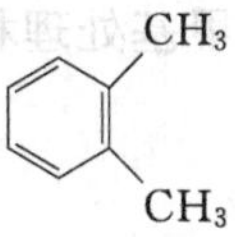

（邻位 CH_3、CH_3）　（间位 H_3C、CH_3）　（$H_3C-C_6H_4-CH_3$）

邻二甲苯 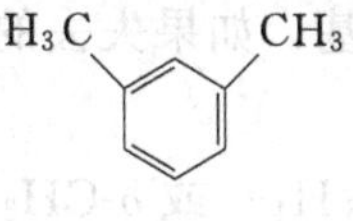　　间二甲苯 　　对二甲苯

四、命名

1. 单环芳烃的命名

(1) 简单烃基苯　命名时，以苯环作为母体，称为某烃基苯，其中“基”字可省略。例如：

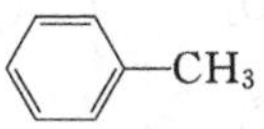

$C_6H_5-CH_3$　　$C_6H_5-CH_2CH_3$

甲苯 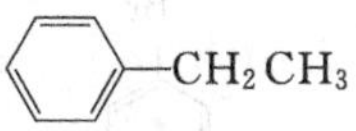　　乙苯

当苯环上连有两个或两个以上侧链时，可用阿拉伯数字标明侧链的位次，也可用“邻”(*o*-)、“间”(*m*-)、“对”(*p*-) 表示侧链的相对位置，写名称时，依然遵循简单取代基在前，复杂取代基在后的原则。苯环上的三个取代基若相同，则可用“连”、“偏”、“均”标明取代基的相对位置。例如：

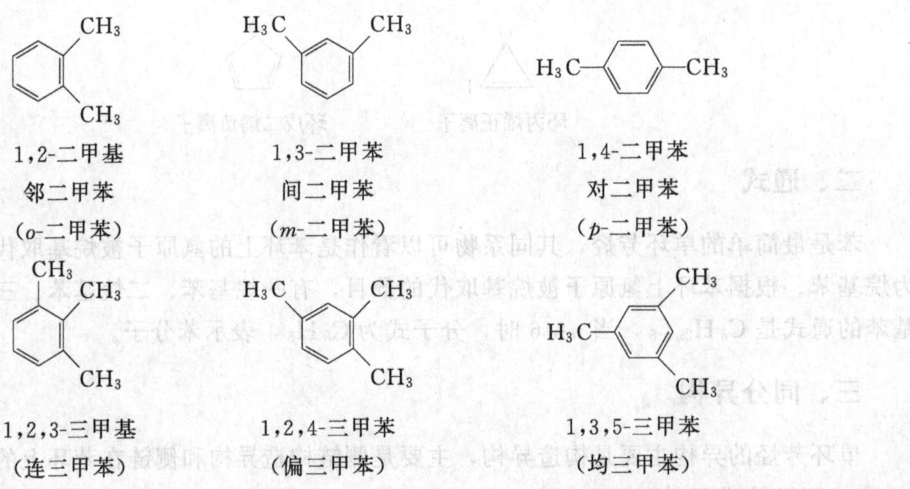

1,2-二甲基　　　1,3-二甲苯　　　1,4-二甲苯

邻二甲苯　　　间二甲苯　　　对二甲苯

(*o*-二甲苯)　　　(*m*-二甲苯)　　　(*p*-二甲苯)

1,2,3-三甲基　　　1,2,4-三甲苯　　　1,3,5-三甲苯

(连三甲苯)　　　(偏三甲苯)　　　(均三甲苯)

(2) 侧链较复杂　当侧链结构较复杂或有不饱和键时，则可把侧链当作母体，苯环当作取代基。例如：

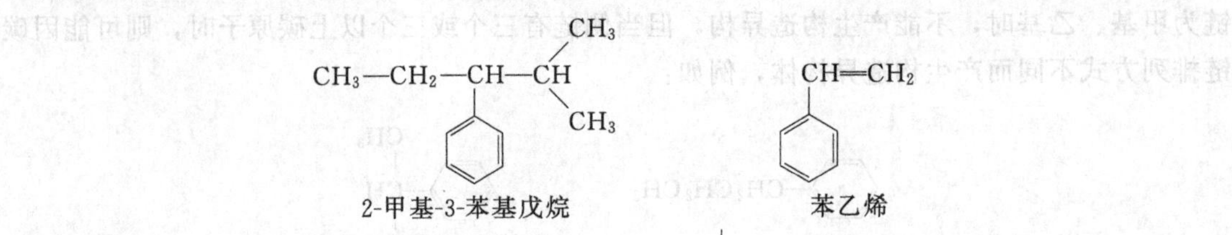

2-甲基-3-苯基戊烷　　　苯乙烯

苯环上去掉一个氢原子剩下的基团叫做苯基（ ），常用 Ph—表示；甲苯分子中去掉甲基上的一个氢原子后剩下的基团叫苯甲基（ CH_2— ），也称苄基；甲苯分子中去掉苯环上的一个氢原子后剩下的原子团叫甲苯基，如果失去的氢原子和甲基处理相邻的位置，则称邻甲苯基（ H_3C ），可用 *o*-$CH_3C_6H_4$—或 *o*-CH_3Ph—表示。

2. 芳烃衍生物的命名

苯环上的氢原子被其他原子或基团取代后生成的化合物叫芳烃衍生物，芳烃衍生物的命名通常有下列几种情况。

(1) 苯环上连有可作取代基的基团　有些原子或基团，如—X（卤原子）、—NO_2（硝基）以及结构简单的烷基等，它们连接在苯环上时，苯作母体。例如：

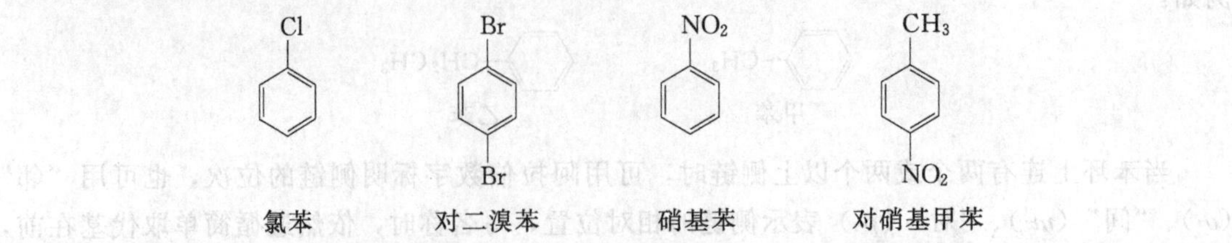

氯苯　　　对二溴苯　　　硝基苯　　　对硝基甲苯

(2) 苯环上连有可作母体的基团　有些基团，如—COOH（羧基）、—SO_3H（磺酸基）、—CHO（醛基）、—OH（羟基）、—NH_2（氨基）等，它们连在苯环上时，苯环作为

取代基。例如：

COOH	SO_3H	CHO	OH	NH_2
苯甲酸	苯磺酸	苯甲醛	苯酚	苯胺

（3）苯环上连有多个官能团　当苯环上连有两个或两个以上不同官能团时，就需按官能团的优先次序来确定哪个官能团可作母体，哪个（些）官能团作取代基。优先次序一般参考表 5-1。

表 5-1　常见官能团的优先次序①

官能团名称	官能团结构	官能团名称	官能团结构	官能团名称	官能团结构
羧　基	—COOH	醛　基	—CHO	三　键	—C≡C—
磺　基	$—SO_3H$	酮　基	—CO—	双　键	—CH═CH—
酯　基	—COOR	醇羟基	—OH	烷氧基	—OR
酰卤基	—COX	酚羟基	—OH	烷　基	—R
酰氨基	$—CONH_2$	巯　基	—SH	卤原子	—X
腈　基	—C≡N	氨　基	$—NH_2$	硝　基	$—NO_2$

① 本次序是按照国际纯粹与应用化学联合会（IUPAC）1979 年公布的有机化合物命名法和我国目前化学界约定俗成的次序排列而成的。

在上述优先次序中，处于前面的官能团作为母体，后面的官能团作为取代基。要注意，作为母体的基团，命名时总是编为 1 位，再按照支链的“最低系列”编号原则，把苯环其他碳原子依次编号。例如：

邻羟基苯甲酸　　3-硝基苯酚　　对氯苯酚

五、苯的结构

苯是单环芳烃中最简单又最重要的化合物，也是芳香族化合物的母体。了解苯的分子结构，对于理解和掌握芳烃及其衍生物的特殊性质具有重要意义。

根据元素分析和相对分子质量的测定，证明苯的分子式为 C_6H_6，其碳氢原子比例为 1∶1，与乙炔相同，具有高度的不饱和性。然而，实验发现，在一般情况下，苯不易发生加成，也不容易被氧化，但在一定条件下环上的氢原子能被取代，而苯环不被破坏。这说明苯不具有一般不饱和烃的典型的化学性质。苯的这种不易加成、不易氧化、容易取代、高度不饱和和碳环异常稳定的特性被称为“芳香性”。

1. 苯的凯库勒结构式

1865 年，德国化学家凯库勒（Kekule）提出了苯环的环状结构，即六个碳原子在同一平面上彼此成环，每个碳原子都结合着一个氢原子。

简写为

这个式子虽然可以说明苯分子的组成以及原子间连接的次序，但这个式子仍存在缺陷。其一，式中含有 3 个双键，但苯却不能发生类似烯烃、炔烃的加成反应；其二，凯库勒式中，有 C═C 键和 C—C 键，它们的键长不等，因此苯的分子不应是正六边形，但实验证明，苯环是平面正六边形结构，碳碳间的键长是完全相等；其三，根据凯库勒式，苯的邻二元取代物应当有两种，然而实际上只有一种。因此，凯库勒式并不代表苯分子的真实结构。

2. 苯分子结构的近代概念

利用杂化轨道理论，可以较好地解释苯的分子结构。按照该理论，苯分子中的 6 个 C 原子都是 sp^2 杂化的。它们各以 2 个 sp^2 杂化轨道彼此沿键轴方向重叠，形成 6 个等同的 C—Cσ 键（环状），又各以 1 个 sp^2 杂化轨道分别与 6 个 H 原子的 s 轨道沿键轴方向重叠形成 6 个等同的 C—Hσ 键，这 6 个 C—Cσ 键和 6 个 C—Hσ 键同在一个平面上，彼此间的夹角均为 120°。每个 C 原子上还剩下 1 个没有参与杂化的 p 轨道，它们垂直于 σ 键所在的平面，彼此从侧面平行重叠形成 1 个环状的闭合大 π 键，这个整体是一个共轭体系。如图 5-1。

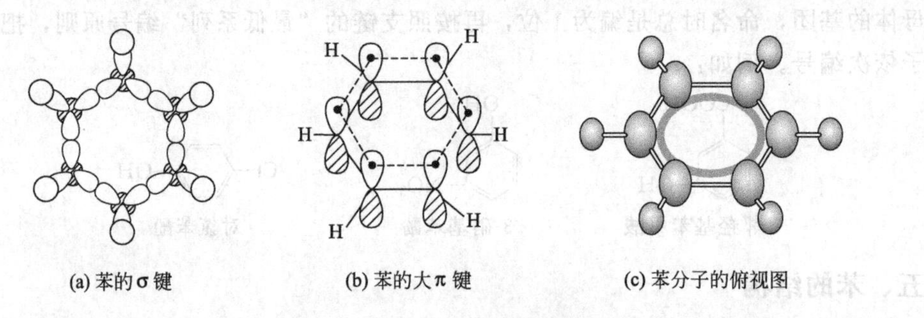

(a) 苯的σ键　(b) 苯的大π键　(c) 苯分子的俯视图

图 5-1　苯的分子结构示意图

由于苯环中离域的 π 键分布在平面的上、下两侧，所以受原子核的约束较 σ 电子小，这就与烯烃中的 π 电子一样，易受亲电试剂进攻。所不同的是，烯烃容易进行亲电加成，而芳香烃则由于具有保持稳定的共轭体系结构的倾向，所以容易进行亲电取代反应。因此能量较低，也较稳定，不易发生加成和氧化反应，其氢化热也较低。

注意： 苯分子这种特殊稳定的整体结构，到目前还没有合适的构造表达式，因此习惯上还沿用着凯库勒式表达苯环，即 ，但不能误解为苯分子中含有交替的单双键。为了避免这种误会，可用 表示，六边形的每个角代表一个碳原子，6 条边代表 6 个 C—Cσ 键，环中圆圈代表闭合的大 π 键，这个构造式比较形象地体现了苯的内部结构。

任务二 查阅对甲苯磺酸钠的用途及制备方法

一、对甲苯磺酸钠的用途

查阅对甲苯磺酸钠的主要用途，并了解重要芳烃及芳烃磺酸系列的主要产品及相关应用。

二、制备及分离方法

查阅对甲苯磺酸钠的主要制备、分离方法，以及实验室制备所需仪器、试剂。充分了解原料的性质及相关参数，为方案的制订、实验操作以及“三废”处理做好相关准备。

任务三 确定合成路线及分离方案

一、分析并确定制备及分离方案

整理分析查阅的资料，比较各种制备、分离方法的特点，结合实际情况，确定实验室可行的制备及分离方案，并拟订工作计划。

二、“三废” 处理

根据已拟订的制备和分离方案，分析项目实施过程中原料、产物和副产物的性质，结合资料，制订“三废”的处理方案，增强环保意识。

三、注意事项

结合制备、分离及“三废”处理过程中的需要注意的实验操作技术、有毒有害物品的正确使用以及紧急情况发生后的应急处理措施，尽量避免实施过程中的危险或不规范操作，以保证项目能顺利安全地实施。

任务四 方案的实践

一、前期准备

根据拟订的制备及分离方案和工作计划，设计实验装置、实施具体步骤，整理实施方案所需的仪器和试剂，领取所需试剂、器材，配制相关溶液、装置的准备及具体工作分工。

二、方案的实践

根据制订的工作计划对项目进行实施。主要包括对甲苯磺酸钠的制取及分离，在实施过程中，如遇突发问题或不能实施的环节，小组内成员需共同讨论解决，指导教师在过程中加强巡查和指导。

三、结果展示

实践结果以撰写实践报告的形式为主，报告中应体现以下部分内容：

1. 项目或任务的背景

结合物质的用途，明确项目实践的目标。

2. 项目实施的可行性分析

项目实践中具体要怎么做？采用什么方法？可供参考的文献资料有哪些？

3. 项目或任务的结果

通过项目的实践，是否制得产品？产品外观、收率等指标分别为多少？

4. 争议的最大问题

5. 心得体会

任务五 归纳单环芳烃的性质

一、物理性质

1. 物态

常温下，苯及同系物一般为无色具有芳香气味的液体。

2. 相对密度

单环芳烃的相对密度大多为 0.86～0.93，比水轻。

3. 溶解性

单环芳烃不溶于水，可溶于乙醚、四氯化碳、石油醚等非极性溶剂，在二甘醇、环丁砜和 *N*,*N*-二甲基甲酰胺等溶剂中溶解性非常好，因此常用这些溶剂来萃取芳烃。

4. 沸点

单环芳烃的沸点随碳原子数增加而升高。侧链的位置对其没有大的影响。

5. 熔点

单环芳烃的熔点变化与分子的对称性有关。对称性好的分子熔点高于对称性差的分子。对位异构体有较高的对称性，比邻、间位异构体高。

部分单环芳烃的物理常数详见表 5-2。

二、化学性质

单环芳烃的化学反应主要发生在苯环上。在一定条件下，苯环上的氢原子容易被其他原子或基团取代，生成许多重要的芳烃衍生物。在强烈的条件下，苯环也可以发生加成和氧化反应，但这往往会使苯环结构遭到破坏。当苯环上连有侧链时，直接与苯环相连的 *α*-C—H 键表现出较大的活性，可以在一定条件下发生氧化等反应。

1. 苯环上的亲电取代反应

由亲电试剂中带正电荷的离子或基团首先进攻电子云密度大的苯环而引起的取代反应称

表 5-2 一些单环芳烃的物理常数

化合物	熔点/℃	沸点/℃	相对密度(d_4^{20})	折射率(n_D^{20})
苯	5.5	80.1	0.8765	1.5011
甲苯	−95	110.6	0.8669	1.4961
乙苯	−95	136.2	0.8670	1.4959
邻二甲苯	−25.2	144.4	0.882(10℃)	1.5055
间二甲苯	−47.9	139.1	0.8642	1.4972(10℃)
对二甲苯	13.3	138.3	0.8611	1.4958
正丙苯	−99.5	159.2	0.8620	1.4920
异丙苯	−96	152.4	0.8618	1.4915
2-乙基甲苯	−80.8	165.2	0.8807	1.5046
3-乙基甲苯	−95.5	161.3	0.8645	1.4966
4-乙基甲苯	−62.3	162	0.8614	1.4959
1,2,3-三甲苯	−25.4	176.1	0.8944	1.5139
1,2,4-三甲苯	−43.8	169.3	0.8758	1.5048
1,3,5-三甲苯	−44.7	164.7	0.8652	1.4994
正丁苯	−83	183	0.8601	1.4898
仲丁苯	−75.5	173	0.8621	1.4902
叔丁苯	−57.8	169	0.8665	1.4927
十二烷基苯	−7	331	0.8551	1.4824

亲电取代反应，其反应历程如下：

$$\text{C}_6\text{H}_6 + E^+ \longrightarrow [\pi\text{-络合物}] \longrightarrow [\sigma\text{-络合物}] \xrightarrow{-H^+} \text{C}_6\text{H}_5E$$

亲电试剂　π-络合物　σ-络合物

亲电试剂 E^+ 进攻苯环，与苯环的 π 电子作用生成 π 络合物，紧接着 E+ 从苯环 π 体系中获得电子，与苯环的一个碳原子形成 σ 键，生成 σ 络合物，此步是反应速率的控制步骤。σ 络合物不稳定，sp^3 杂化的碳原子失去一个质子后恢复芳香结构，形成取代产物。

根据反应历程可看出，当苯环上连有供电基时，会使苯环上电子云密度升高，有于亲电试剂的进攻，亲电取代反应容易进行；而连有吸电基时，会使苯环上电子云密度下降，不利于亲电试剂的进攻，反应不易进行。

该反应不仅是苯的特征反应，也是其衍生物的特征反应，主要包括卤代反应、硝化反应、磺化反应和傅-克反应。

(1) 卤代反应　芳烃与卤素在不同条件下可发生不同的取代反应。

① 苯环上的卤代　在铁粉或卤代铁催化作用下，苯可与氯或溴发生卤代反应，氯原子或溴原子取代苯环上的氢原子，生成氯苯或溴苯，同时放出卤代氢。例如：

$$\text{C}_6\text{H}_6 + Cl_2 \xrightarrow[55\sim60℃]{\text{Fe 或 }FeCl_3} \text{C}_6\text{H}_5Cl + HCl$$

$$\text{C}_6\text{H}_6 + Br_2 \xrightarrow[70\sim80℃]{\text{Fe 或 }FeCl_3} \text{C}_6\text{H}_5Br + HBr$$

氯苯是无色挥发性液体，沸点131.5℃，有毒，对肝脏有损害。

溴苯是无色油状液体，沸点156.2℃，有毒，易燃。氯苯和溴苯都是重要的有机合成原料，广泛用于生产农药、染料、医药等。

这是工业上和实验室中制备氯苯和溴苯的方法之一。

在比较强烈的情况下，氯苯或溴苯可以继续和氯或溴反应，主要生成邻位和对位二氯苯或二溴苯。例如：

$$C_6H_5Cl + Cl_2 \xrightarrow[70\sim80℃]{Fe\text{或}FeCl_3} \text{邻二氯苯}(50\%) + \text{对二氯苯}(45\%) + HCl$$

烷基苯与卤素反应较苯容易，且主要得到邻位和对位二取代物。例如：

$$C_6H_5CH_3 + Cl_2 \xrightarrow[\triangle]{Fe\text{或}FeCl_3} \text{邻氯甲苯}(59\%) + \text{对氯甲苯}(40\%) + HCl$$

不同卤素与苯环发生取代反应的活性次序是：

$$F_2 > Cl_2 > Br_2 > I_2$$

其中氟化反应很猛烈，放出大量的热，使反应难以控制；碘化反应可逆。因此卤化反应通常是指氯化和溴化反应。

② 侧链上的卤化　当无催化剂存在时，在光照或加热的情况下，卤素与烷基苯反应不是取代苯环上的氢原子，而是取代侧链上的α-H原子，这是游离基取代反应。例如在紫外光照射下，向甲苯中通入氯气或将氯气通入沸腾的甲苯中，即进行侧链氯代，反应如下：

$$C_6H_5CH_3 + Cl_2 \xrightarrow[\text{或}400\sim600℃]{\text{紫外光}} C_6H_5CH_2Cl \xrightarrow[\text{紫外光 或}400\sim600℃]{+Cl_2} C_6H_5CHCl_2 \xrightarrow[\text{紫外光 或}400\sim600℃]{+Cl_2} C_6H_5CCl_3$$

苯一氯甲烷（氯化苄、苄基氯）　苯二氯甲烷　苯三氯甲烷

苯一氯甲烷又叫苄基氯，是无色透明液体，沸点179℃，不溶于水，可溶于有机溶剂，具有强烈的刺激性，有催泪作用并刺激呼吸道。主要用于合成医药、农药、香料、染料以及助剂与合成树脂等。

苯二氯甲烷是无色具有强烈刺激性气味的液体，沸点207℃，不溶于水，可溶于乙醇、乙醚。是有机合成原料，主要用于制苯甲醛和肉桂酸等。

苯三氯甲烷是具有特殊刺激性气味的无色液体，沸点210.6℃，不溶于水，可溶于乙醇、乙醚和苯。是有机合成原料，主要用于制三苯甲烷染料、蒽醌染料和喹啉染料等。

以上反应是工业上制备苯氯甲烷的方法。控制甲苯和氯气的配比，可使反应停留在某一步上，得到一种主要产物。

（2）硝化反应　苯及其同系物与浓硝酸和浓硫酸的混合物（称为混酸）在一定温度下，苯环上的氢原子被硝基（—NO_2）取代，生成硝基苯，这类反应叫做硝化反应。例如：

$$C_6H_6 + HO\text{—}NO_2(浓) \xrightarrow[50\sim60℃]{浓硫酸} C_6H_5NO_2 + H_2O$$

硝基苯

纯硝基苯是无色或淡黄色的液体，几乎不溶于水，与乙醇、乙醚、苯互溶。相对密度为1.203，具有苦杏仁味，有毒。是重要的化工原料，主要用于制备苯胺、偶氮苯、染料等。

以上反应中，浓硫酸的主要作用是催化剂，同时也是脱水剂。

在较高温度下，硝基苯能继续与混酸作用，生成二硝基苯，而且主要是间位取代物。

$$C_6H_5NO_2 + HO\text{—}NO_2(浓) \xrightarrow[85\sim100℃]{浓硫酸} m\text{-}C_6H_4(NO_2)_2 + o\text{-}C_6H_4(NO_2)_2 + p\text{-}C_6H_4(NO_2)_2$$

硝基苯　　间二硝基苯　　邻二硝基苯　　对二硝基苯

烷基苯的硝化反应比苯容易进行，且主要生成邻位和对位二取代物。例如：

$$C_6H_5CH_3 + HO\text{—}NO_2(浓) \xrightarrow[30℃]{浓硫酸} o\text{-}CH_3C_6H_4NO_2 + p\text{-}CH_3C_6H_4NO_2$$

甲苯　　邻硝基甲苯　　对硝基甲苯

（3）磺化反应　苯及其同系物与浓硫酸或发烟硫酸作用，苯环上的氢原子被磺酸基（—SO_3H）取代，生成苯磺酸，这类反应叫做芳烃的磺化反应。磺化反应与卤代、硝化反应不同，它是一个可逆反应，其逆反应称为水解反应。例如：

$$C_6H_6 + H_2SO_4(浓) \underset{水解}{\overset{70\sim80℃}{\rightleftharpoons}} C_6H_5SO_3H + H_2O$$

$$C_6H_6 + H_2SO_4 \cdot SO_3 \xrightarrow{常温} C_6H_5SO_3H + H_2SO_4$$

芳香磺酸及其钠盐水溶性大，可利用这一性质将芳烃磺酸从芳烃中分离出来。

染料、药物合成中经常引入磺酸基，目的在于增加其水溶性和酸性。芳香磺酸与硫酸相似，呈强酸性，但没硫酸那么大的破坏作用，所以常代替硫酸作酸性催化剂使用。

要去掉苯磺酸的磺酸基时，可将苯磺酸与稀硫酸或稀盐酸一起在加压下加热，就可使苯磺酸发生水解，生成原来的芳烃。例如：

$$C_6H_5SO_3H + H_2O \xrightarrow[\text{加压},150\sim200℃]{\text{稀酸}} C_6H_6 + H_2SO_4$$

磺化反应是可逆反应，苯磺酸与水共热可脱去磺酸基，这一性质在有机合成及分离提纯上具有重要意义。常被用来在苯环的某些特定位置引入某些基团，即利用磺酸基占据，待其他反应完成后，再经水解除去磺酸基，这种方法对于制备或分离某些异构体是很有用的。

在较高温度及发烟硫酸作用下，苯磺酸还可继续磺化，主要生成间苯二磺酸，反应如下：

$$C_6H_5SO_3H + H_2SO_4 \cdot SO_3 \xrightarrow{200\sim230℃} m\text{-}C_6H_4(SO_3H)_2 + H_2SO_4$$

可见，苯环上已有了磺酸基后，再引入第二个磺酸基时比苯要困难，而且第二个磺酸基主要进入原来磺酸基的间位。

烷基苯比苯容易进行磺化。例如甲苯与浓硫酸在0℃下即可反应，主要产物是邻甲苯磺酸和对甲基苯磺酸；而在100～120℃时反应，主要产物则为对甲苯磺酸。

$$C_6H_5CH_3 \xrightarrow[0℃]{\text{浓 }H_2SO_4} o\text{-}CH_3C_6H_4SO_3H + p\text{-}CH_3C_6H_4SO_3H$$

邻甲苯磺酸(43%)　对甲苯磺酸(53%)

$$C_6H_5CH_3 \xrightarrow[100℃]{\text{浓 }H_2SO_4} o\text{-}CH_3C_6H_4SO_3H + p\text{-}CH_3C_6H_4SO_3H$$

邻甲苯磺酸(13%)　对甲苯磺酸(79%)

日常使用的合成洗涤剂其主要成分对十二烷基苯磺酸钠是用十二烷基苯经磺化反应制得对十二烷基磺酸，再用碱中和得到。

$$C_6H_5C_{12}H_{25} \xrightarrow[\triangle]{\text{浓 }H_2SO_4} p\text{-}C_{12}H_{25}C_6H_4SO_3H \xrightarrow{NaOH} p\text{-}C_{12}H_{25}C_6H_4SO_3Na$$

(4) 傅-克 (Friedel-Crafts) 反应　法国化学家傅瑞德 (C. Friedel) 和美国化学家克拉夫茨 (J. M. Crafts) 发现了制备烷基苯和芳酮的反应，简称傅-克 (F-C) 反应。苯环上氢原子被烷基取代的反应叫 F-C 烷基化反应，苯环上氢原子被酰基取代的反应叫 F-C 酰基化反应。

① 傅-克烷基化反应　凡在有机化合物分子中引入烷基的反应，称为烷基化反应。

$$C_6H_5\text{—}H + Br\text{—}CH_2CH_3 \xrightarrow{\text{无水}AlCl_3} C_6H_5\text{—}CH_2CH_3 + HBr$$

$$C_6H_5\text{—}H + CH_2\text{=}CH_2 \xrightarrow{\text{无水}AlCl_3} C_6H_5\text{—}CH_2CH_3 + HBr$$

在以上反应中，提供烷基的试剂称为烷基化剂，可以是卤代烷、烯烃、醇及硫酸烷酯。

注意：

Ⅰ. 卤原子直接与C═C双键或苯环相连的卤代烃，如氯乙烯、氯苯，由于活性较小，不能作为烷基试剂。

Ⅱ. 在烷基化中，引入的烷基含有三个或三个以上碳原子时，烷基往往发生异构化。

例如：

$$C_6H_6 + ClCH_2CH_2CH_3(\text{或 } CH_3CH\text{═}CH_2) \xrightarrow{\text{无水 }AlCl_3} C_6H_5CH(CH_3)_2 + C_6H_5CH_2CH_2CH_3$$

异丙苯（为主）

在烷基化反应中，当苯环上引入一个烷基后，常常发生多元取代，得到多烷基取代物，不易分离。

为了减少多取代物，常采用苯过量，一方面减少多取代的概率，另一方面在过量苯存在下多取代产物与苯作用会转变为一取代产物。但当苯环上已有硝基、磺酸基等吸电子基团时，苯的烷基化反应不再发生。

反应中常用的催化剂有 $AlCl_3$、$FeCl_3$、$ZnCl_2$、BF_3、HF、H_2SO_4、H_3PO_4 等，其中以 $AlCl_3$ 活性最高，但其具有较强的腐蚀性，而且反应过程中还要加入盐酸作助剂，反应结束后需用碱中和，因而生产过程中会产生大量的废酸、废渣、废水，环境污染严重。为此，一些石油化工公司投入巨资进行苯烷基化固体酸催化剂的研究开发工作，并取得了成效。

傅-克烷基化反应在工业生产上有重要的意义。苯与乙烯、丙烯反应是工业上生产乙苯和异丙苯的主要方法。

乙苯、异丙苯以及十二烷基苯等都是重要的化工原料。乙苯经催化脱氢后得到的苯乙烯是合成树脂和合成橡胶的重要原料；异丙苯是生产苯酚、丙酮的主要原料；十二烷基苯则是合成洗涤剂十二烷基苯磺酸钠的主要原料。

② 傅-克酰基化反应　凡向有机物分子中引入酰基（ $R\text{—}\overset{O}{\overset{\|}{C}}\text{—}$ ）的反应，称为酰基化反应。反应中能提供酰基的试剂称为酰基化试剂，常用的酰基化试剂有酰卤和酸酐。

$$\text{C}_6\text{H}_6 + CH_3-\underset{Cl}{\overset{O}{C}} \xrightarrow{\text{无水 } AlCl_3} C_6H_5-\overset{O}{C}-CH_3 + HCl$$

苯乙酮

酰基化反应与烷基化反应不同，既不发生异构化，也不发生多元取代，生成的酮经还原即得烷基苯。因此，芳烃的酰基化反应是在芳环上引入正构烷基的一个重要的方法，也是制备芳酮的重要方法之一。其中苯乙酮是具有令人愉快的芳香气味的无色液体，沸点202℃，不溶于水，可溶于有机溶剂。主要用作香皂、果汁及酰基化反应烟草的香料，也用作树脂、纤维素等的溶剂和增塑剂，医药工业还用于生产安眠酮等。

当苯环上有强吸电子基团（如硝基、磺酸基、酰基和氰基）时，傅-克反应不易发生，所以不易发生二酰化反应。这是与烷基化反应的不同之处。

2. 氧化反应

（1）芳烃侧链氧化　芳香环侧链上连有烃基，且α-C上含氢原子，此侧链烃基可被酸性高锰酸钾等强氧化剂氧化为羧基；若无α-H，一般情况下不氧化。例如：

$$C_6H_5-CH_3 \xrightarrow[H^+]{KMnO_4 \text{ 或 } K_2Cr_2O_7} C_6H_5-COOH$$

$$C_6H_5-CH_2CH_3 \xrightarrow[H^+]{KMnO_4 \text{ 或 } K_2Cr_2O_7} C_6H_5-COOH$$

$$CH_3-C_6H_4-C(CH_3)_3 \xrightarrow[H^+]{KMnO_4 \text{ 或 } K_2Cr_2O_7} HOOC-C_6H_4-C(CH_3)_3$$

（2）苯环氧化　苯环一般不被常见的氧化剂（如高锰酸钾、重铬酸钾、稀硝酸等）氧化，但在强烈条件下，如高温及催化剂作用下，也可被氧化，苯环裂开，生成顺丁烯二酸酐。

$$2\,C_6H_6 + 9O_2 \xrightarrow[450℃]{V_2O_5} 2\,C_4H_2O_3 + 4H_2O + 4CO_2$$

顺丁烯二酸酐又叫马来酸酐或失水苹果酸酐。是无色结晶粉末，具有强烈的刺激气味，熔点52.8℃，易升华。主要用于制不饱和聚酯树脂、醇酸树脂和马来酸等，也用作脂肪和油类的防腐剂。

这是工业上制备顺丁烯二酸酐的方法。

3. 加成反应

芳烃易发生取代反应，而难以加成，但在一定条件下（催化剂、高温、高压、光照等），仍可发生加成反应。

(1) 催化加氢　在催化剂铂、镍、钯的作用下，苯及苯的部分衍生物能与氢加成生成环己烷。例如：

$$C_6H_6 + 3H_2 \xrightarrow[180\sim250℃]{Pt或Ni} C_6H_{12}$$

$$C_6H_5CH_3 + 3H_2 \xrightarrow[\triangle]{Pt或Ni} C_6H_{11}CH_3$$

(2) 光照加氯　在日光或紫外光的照射下，氯与苯加成，生成六氯化苯，反应如下：

$$C_6H_6 + 3Cl_2 \xrightarrow{光照} C_6H_6Cl_6$$

六氯环己烷(六六六)

六六六曾是一种有效的杀虫剂，但由于它的化学性质稳定，残存毒性大，不易分解，对人畜有害，现已被淘汰，取而代之的是高效有机磷农药。

三、定位规律

苯环上有一个氢原子被其他原子或基团取代后生成的产物称为一元取代苯；苯环上有两个氢原子被其他原子或基团取代后生成的产物称为二元取代苯。一元取代苯和二元取代苯发生取代反应时，按照一定规律进行。

1. 一元取代苯的定位规律

(1) 定位基及其作用　苯环上原有的取代基称为定位基，它决定新引入基团发生取代反应的难易和进入苯环的位置。定位基的这两个作用叫定位效应。

(2) 电子效应　在大多数反应中，由于取代基（与氢原子相比）倾向于给电子或是吸电子，使分子某些部分的电子云密度上升或下降，使反应分子在某个阶段带有正电荷（部分正电荷）或负电荷（部分负电荷）的效应。

电子效应可以通过多种方式传递，如诱导效应、共轭效应、场效应等。目前，电子效应已普遍用于解释分子的性质及其反应性能。下面分别对诱导效应、共轭效应及超共轭效应作简单介绍。

① 诱导效应（I）　因分子中原子或基团的极性（电负性）不同而引起成键电子云沿着原子链向某一方向移动的效应称为诱导效应，用 I 表示。

诱导效应一般以氢为标准，如果取代基的吸电子能力比氢强，则称其具有吸电子诱导作用，用 $-I$ 表示；如果取代基的给电子能力比氢强，则称其具有给电子诱导效应，用 $+I$ 表示。

诱导效应的电子云是沿着原子链传递的，其作用随着距离的增长迅速下降，一般只考虑三个以下键的影响，超过三个键可不考虑。

通常用箭头的方向表示电子对偏移的方向，如 1-氯丙烷分子中，由于氯原子的电负性强于碳原子，使C—Cl间的共用电子对偏向于氯原子，从而使氯原子带有部分负电荷，相应的碳原子带有部分正电荷。

$$\overset{\delta^-}{Cl}\leftarrow \overset{\delta^+}{C}H_2CH_2CH_3$$

② 共轭效应（*C*） 具有共轭π键的体系（如1,3-丁二烯、1-丁烯-3-炔）或者说具有多电子或缺电子的p轨道直接与具有π键的原子相连，由于π键与π键或p轨道与π键侧面能重叠的体系称为共轭体系，前者称π-π共轭，后者称p-π共轭。

在共轭体系中，由于原子间的相互影响而使体系内的π电子（或p电子）分布发生变化的电子效应称为共轭效应，用*C*表示。

凡共轭体系上的取代基能降低体系的π电子密度，则这些基团有吸电子的共轭效应，用$-C$表示；凡共轭体系上的取代基能增高共轭体系的π电子云密度，则这些基团有给电子的共轭效应，用$+C$表示。

常用弧形箭头表示电子的偏移方向，其方向可以由双键或三键指向单键或原子，如 $C_6H_5-CH=CH_2$ 或 $C_6H_5-CH=CH_2$；也可以是孤对电子指向单键或原子，如：$C_6H_5-\ddot{N}H_2$ 或 $C_6H_5-\ddot{N}H_2$。

共轭效应只能在共轭体系中传递，但无论共轭体系有多大，共轭效应能贯穿于整个共轭体系中。

③ 超共轭效应 当C—H σ键与π键（或p轨道）处于共轭位置时，也会产生电子的离域现象，这种C—H键σ-电子的离域现象叫做超共轭效应。

在超共轭体系中，电子转移的方向可用弧形箭头表示。例如：

$$C_6H_5-CH_3$$

超共轭效应的大小，与p轨道或π轨道相邻碳上的C—H键多少有关，C—H键愈多，超共轭效应愈大。

诱导效应与共轭效应的区别：诱导效应（*I*）是建立在定域键的基础上，是短程的，一般四键以上（包括四键）此效应可视为零；共轭效应（*C*）是建立在离域键的基础上，是远程的，效应存在于整个共轭体系中。

机化合物分子中往往两种效应同时存在。

（3）定位基的分类 将常见的取代基分为两大类，见表5-3。

表5-3 苯环亲电取代反应的两类定位基

第一类定位基(邻、对位定位基)		第二类定位基(间位定位基)	
强烈活化	$-O^-$、$-NR_2$、$-NHR$、$-NH_2$、$-OH$	强烈钝化	$-N^+H_3$、$-N^+R_3$、$-NO_2$、$-CF_3$、$-CCl_3$
中等活化	$-OR$、$-NHCOR$、$-OCOR$		
较弱活化	$-Ph$、$-R$	中等钝化	$-CN$、$-SO_3H$、$-CHO$、$-COR$、$-COOH$、$-CONH_2$
较弱钝化	$-F$、$-Cl$、$-Br$、$-I$、$-CH_2Cl$		

① 第一类定位基（邻、对位定位基） 这类取代基会使苯环上电子云密度增加（致活），且邻、对位上电子云密度增加得更多，从而使芳环上的亲电取代反应易于进行，新引入基团主要进入它的邻位或对位。一般来说，对苯环活化程度较大的基团，其邻、对位定位能力较强。

该类定位基中，卤素虽然是邻、对位定位基，但它不会导致芳环反应活性增加。这是因为卤素的电子效应中有吸电子的诱导效应和供电子的共轭效应，且前者较后者大，所以总体来说是降低了苯环上的电子云密度，使苯环钝化。但是卤素原子上的孤电子对的共轭效应使其邻、对位上的电子云降低得更少，相对来说，第二个取代基更趋向于在邻、对位上反应。

② 第二类定位基（间位定位基） 苯环上连有此类定位基时，环上电子云密度下降（致钝），且邻、对位下降得更多，使环上的亲电取代反应较难进行，新引入基团主要进入它的间位。一般来说，对苯环钝化程度较大的基团，其间位定位能力较强。

2. 二元取代苯的定位规律

在苯环上已有两个取代基时，可综合分析两个取代基的定位效应来推测取代反应中新引入基团进入的位置。

（1）两个取代基的定位效应一致 如果苯环上原有的两个定位基的定位效应一致时，则新引入基团进入的位置由原取代基共同决定，进入的位置不冲突。例如：

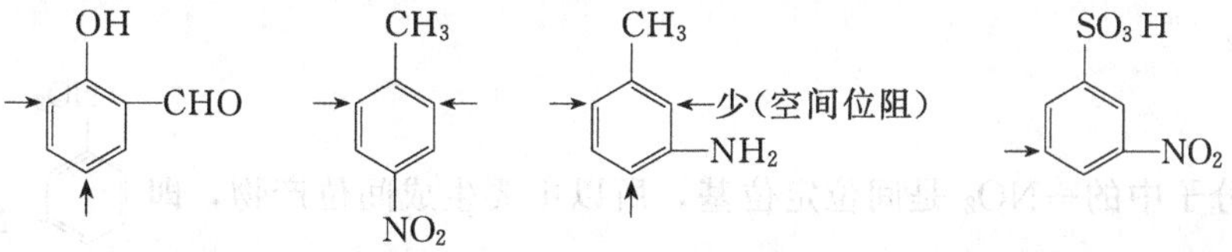

OH / CHO　　CH_3 / NO_2　　CH_3 / NH_2 ←少（空间位阻）　　SO_3H / NO_2

（2）两个定位基的定位效应不一致 若苯环上原有的两个定位基的定位效应不一致时，会出现两种情况：

① 两定位基属于同一类 两个同类定位基的定位作用矛盾时，一般新引入基团进入的位置由定位能力强的定位基决定。例如：

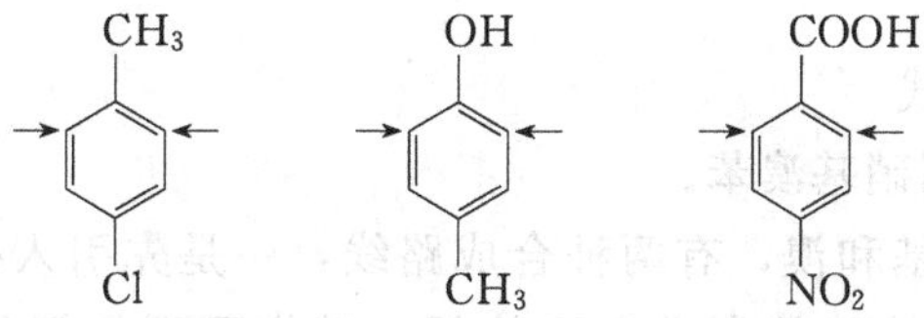

CH_3 / Cl　　OH / CH_3　　COOH / NO_2

② 两个定位基不属于同一类 两类不同的定位基在定位时发生矛盾，一般由第一类定位基（即邻、对位定位基）决定新基团进入环上的位置。例如：

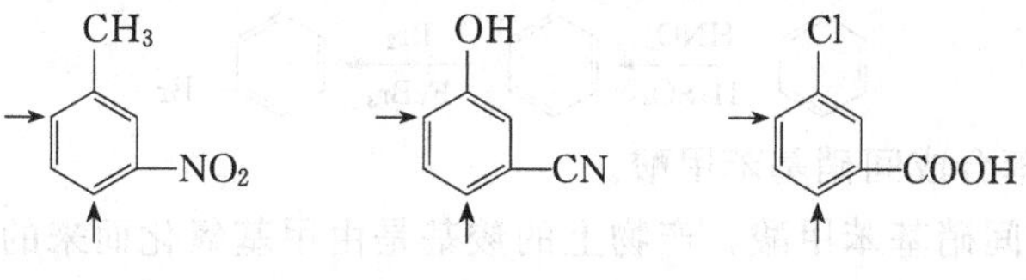

CH_3 / NO_2　　OH / CN　　Cl / COOH

（3）两个定位基互为间位 当两个定位基互为间位，由于空间位阻，新引入基团进入前两个取代基之间的产物一般较少。例如：

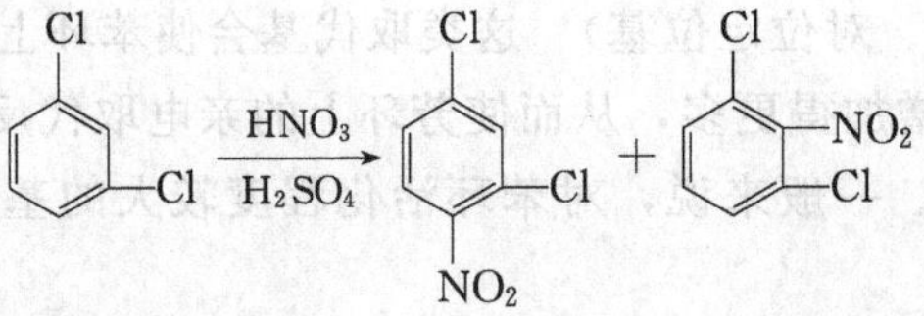

Cl　　　　　　　　Cl　　　　　Cl

$\xrightarrow[H_2SO_4]{HNO_3}$　—Cl　+　—NO_2

—Cl　　　　　　　NO_2　　　　—Cl

96%　　　　4%

3. 定位规律的应用

掌握苯环上取代反应的定位规律，对于预测反应的主要产物以及正确设计合成路线具有重要的意义。

(1) 预测反应的主产物

【例 5-1】 写出下列化合物发生硝化反应时的主要产物。

(1) 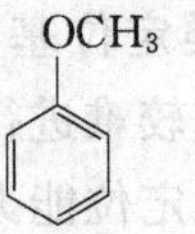 OCH_3　　(2) NO_2 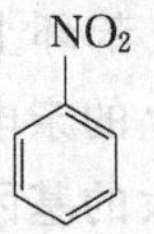　　(3) 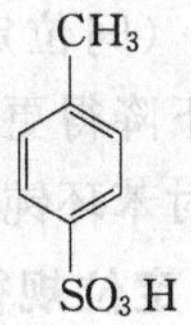 CH_3、SO_3H

解 (1) 式分子中的—OCH_3 是邻、对位定位基，所以其硝化时，主要生成邻、对位产物，即 OCH_3、NO_2 和 OCH_3、—NO_2 。

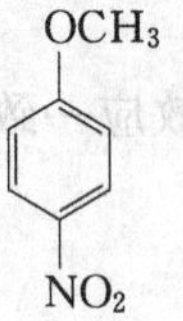

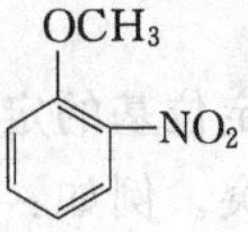

(2) 式分子中的—NO_2 是间位定位基，所以主要生成间位产物，即 NO_2、—NO_2 。

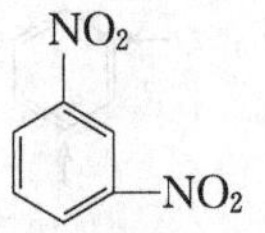

(3) 式分子中的—CH_3 是邻、对位定位基，—SO_3H 是间位定位基，因此—NO_2 应该进入—CH_3 的邻、位对，但对位被占据，所以只能进入—CH_3 的邻位，即 CH_3、—NO_2、SO_3H 。

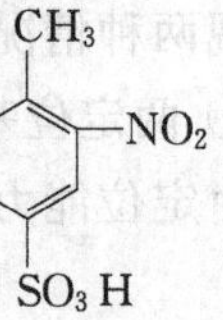

(2) 指导设计合成路线

【例 5-2】 由苯合成间硝基溴苯。

解 向苯环上引入硝基和溴，有两种合成路线：一是先引入硝基，再溴化；二是先溴化，再引入硝基，但引入的硝基会进入溴的邻、对位而不是间位。所以第一条合成路线可取：

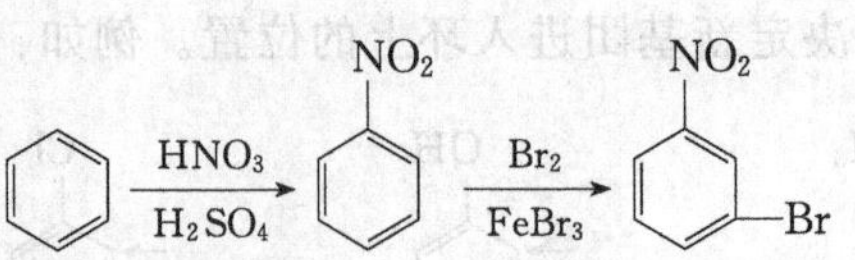

$\xrightarrow[H_2SO_4]{HNO_3}$ NO_2 $\xrightarrow[FeBr_3]{Br_2}$ NO_2、—Br

【例 5-3】 由甲苯合成间硝基苯甲酸。

解 由甲苯合成间硝基苯甲酸，产物上的羧基是由甲基氧化而来的，另外还需向环上引入硝基。有两种合成路线：一是先将甲基氧化，然后再进行硝化；其二是先引入硝基，再进行氧化，但硝基只能进入甲基的邻、对位，与目标产物结构不一致。所以可行路线是第一种：

$$\text{甲苯} \xrightarrow[]{K_2Cr_2O_7,H^+} \text{苯甲酸(COOH)} \xrightarrow[H_2SO_4]{HNO_3} \text{间硝基苯甲酸} \quad \text{(该路线可行)}$$

$$\text{甲苯} \xrightarrow[H_2SO_4]{HNO_3} \text{对硝基甲苯} + \text{邻硝基甲苯} \xrightarrow[]{K_2Cr_2O_7,H^+} \text{对硝基苯甲酸} + \text{邻硝基苯甲酸}$$

【例 5-4】 由对二甲苯合成 2-硝基对苯二甲酸。

解 主要有以下两条路线：

$$\text{对二甲苯} \xrightarrow[]{K_2Cr_2O_7,H^+} \text{对苯二甲酸} \xrightarrow[H_2SO_4]{HNO_3} \text{2-硝基对苯二甲酸} \quad \text{(路线一)}$$

$$\text{对二甲苯} \xrightarrow[H_2SO_4]{HNO_3} \text{2-硝基对二甲苯} \xrightarrow[]{K_2Cr_2O_7,H^+} \text{2-硝基对苯二甲酸} \quad \text{(路线二)}$$

路线一中，苯环上的两个甲基先被氧化成两个羧基成为吸电子基团，引入硝基会相对困难，条件会较苛刻，如需要较高的温度、需要较多的硫酸和硝酸，对设备腐蚀较大；而路线二中，两个甲基是供电子基，使苯环活化，引入硝基相对比较容易，条件温和，且收率较高。

故第二条合成路线更合理。

【例 5-5】 由苯合成 3-硝基-4-氯苯磺酸的路线。

解 合成时需向苯环上引入—Cl、硝基、磺酸基，其中，硝基和磺酸基分别处在—Cl的邻、对位。—Cl 是邻、对位定位基，第一步先向苯环上引入一个—Cl，然后再引入硝基和磺酸基。若先硝化，则可得到邻硝基氯苯和对硝基氯苯混合物，在磺化前还需分离；若先磺化，磺酸基的空间位阻较大，主要进入—Cl 的对位，选择性较好。磺化之后，磺酸基和—Cl 的定位效应一致，所以引入的硝基只能进入氯的邻位，最后得到的产物只有一种，即目标物。路线如下：

$$\text{苯} \xrightarrow[FeCl_3]{Cl_2} \text{氯苯} \xrightarrow[\triangle]{H_2SO_4(浓)} \text{对氯苯磺酸}(SO_3H) \xrightarrow[H_2SO_4(浓)]{HNO_3} \text{3-硝基-4-氯苯磺酸}$$

任务六 稠环芳烃的认识

两个或两个以上的苯环以共用两个相邻碳原子的方式相互稠合而成的芳烃，称为稠环芳烃。稠环芳烃一般是固体，且大多为致癌物质。其中比较重要的是萘、蒽、菲，它们是合成染料、药物等的重要化合物。

一、命名

1. 萘的命名

从共用C原子的邻位开始编号，共用C原子不用编号。编号可用罗马数字或希腊字母表示。萘的编号顺序如下：

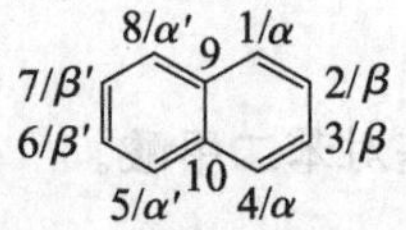

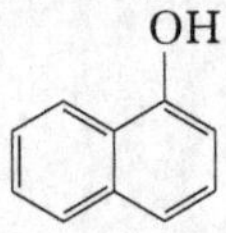

α-萘酚（1-萘酚） β-萘酚（2-萘酚） 1,5-二硝基萘 β-萘磺酸（2-萘磺酸） 1,3,6-三氯萘

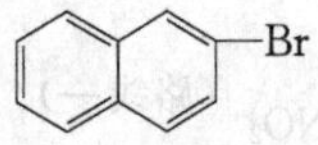

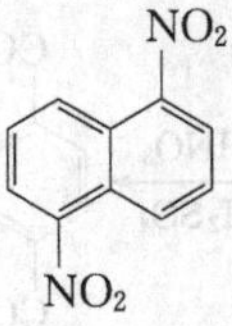

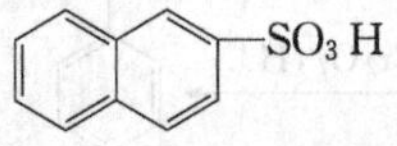

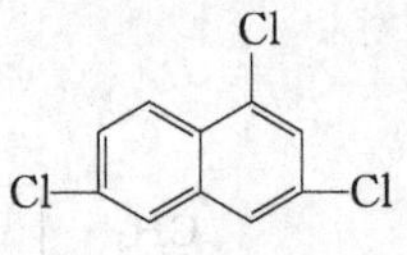

2. 蒽、菲的命名

蒽、菲也有特定编号，其顺序如下：

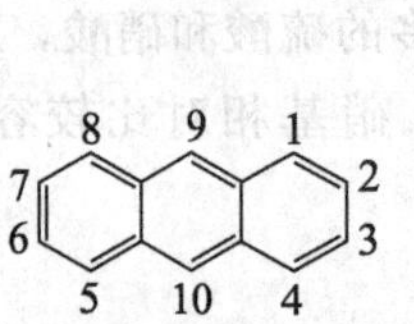

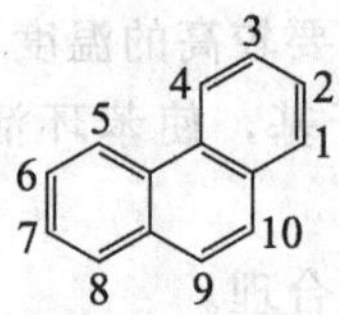

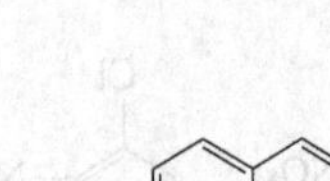

9-溴代蒽 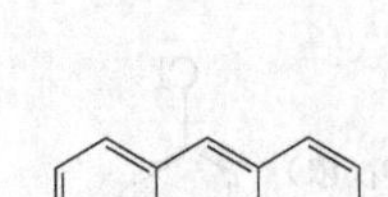 1-蒽磺酸 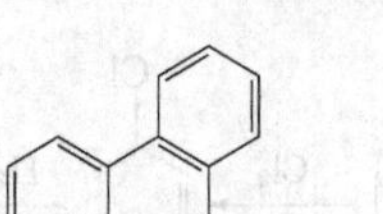 1-甲基菲

二、结构

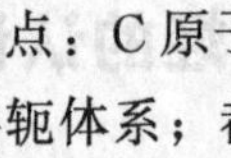

萘 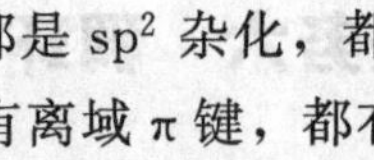 蒽 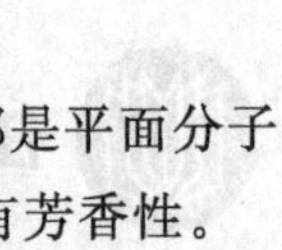 菲

萘分子的闭合共轭π键见图5-2。

稠环芳烃与苯的相同点：C原子都是sp^2杂化，都是平面分子，分子中都存在由p轨道侧面重叠而形成的闭合共轭体系；都有离域π键，都有芳香性。

稠环芳烃与苯的不同点：p轨道重叠程度不同，电子云密度分布不均匀，所以键长不完全相等，反应活性不同，芳香性不如苯典型。

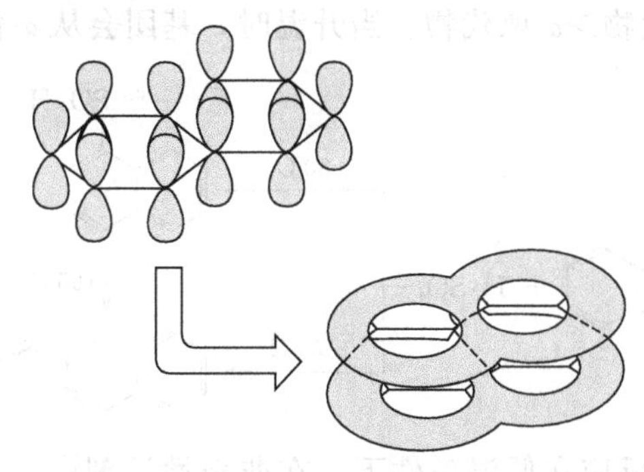

图 5-2 萘分子的闭合共轭 π 键

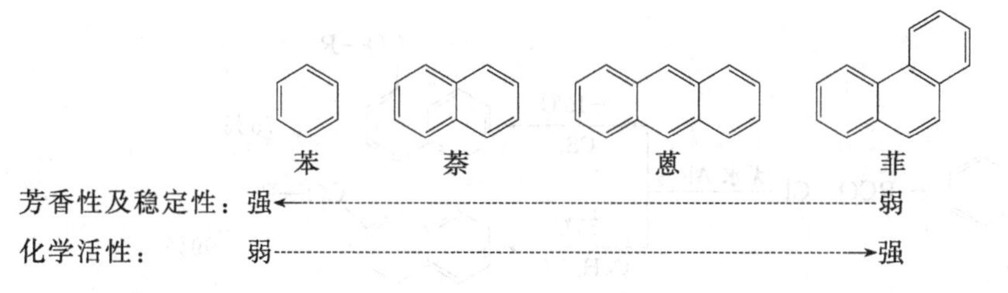

三、物理性质

1. 萘的物理性质

萘为白色晶体，熔点 80℃，沸点 218℃，易升华，不溶于水，易溶于有机溶剂。

有特殊气味，可用作驱虫剂，衣物防虫蛀所用的卫生球就是由纯萘压制而成的。容易升华，这便是卫生球放置后会变小或消失的缘故。

2. 蒽、菲的物理性质

(1) 蒽　片状结晶，具有蓝色荧光，熔点 216℃，沸点 340℃，不溶于水，难溶于乙醇和乙醚，能溶于苯等有机溶剂。

(2) 菲　无色有荧光的片状晶体，熔点 100℃，沸点 340℃，不溶于水，而溶于有机溶剂，其溶液呈蓝色荧光。

四、化学性质

1. 萘的化学性质

(1) 亲电取代反应　α-位上电子云密度最高，反应主要发生在 α-位上。电子密度由高到低：α-C＞β-C＞共用 C，例如：

$$\text{萘} + Br_2 \xrightarrow{CCl_4} \text{α-溴萘}$$

$$\text{萘} + HNO_3 \xrightarrow[30\sim60℃]{H_2SO_4} \text{α-硝基萘} + H_2O$$

热力学稳定性：β-取代物＞α-取代物。当升温时，基团会从α-位异构到β-位。

80℃ SO_3H + H_2SO_4 165℃ 165℃ SO_3H

对于傅-克反应来说，反应在低温条件下，在非极性溶剂中，产物以α-取代物为主；在较高温或室温条件下，在极性溶剂中，产物以β-取代物为主。

+ RCO—Cl 无水 $AlCl_3$ −15℃ CS_2 CO—R 75% 25℃ $C_6H_5NO_2$ CO—R 99%

(2) 氧化反应　萘比苯容易氧化。反应条件不同，产物也不同。如在乙酸中，用铬酐（三氧化铬）作氧化剂，萘被氧化成1,4-萘醌，如果用五氧化二钒作催化剂，在高温下用空气作氧化剂，萘可被氧化成邻苯二甲酸酐：

CrO_3 乙酸 1,4-萘醌 O_2,V_2O_5 350～400℃ 邻苯二甲酸酐

取代基氧化时，氧化反应优先使电荷密度大的环破裂，例如：

HOOC HOOC [O] NH_2 [H] NO_2 [O] HOOC NO_2 HOOC

(3) 加成反应　萘的加成反应比苯容易，但比烯烃难。

Pd/C,H_2 四氢萘 Pd/C或Ni H_2 十氢萘

1,2,3,4-四氢萘 Na,EtOH Na,EtOH 1,4-二氢萘

2. 蒽、菲的化学性质

蒽、菲的芳香性比苯、萘差，它们的化学活性更强，易发生取代、加成、氧化等反应。

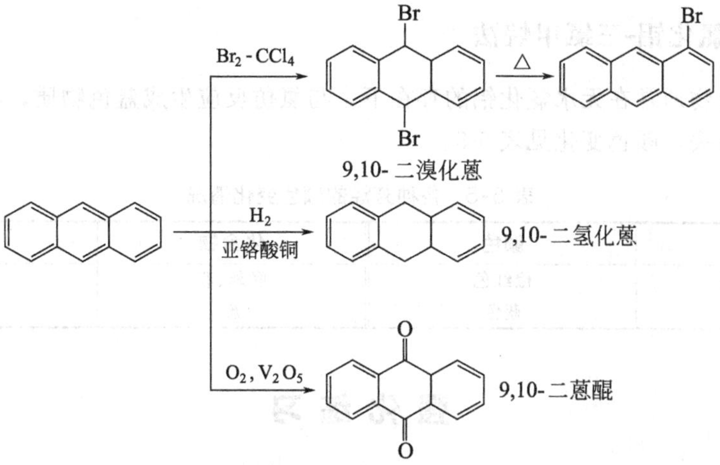

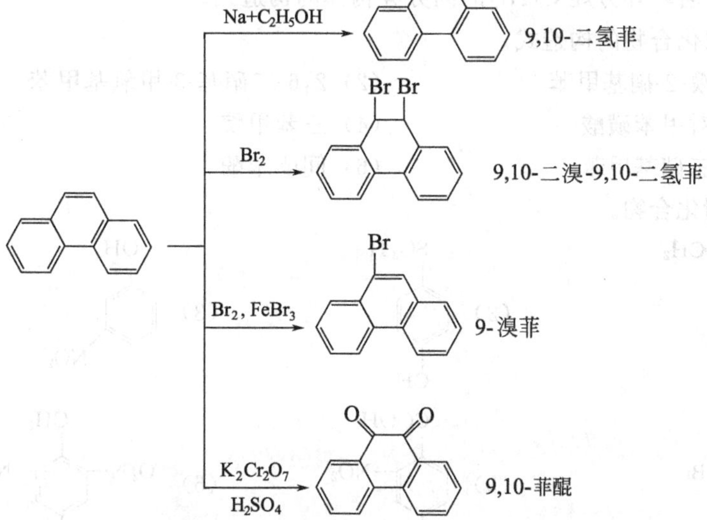

Br_2-CCl_4 → 9,10-二溴化蒽 △ →

H_2 亚铬酸铜 → 9,10-二氢化蒽

O_2, V_2O_5 → 9,10-二蒽醌

$Na+C_2H_5OH$ → 9,10-二氢菲

Br_2 → 9,10-二溴-9,10-二氢菲

Br_2, $FeBr_3$ → 9-溴菲

$K_2Cr_2O_7$ H_2SO_4 → 9,10-菲醌

任务七 芳香烃的鉴别

一、甲醛-浓硫酸法

芳香族化合物及其衍生物在甲醛-浓硫酸溶液中，会发生显色反应，其呈现的颜色与化合物的结构有关，许多芳香族化合物均可发生此反应，颜色变化见表5-4。

表5-4 各种芳烃的颜色变化情况

化合物	颜色	化合物	颜色
苯、甲苯	红色	萘、菲	蓝绿色→绿色
联苯、三联苯	蓝色→绿蓝色	蒽	黄绿色或绿色
苯甲醚	红紫色	苯甲醛	红色
苯甲醇	红色	对苯二酚	黑色
间苯二酚	红色	β-萘酚	棕色
水杨酸	红色	苯酚	紫色
肉桂酸	砖红色	硝基萘	绿蓝色

二、无水氯化铝-三氯甲烷法

芳香族化合物通常在无水氯化铝的存在下，与氯仿反应生成蓝色物质，其呈现的颜色与化合物的结构有关，颜色变化见表 5-5。

表 5-5 各种芳烃的颜色变化情况

化合物	颜色	化合物	颜色
苯及同系物	橙红色	联苯、菲	紫色
萘	蓝色	蒽	绿色

强化练习

1. 写出并命名单环芳烃 C_9H_{12} 的同分异构体的构造式。

2. 写出下列化合物的构造式。

(1) 3,5-二溴-2-硝基甲苯　(2) 2,6-二硝基-3-甲氧基甲苯

(3) 2-硝基对甲苯磺酸　(4) 三苯甲烷

(5) 2,4,6-三硝基甲苯　(6) 间碘苯酚

3. 命名下列化合物。

(1) 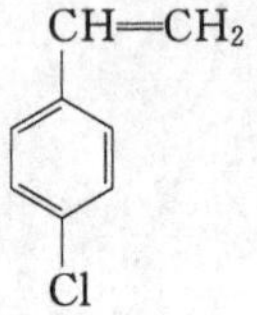 $CH{=}CH_2$, Cl　(2) 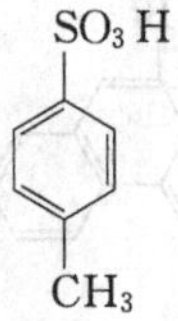 SO_3H, CH_3　(3) OH, NO_2

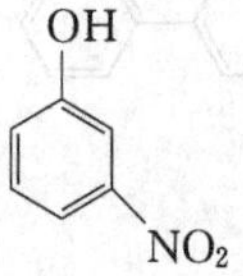

(4) 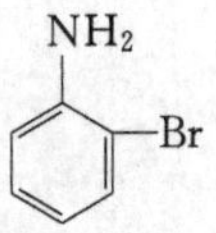 NH_2, Br　(5) 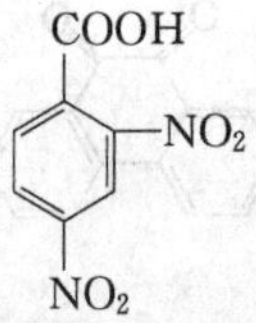 COOH, NO_2, NO_2　(6) 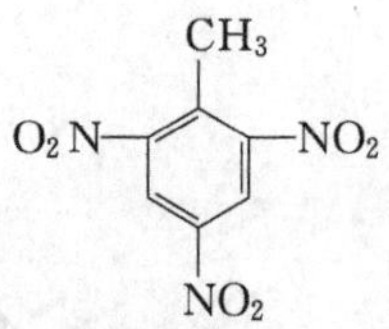 CH_3, O_2N, NO_2, NO_2

4. 把下列每组化合物按发生环上亲电取代反应活性由大到小排列成序。

(1) 苯、溴苯、甲苯、硝基苯　(2) 对二甲苯、苯、甲苯、间二甲苯

5. 用箭头标出下列化合物进行硝化反应时，硝基进入苯环的位置。

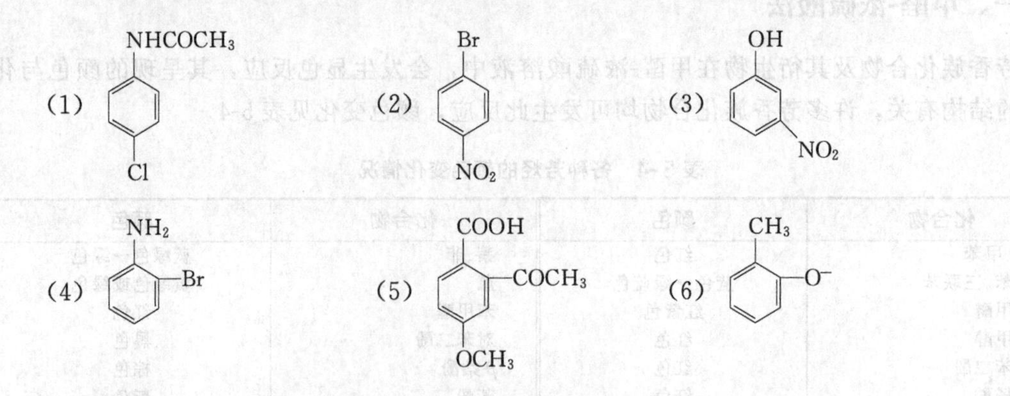

6. 完成下列化学反应。

CH_2CH_3

(1) $+ Br_2 \xrightarrow[\triangle]{FeBr_3} ?$

NO_2

(2) $+ HNO_3$（发烟）$\xrightarrow[\triangle]{浓\ H_2SO_4} ?$

CH_3

(3) $+ HNO_3$（浓）$\xrightarrow[\triangle]{浓\ H_2SO_4} ?$

SO_3H

NO_2

(4) $+ H_2SO_4$（发烟）$\xrightarrow[\triangle]{} ?$

$CH(CH_3)_2$

(5) $+ CH_2{=}CH_2 \xrightarrow[\triangle]{无水\ AlCl_3} ?$

CH_2CH_3

(6) $+ Cl_2 \xrightarrow{光} ?$

CH_2CH_3

(7) $\xrightarrow[\triangle]{KMnO_4，H^+} ?$

CH_3

$CH{=}CH_2$

(8) $+ 4H_2 \xrightarrow[加热，\triangle]{Ni} ?$

7. 根据氧化结果写出反应物的构造式。

$COOH$

(1) $C_8H_{10} \xrightarrow[\triangle]{KMnO_4}$

$COOH$

(2) $C_8H_{10} \xrightarrow[\triangle]{KMnO_4}$

$COOH$

$COOH$

(3) $C_9H_{12} \xrightarrow[\triangle]{KMnO_4}$

8. 由苯合成的次序是氯化、磺化再硝化还是氯化、硝化再磺化较合理呢？

9. 用化学方法区别各组化合物。

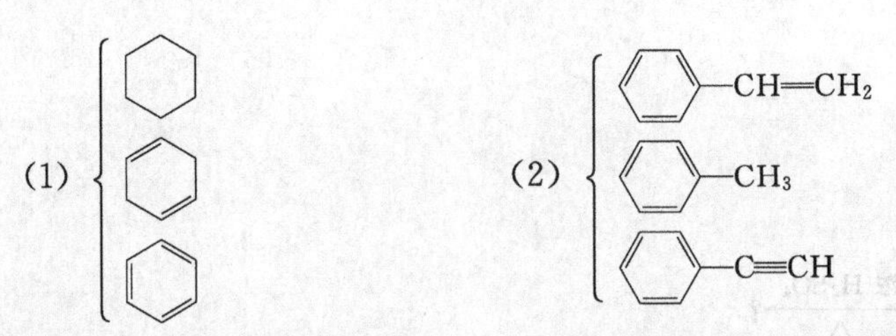

10. 甲、乙、丙三种芳烃分子式均为 C_9H_{12}，氧化时甲得到一元羧酸，乙得到二元酸，丙得到三元酸，但经硝化时甲和乙分别得到两种一硝基化合物，而丙只得到一种一硝基化合物，求甲、乙、丙三者的结构。

11. 以苯或甲苯及≤C_3 的烃为原料（无机试剂任选），合成下列化合物：

项目六 蔗糖旋光度的测定

知识目标

- 学习并了解偏振光、旋光性、手性、手性分子、左旋体、右旋体、内消旋体和外消旋体等概念。
- 学习并掌握旋光仪的使用及旋光度的测定方法。

能力目标

- 能够查阅图书资料和网络资料，结合实验条件制订项目实践方案。
- 能够针对方案实践过程中可能遇到的问题进行提前分析与准备。
- 能够熟练使用旋光仪测定有机物的旋光度。

项目实施要求

- 项目实施过程遵循“项目布置—初步认识—查阅资料—分析资料—制订方案—方案实践—结果展示”规律。
- “项目布置”要求学生明确项目内容与任务，各项目组制订初步工作计划（开展方式、人员分工、时间安排等）。
- “初步认识”主要通过课堂讨论及讲解的方式进行；查阅和分析资料则需要利用课余时间完成。学生需根据项目中各任务的要求，在项目组内进行分工协调，共同查阅和分析资料，从而形成初步材料。
- 确定方案阶段由各项目组讨论收集的资料，并确定工作计划。实践阶段主要包括前期准备、项目实践及结果展示三个部分，要求各项目组根据确定的方案准备实践所需的试剂与器材，按照方案和工作计划进行实践，并记录现象与结果，并完成实践报告的撰写。

同分异构现象是有机化学中存在的普遍现象。按结构不同，同分异构现象分为两大类，一类是由于分子中原子或原子团的连接次序不同而产生的异构，称为构造异构。构造异构包括碳链异构、官能团异构、官能团位置异构及互变异构等。另一类是由于分子中原子或基团在空间的排列位置不同而引起的异构，称为立体异构。立体异构包括顺反异构、对映异构和构象异构等。

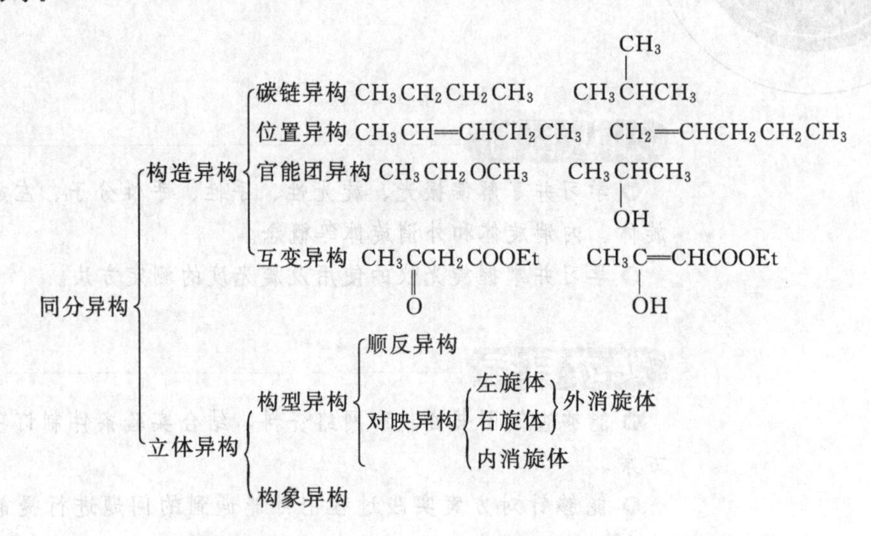

任务一 旋光性的初步认识

一、偏振光

光是一种电磁波，其前进方向与振动方向垂直，如图 6-1 所示。

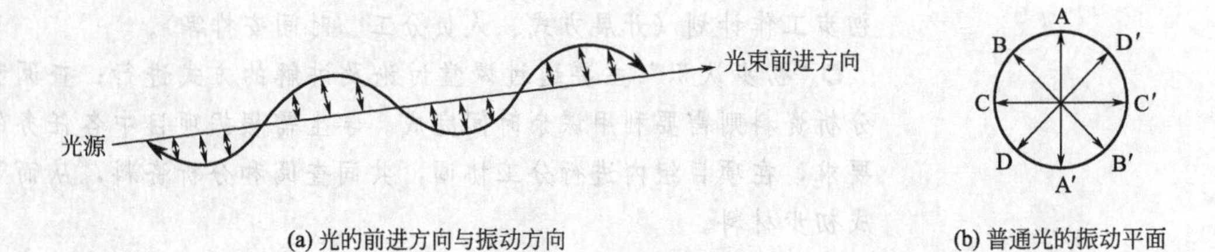

(a) 光的前进方向与振动方向　　(b) 普通光的振动平面

图 6-1 光的传播

当普通光通过一个尼科尔（Nicol）棱镜时，它如同一个光栅，只允许同棱镜晶轴平行振动的光线才能通过，因此通过这种棱镜的光线就只在某一个平面上振动前进，这种光就是平面偏振光，简称偏振光或偏光。

二、旋光性

偏振光透过水、乙醇、乙酸、丙酮等物质时，其振动平面不发生改变，也就是说水、乙醇、乙酸、丙酮等物质对偏振光的振动平面没有影响。而当偏振光通过蔗糖、乳酸、氯霉素等物质（液态或溶液）时，其振动平面就会发生一定角度的旋转，如图 6-2 所示。

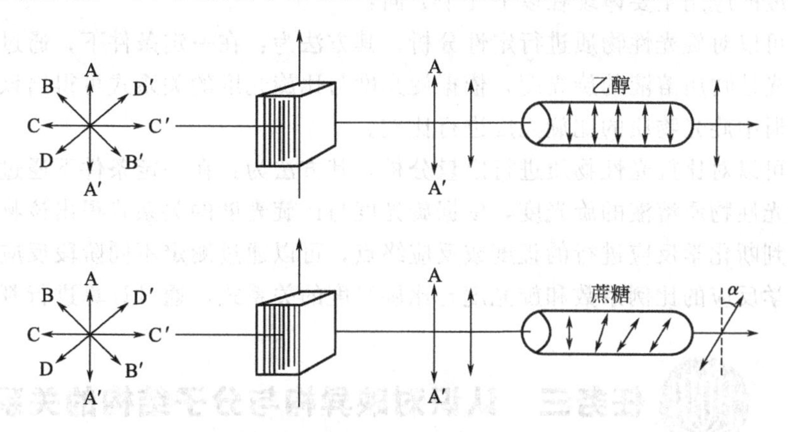

图 6-2 偏振光通过乙醇和蔗糖后的旋转情况

物质的这种能使偏振光的振动平面发生旋转的性质叫做旋光性，具有旋光性的物质叫做旋光性物质或光学活性物质。

任务二 旋光度与比旋光度的关系

一、旋光度

旋光物质使平面偏振光振动平面旋转的角度叫做旋光度，常用 α 表示。旋光度及旋光方向可用旋光仪测定。如果旋转方向是顺时针称为右旋，用（+）表示，逆时针转动称为左旋，用（−）表示。

测量旋光度的仪器为旋光仪，旋光度 α 的数值可直接从仪器上读出。

二、比旋光度

有机物的旋光度取决于多种因素，如化合物的结构、溶液的浓度或密度、光通过样品的光程长度、测定时的温度、光的波长等。为了便于比较各种旋光性化合物的旋光性大小，并能将这一旋光性质作为它的一个特征物理常数，引入了比旋光度 $[\alpha]$，即当旋光管的长度为 1dm，溶液的浓度为 1g/mL 时的旋光度：

$$[\alpha]^t_\lambda=\frac{\alpha}{lc}(\text{溶液}) \qquad [\alpha]^t_\lambda=\frac{\alpha}{l\rho}(\text{纯液})$$

式中 $[\alpha]$——比旋光度，(°)；

t——测定时的温度，℃；

λ——光源的波长，nm；

α——测得的旋光度，(°)；

l——旋光管的长度，dm；

c——溶液的浓度，g/mL；

ρ——液体在测定温度下的密度，g/mL。

比旋光度的应用主要体现在以下几个方面：

其一，可以对旋光性物质进行定性分析，其方法为：在一定条件下，通过测定一定浓度的未知旋光性物质溶液的旋光度，依据旋光度与比旋光度的关系式可得出该物质的比旋光度，与手册中旋光物质的比旋光度进行比较。

其二，可以对比旋光性物质进行定量分析，其方法为：在一定条件下通过测定未知浓度的已知旋光性物质溶液的旋光度，依据旋光度与比旋光度的关系式得出该物质的含量。

其三，判断化学反应进行的程度或反应终点，可以通过测定不同阶段反应体系的旋光度，根据化学反应的比例系数和旋光度与比旋光度的关系式，通过计算进行判断。

任务三　认识对映异构与分子结构的关系

一、手性与手性分子

4个不同的原子或基团可以通过4个共价键与碳原子形成三维空间结构，这个碳原子被称为手性碳原子。由于相连的原子或基团不同，它会形成两种分子结构。这两种立体异构体像是镜子里和镜子外的物体，看上去互相对应，但无论怎么旋转都不会重合，就如同左手和右手，看起来似乎一模一样，但无论怎样放，它们在空间上却无法完全重合，这种现象被称为手性（chirality）。

具有手性（不能与自身的镜像重叠）的分子称为手性分子，它的两个对映异构体，其中一个是左旋体，另一个是右旋体，它们互称为对映异构体。

左旋体和右旋体旋光度相同，但旋光方向相反，它们的物理、化学性质一般都相同。

氨基酸（amino acid）是构成蛋白质（protein）的基本单位，人们已经发现的氨基酸有20多个种类，除了最简单的甘氨酸以外，其他氨基酸都有另一种手性对映体。那么，是不是所有的氨基酸都是手性的呢？答案是肯定的。检验手性的最好方法就是让一束偏振光通过它，使偏振光发生左旋的是左旋氨基酸，反之则是右旋氨基酸。通过这种方法的检验，人们发现了一个令人震惊的事实，那就是除了少数动物或昆虫的特定器官内含有少量的右旋氨基酸之外，组成地球生命体的几乎都是左旋氨基酸，而没有右旋氨基酸。右旋分子是人体生命的克星，这是因为人是由左旋氨基酸组成的生命体，它不能很好地代谢右旋分子，所以食用含有右旋分子的药物就会成为负担，甚至造成对生命体的损害。

二、外消旋体与内消旋体

1. 外消旋体

将有旋光性手性分子的左旋体和右旋体等摩尔混合，便组成了外消旋体，常用（±）或（*dl*）表示。该混合物由旋光方向相反、旋光能力相同的分子等量混合而成，其旋光性因分子间的作用而相互抵消，因而没有旋光性。

将外消旋体拆分为纯的左旋体和右旋体的方法有：

（1）手工或机械法　如果对映体为呈明显的物体与镜像关系的半面体结晶时，可用手工方法将这两种晶体分开。1848年巴斯德（Louis Pasteur）首次成功地将酒石酸钠铵的外消旋体分成右旋及左旋体。

（2）播种法　在外消旋体的过饱和溶液中，播入其中一个纯的对映体晶种，会导致这一对映体结晶析出，而在母液中留下另一对映体。在工业生产上，这一方法具有工艺简便、成本低廉的特点。

（3）生物法　某些微生物能有选择地将一对对映体中的一个加以破坏或消化掉，从而剩下另一异构体。这也是工业生产中常用的方法，产物的旋光纯度很高。

（4）化学法　这是最重要、最常用的拆分法。它是将一对对映体转变为非对映异构体，即在一对对映体分子中引入同一手征性基团，从而生成一对非对映异构体，再根据一对非对映异构体在物理性质上存在的差异而将二者拆分，分开后再把所引入的手征性因素除去，即可得到纯的左旋或右旋体。

（5）选择吸附法　利用某些光学活性物质作吸附剂，有选择地吸附外消旋体中的一个对映体，达到拆分的目的。如各种色谱法，其中包括离子色谱法，特别是配位离子交换法等。

（6）消旋归还拆分法　一些外消旋化合物在某些手性试剂的作用下，能使对映体之间经中间平衡而发生转化，将不需要的一个异构体转变为需要的对映体。

（7）某些物理方法　如用一定波长的圆偏振光照射某些外消旋体时，能将其中一个对映体破坏而得到另一对映异构体。

2. 内消旋体

因分子内的对称因素而使分子内不同方向的旋光度相互抵消，从而形成的不旋光性化合物，称为内消旋体。

任务四　查阅并制订蔗糖旋光度的测定方案

一、旋光仪的基本结构及工作原理

查阅目前市售旋光仪的主要型号、特点，熟悉实验室所提供的旋光仪的基本结构和工作原理。

二、旋光仪的使用

熟悉实验室所提供的旋光仪的使用方法、操作步骤及注意事项。

三、查阅并制订测定方案

查阅蔗糖旋光度的测定方法，熟悉试剂的性质及相关参数，制订方案（包含详细的操作步骤、注意事项），并拟订工作计划。

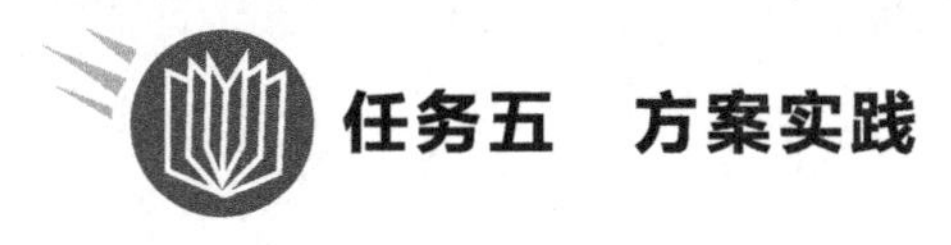

任务五　方案实践

一、前期准备

整理实施方案所需的仪器和试剂，领取试剂、器材，配制相关溶液，熟悉仪器的操作及读数。

二、方案的实践

根据制订的工作计划对项目进行实施。主要包括旋光仪的预热准备、零点校正、蔗糖旋光度的测定、仪器的正确关闭以及数据的处理等。在实施过程中，如遇突发问题或不能实施的环节，小组内成员需共同讨论解决，指导教师在过程中加强巡查和指导。

三、结果展示

实践结果以撰写实践报告的形式为主，报告中应体现以下部分内容：

1. 项目或任务的背景

结合旋光度、比旋光度的概念，明确项目实践的目标。

2. 项目实施的可行性分析

项目实践中具体要怎么做？采用什么方法？可供参考的文献资料有哪些？

3. 项目或任务的结果

通过项目的实践，是否得出正确结果？

4. 争议的最大问题

5. 心得体会

项目七 1-溴丁烷的制备及性质

知识目标

- 学习并了解卤代烃的分类、同分异构、重要卤代烃的制法及其在生产、生活中的应用。
- 学习并理解卤代烃的物理性质与变化规律、亲核反应历程及影响因素。
- 学习并掌握卤代烃的命名、化学性质及应用、鉴别方法。

能力目标

- 能够查阅各种图书资料和网络资料，对制备方法进行分析、汇总和比较。
- 能够制订1-溴丁烷的制备及鉴别方案。
- 能够针对方案实践过程中可能遇到的问题进行提前分析与准备。
- 能够熟练运用有机化学实验的基本操作，对方案进行实践。
- 能够结合实践及所学知识归纳同系列化合物的物理化学性质。

项目实施要求

- 项目实施过程遵循“项目布置—化合物的初步认识—查阅资料—分析资料—确定方案—方案实践—总结归纳—巩固强化”规律。
- “项目布置”要求学生明确项目内容与任务，各项目组制订初步工作计划（开展方式、人员分工、时间安排等）。
- “初步认识”主要通过课堂讨论及讲解的方式进行；查阅和分析资料则需要利用课余时间完成。学生需根据项目中各任务的要求，在项目组内进行分工协调，共同查阅和分析资料，从而形成初步材料。
- 确定方案阶段由各项目组讨论收集的资料，并确定工作计划。
- 实践阶段主要包括前期准备、项目实践及结果展示三个部分，要求各项目组根据确定的方案准备实践所需的试剂与器材，按照方案和工作计划进行实践，并记录现象与结果，完成实践报告的撰写。
- 总结归纳阶段要求学生根据项目实施过程中所学知识、技能、技巧，结合实践结果，对该类化合物的性质进行总结和归纳。教师在这一过程中适时进行知识的分析、补充讲解和拓展。
- 巩固强化阶段要求学生应用相关知识完成强化练习，反馈学习效果。

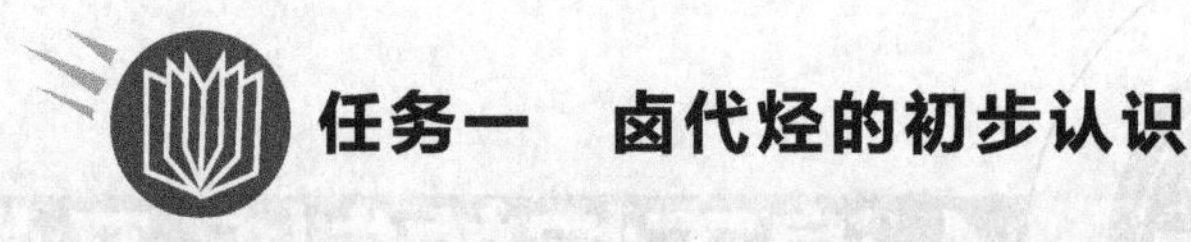

任务一　卤代烃的初步认识

烃分子中的一个或多个氢原子被卤素原子取代，生成的化合物称为卤代烃。常用 R—X 表示，其中卤原子是卤代烃的官能团，能发生多种反应，生成多种不同的化合物，因此卤代烃在有机合成中具有重要作用。

一、分类

根据分子中所含卤原子的种类可分为氟代烃、氯代烃、溴代烃和碘代烃。例如：

$CF_2{=\!=}CF_2$	CH_3CH_2Cl	CH_3CH_2Br	CH_3CH_2I
四氟乙烯	氯乙烷	溴乙烷	碘乙烷
（氟代烃）	（氯代烃）	（溴代烃）	（碘代烃）

在这四种卤代烃中，因为氟代烃的制法和性质特殊，碘代烃的制备费用比较昂贵，所以常见的为氯代烃和溴代烃。

根据分子中所含卤原子数目的不同可分为一卤代烃、二卤代烃、三卤代烃等，二元以上的卤代烃统称为多卤代烃。例如：

CH_3Cl	CH_2Cl_2	$CHCl_3$
一氯甲烷	二氯甲烷	三氯甲烷
（一卤代烃）	（多卤代烃）	

根据与卤原子直接相连的 C 原子类型不同可分为伯卤代烃、仲卤代烃和叔卤代烃。例如：

$CH_3CH_2CH_2Br$	$CH_3CH(Cl)CH_3$	$(CH_3)_3C{-}Cl$
1-溴丙烷	2-氯丙烷	2-甲基-2-氯丙烷
（伯卤代烃）	（仲卤代烃）	（叔卤代烃）

根据分子中烃基结构不同可分为饱和卤代烃（卤代烷）、不饱和卤代烃、脂环族卤代烃（卤代脂环烃）和芳香族卤代烃（卤代芳烃）。例如：

CH_3CH_2Br	$CH_2{=\!=}CHCl$	$C_6H_5{-}Cl$	$C_5H_9{-}Cl$
溴乙烷	氯乙烯	氯苯	溴代环戊烷
（饱和卤代烃）	（不饱和卤代烃）	（芳香族卤代烃）	（脂环族卤代烃）

二、同分异构

卤代烃产生同分异构主要有碳链异构和碳链中官能团（卤原子）的位置异构。因此异构体的数目比相应的烃类多。

【例 7-1】 一氯丁烷的同分异构体有四种，分别是：

$CH_3CH_2CH_2CH_2Cl$　　$CH_3CHCH_2CH_3$（2位连 Cl）　　CH_3CHCH_2Cl（2位连 CH_3）　　$CH_3—C(CH_3)(Cl)—CH_3$

三、命名

1. 习惯命名法

习惯命名法适于简单卤代烃的命名。通常在烃基的名称后面加上卤原子的名称，称为“某基卤”。例如：

$CH_3CH_2CH_2CH_2Cl$	CH_3CHCH_2Cl（2位连 CH_3）	$CH_3CHCH_2CH_3$（2位连 Cl）	$CH_3—C(CH_3)_2—Cl$
正丁基氯	异丁基氯	仲丁基氯	叔丁基氯
$CH_2═CHCH_2Br$	$CH_3CH═CH_2Br$	环戊基—Br	苯基—CH_2Cl
烯丙基溴	丙烯基溴	环戊基溴	苯甲基氯(苄基氯)

2. 系统命名

对于结构复杂的卤代烃，通常要用系统命名法来命名。系统命名法是将卤代烃看做烃的衍生物，即以烃为母体，卤原子作为取代基。其步骤和原则如下：

（1）选择主链　选取含有卤原子的最长碳链作主链，卤原子作取代基。

（2）编号　从靠近支链一端开始给主链上的碳原子编号。

（3）写名称　根据主链所含碳原子的数目称“某烷（烯、炔）”，将取代基的位次、名称写在母体名之前。取代基的顺序是先简单后复杂，不同卤素原子按氟、氯、溴、碘的顺序排列。例如：

$CH_2CH_2CHCH_2CH_3$（1位连 Cl，3位连 CH_3）
3-甲基-1-氯-1-戊烷

$CH_3CHCH_2CHCH_2CHBr$（2位连 CH_3，4位连 Cl，6位连 CH_3）
2-甲基-4-氯-6-溴庚烷

如果是不饱和烃，应选取既含不饱和键又含卤原子的最长碳链，编号时应使不饱和键的位次最小。例如：

$CH_2═CCH_2CH_2Cl$（2位连 CH_3）
2-甲基-4-氯-1-丁烯

$CH_3C≡CCH_2CHCH_2CH_3$（5位连 CH_2CH_2Br）
5-乙基-7-溴-2-庚炔

对于卤代环烃，若卤原子直接连在环上，则以环为母体，卤原子作取代基；若卤原子连在环的侧链上，则以侧链作母体，环和卤原子均作取代基。例如：

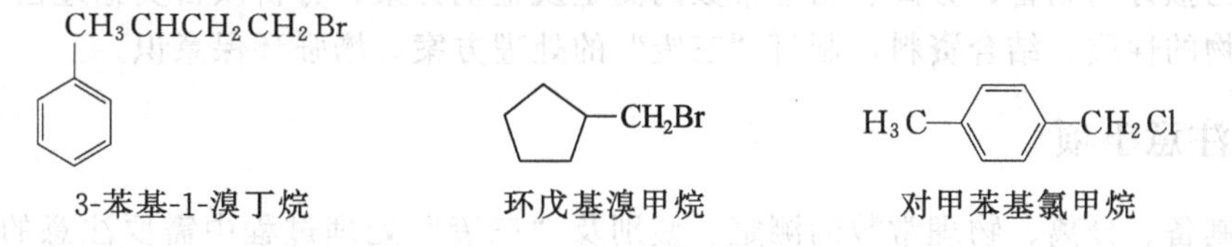

3-苯基-1-溴丁烷　　环戊基溴甲烷　　对甲苯基氯甲烷

任务二 查阅1-溴丁烷的用途、制备及鉴别方法

一、1-溴丁烷的用途

查阅1-溴丁烷的性质、主要用途，以及常见重要卤代烃的制法、性质与用途。

二、制备及分离方法

查阅制备和分离方法、贮存方法及所需仪器、试剂。充分了解原料的性质及相关参数，为方案的制订、实验操作以及“三废”处理做好相关准备。

三、查阅物理常数的测定方法

查阅物理常数的测定方法、所需仪器、试剂及装置，熟悉仪器的使用方法、操作步骤、注意事项，明确测定数据的校正与处理，为方案的制订、实践操作以及“三废”处理做好相关准备。

四、鉴别方法

通过查阅资料，学习物质的性质、鉴别及应用范围。

任务三 确定合成路线及鉴别方案

一、分析并确定制备及分离方案

整理分析查阅的资料，比较制备、分离方法的特点，结合实际情况，确定实验室可行的制备及分离方案，并拟订工作计划。

二、确定物理常数的测定方案

根据查阅的资料，结合有机实验的基本操作知识及仪器的使用说明，确定物理常数的测定及数据处理方案。

三、分析并确定鉴别方案

整理分析查阅的资料，结合卤代烃类化合物的性质，分析鉴别方法的特点及原理，结合实际情况，确定鉴别方案，并拟订工作计划。

四、“三废”处理

根据已拟订的制备、分离、物理常数的测定及鉴别方案，分析项目实施过程中原料、产物和副产物的性质，结合资料，制订“三废”的处理方案，增强环保意识。

五、注意事项

结合制备、分离、物理常数的测定、鉴别及“三废”处理过程中需要注意的操作细节、

有毒有害物品的正确使用，拟订紧急情况发生后的应急处理措施，尽量避免实施过程中的危险或不规范操作，以保证项目能顺利安全地实施。

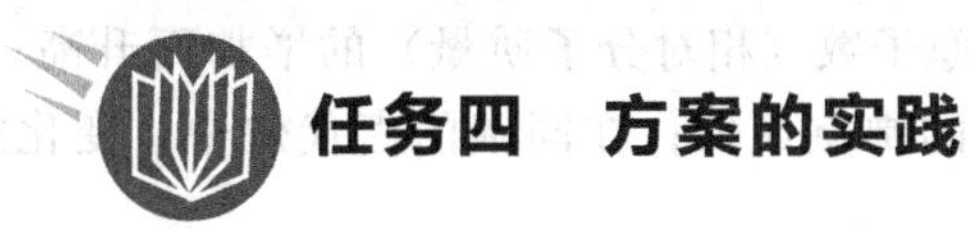

任务四 方案的实践

一、前期准备

根据拟订的制备、分离、物理常数测定、鉴别方案和工作计划，设计实验装置、实施具体步骤，整理实施方案所需的仪器和试剂，领取所需试剂、器材，配制相关溶液、装置的准备及具体工作分工。

二、方案的实践

根据制订的工作计划对项目进行实施。主要包括1-溴丁烷的制备、分离、物理常数测定以及鉴别。在实施过程中，如遇突发问题或不能实施的环节，小组内成员需共同讨论解决，指导教师在过程中加强巡查和指导。

三、结果展示

实践结果以撰写实践报告的形式为主，报告中应体现以下部分内容：

1. 项目或任务的背景

结合物质的用途，明确项目实践的目标。

2. 项目实施的可行性分析

项目实践中具体要怎么做？采用什么方法？可供参考的文献资料有哪些？

3. 项目或任务的结果

通过项目的实践，是否制得产品？产品外观、收率、物理常数等指标分别为多少？鉴别结果如何？

4. 争议的最大问题

5. 心得体会

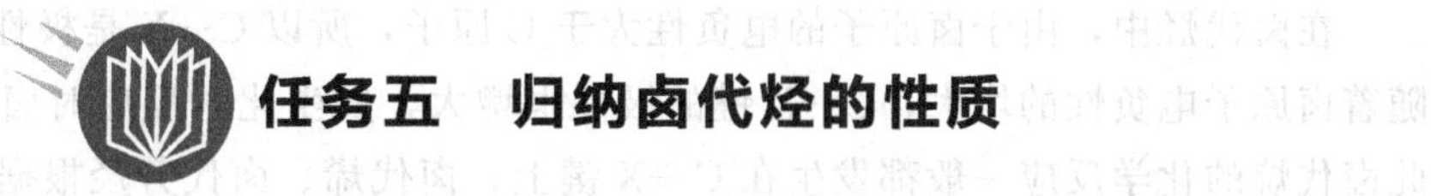

任务五 归纳卤代烃的性质

一、物理性质

1. 物态

常温常压下，除氯甲烷、氯乙烷、氯乙烯、溴甲烷为气体外，其余多为液体，高级或一些多元卤代烃为固体。

一卤代烷具有不愉快的气味，但有些卤代烃（如氯乙烯）有香味，它们的蒸气都有毒，应防止吸入。碘代烃不稳定，见光易分解产生游离碘，久置后常带有红棕色（故常需用棕色瓶装）。

2. 沸点

卤代烃中C—X键有极性，其沸点比相对分子质量相近的烃高。在卤原子相同的同一系列卤代烃中，沸点随着碳原子数（相对分子质量）的增加而升高；在烃基相同的卤代烃中，碘代烃沸点最高，氟代烃的沸点最低；在同碳的卤代烷中，变化规律与烷烃相似，支链越多，沸点越低。

3. 相对密度

一氯代烷的相对密度小于1，其余卤代烃相对密度多数大于1。在同系列中，卤代烷的相对密度随碳原子数的增加反而降低，这是因为卤素在分子中所占比例越来越小的缘故。

4. 溶解性

卤代烷不溶于水，可溶于醇、醚、烃等。有些卤代烷，如二氯甲烷、四氯化碳本身就是优良的有机溶剂，多卤代烷还可用作干洗剂。

一些常见卤代烃的物理常数见表7-1。

表7-1 常见卤代烃的物理常数

名　称	熔点/℃	沸点/℃	相对密度(d_4^{20})
氯甲烷	−97	−24	0.920
溴甲烷	−93	4	1.732
碘甲烷	−66	42	2.279
二氯甲烷	−96	40	1.326
三氯甲烷	−64	62	1.489
四氯甲烷	−23	77	1.594
1-氯丙烷	−123	47	0.890
2-氯丙烷	−117	36	0.860
氯乙烯	−154	−14	0.911
溴乙烯	−138	16	1.517
氯苯	−45	132	1.107
氯化苄	−39	179	1.100

二、化学性质

在卤代烃中，由于卤原子的电负性大于C原子，所以C—X是极性共价键，即：$\overset{\delta^+}{C}—\overset{\delta^-}{X}$。随着卤原子电负性的增大，C—X键的极性也增大，发生化学反应时卤原子也较易离去。因此卤代烷的化学反应一般都发生在C—X键上；卤代烯、卤代芳烃根据卤原子与双键C原子的位置不同，化学活性差异较大。

卤原子电负性大小顺序为Cl＞Br＞I，故C—X键的极性大小顺序为C—Cl＞C—Br＞C—I。另一方面，由于碘原子半径大，C—I键可极化性最高，在极性试剂的作用下，C—I键易发生变形而导致最终断裂。故可极化顺序为C—I＞C—Br＞C—Cl。RX的相对反应活性由以上两种因素共同作用，但键的可极化性起主要作用，所以三种卤代烃的活性顺序为RI＞RBr＞RCl。

卤代烷的化学性质主要发生在官能团卤原子以及受卤原子影响而比较活泼的β-H原子上：

$$R-\underset{\textcircled{2}\,H}{\overset{|}{\underset{|}{C}}}-\overset{|}{\underset{|}{C}}\overset{\textcircled{1}}{+}X$$

① C—X 键断裂，X 原子被取代、与金属镁反应生成 C—Mg—X 键；
② C—X 键和 β-C—H 键断裂形成碳碳双键。

1. 取代反应

(1) 水解　卤代烃在强碱水溶液中共热，卤原子被羟基（—OH）取代生成醇。

$$R-X + H-OH + NaOH \longrightarrow R-OH + NaX + H_2O$$

该反应是可逆的，加入碱的目的是中和产生的 HX，使反应向正向进行。

通常卤代烷是由相应的醇制得的。所以此反应的价值在于制备少数结构复杂的分子。可以先向分子中引入卤原子，再经水解转化为羟基来制备特殊结构的醇。

(2) 威廉（Williamson）合成法　卤代烃与醇钠在相应的醇溶液中醇解，卤原子被烷氧基—OR 取代生成醚。

$$CH_3-X + Na-O-C(CH_3)_3 \xrightarrow{\text{叔丁醇}} CH_3-O-C(CH_3)_3 + NaX$$

甲基叔丁基醚

甲基叔丁基醚是一种新型高辛烷值汽油调和剂，可代替有毒的四乙基铅，减少环境污染，提高汽油质量和使用安全性。

(3) 氨解　卤代烷与过量的氨（在醇溶液）中共热，可发生氨解反应，卤原子被氨基（—NH_2）取代生成胺。

$$CH_3CH_2CH_2CH_2-X + H-NH_2 \xrightarrow{ROH} CH_3CH_2CH_2CH_2NH_2 + HX$$

正丁胺

正丁胺为无色透明液体，有氨的气味，沸点 77.8℃，可用作裂化汽油防胶剂、石油产品添加剂、彩色相片显影剂，也是可用于合成杀虫剂、乳化剂及治疗糖尿病的药物等。

(4) 氰解　卤代烷与氰化钠（或氰化钾）在醇溶液中共热时，会发生氰解反应，卤原子被氰基（—CN）取代生成腈。

$$CH_3CH_2-Br + K-CN \xrightarrow[\triangle]{\text{乙醇}} CH_3CH_2CN + KBr$$

丙腈

产物比原料增加一个 C 原子，在有机合成中用于增长碳链。

(5) 与 $AgNO_3$-C_2H_5OH 反应　卤代烃与硝酸银的乙醇溶液反应，卤原子被硝酸酯基—ONO_2 取代生成硝酸酯，同时有卤化银沉淀析出。

$$R-X + Ag-ONO_2 \xrightarrow{\text{乙醇}} R-ONO_2 + AgX\downarrow$$

硝酸烷基酯

在取代反应中，不同卤代烷的反应活性为：叔卤代烷＞仲卤代烷＞伯卤代烷，R—I＞R—Br＞R—Cl。

利用这一反应活性的差异可用于鉴别伯、仲、叔三种不同类型的卤代烷。

2. 消除反应

在一定条件下，从有机物分子中相邻的两个C原子上脱去HX、X_2、NH_3或H_2O等小分子，生成不饱和化合物的反应称为消除反应。

$$\underset{\beta}{R-CH(H)}-\underset{\alpha}{CH_2(X)} \xrightarrow[\triangle]{KOH-C_2H_5OH} RCH=CH_2 + KX + H_2O$$

仲卤代烷和叔卤代烷在消除HX时，反应可在不同的β-C原子上进行，生成多种不同产物，例如：

$$CH_3-\underset{\beta}{CH(H)}-\underset{\alpha}{CH(X)}-\underset{\beta'}{CH_2(H)} \xrightarrow[\triangle]{KOH-C_2H_5OH} \begin{cases} CH_3CH_2CH=CH_2 & 19\% \text{（1-丁烯）} \\ CH_3CH=CHCH_3 & 81\% \text{（2-丁烯）} \end{cases}$$

$$CH_3-\underset{\beta}{CH(H)}-C(CH_3)(X)-\underset{\beta'}{CH_2(H)} \xrightarrow[\triangle]{KOH-C_2H_5OH} \begin{cases} CH_3CH_2C(CH_3)=CH_2 & 29\% \\ CH_3CH=C(CH_3)CH_3 & 71\% \end{cases}$$

卤代烷脱HX时，主要脱去含H较少的β-C上的H原子，从而生成含烷基较多的烯烃。这一经验规律叫查依采夫（Saytzeff）规则。

各级卤代烷消除反应的活性顺序为：叔卤代烷＞仲卤代烷＞伯卤代烷，R—I＞R—Br＞R—Cl。

卤代烷的消除反应与水解反应均是在碱性条件下进行的，且活性顺序一致，所以两种反应是同时竞争的。但究竟哪种反应占优势，主要取决于卤代烷分子的结构及反应条件（如试剂的碱性、溶剂的极性、反应温度等）有关。

当卤代烷结构相同时，在碱性水溶液中利于取代，而在碱的醇溶液中则有利于消除反应；稀碱溶液、强极性溶剂及较低温度有利于取代；浓的强碱、弱极性溶剂及高温有利于消除；当反应条件相同时，伯卤代烷容易发生取代，而叔卤代烷则易发生消除。

3. 与金属镁反应

卤代烷在绝对乙醚（无水、无醇的乙醚）中与金属镁作用生成金属有机化合物——烷基卤化镁（RMgX）。

$$RX + Mg \xrightarrow{\text{干醚}} \underset{\text{烷基卤化镁}}{RMgX}$$

烷基卤化镁又称格利雅试剂（Grignard agent），简称格氏试剂。它是由法国著名化学家格利雅首先发现这种制备有机镁化合物的方法，并成功地应用于有机合成，为此获得了

1912 年诺贝尔化学奖。

烷基相同时，各种卤代烷与金属 Mg 的反应活性：RI＞RBr＞RCl。其中，碘代烷价格昂贵，氯代烷反应活性小，所以常用活性适中的溴代烷来制备格氏试剂。

格利雅试剂不稳定，可被水、醇、酸、胺等含活泼 H 的物质分解，生成相应的烷烃。这些反应是定量进行的。

$$RMgX \xrightarrow{H-OH} RH + Mg(OH)X$$

$$RMgX \xrightarrow{H-X} RH + MgX_2$$

$$RMgX \xrightarrow{H-NH_2} RH + Mg(NH_2)X$$

$$RMgX \xrightarrow{H-OR} RH + Mg(OR)X$$

$$RMgX \xrightarrow{RC\equiv CH} RH + MgX(C\equiv CR)$$

在有机分析中，常用甲基碘化镁与含活泼 H 的物质作用，通过测得生成甲烷的体积，计算出被测物质中所含活泼 H 原子的数目。

格氏试剂能发生多种化学反应，在有机合成中具有重要用途。因其性质十分活泼，易被空气中的水汽分解，所以必须保存在绝对乙醚中。一般在使用时才制备，不需分离，直接用于有机合成反应。

三、卤代烯烃和卤代芳烃

烯烃分子中的氢原子被卤原子取代后生成的产物称卤代烯烃；芳烃分子中的氢原子被卤原子取代后生成的产物称卤代芳烃。

1. 分类

根据分子中卤原子与双键原子或芳环的相对位置不同，可将卤代烯烃和卤代芳烃分为以下三种类型。

（1）乙烯基型或苯基型　即卤原子直接与双键碳原子或芳环相连的卤代烃。例如：

$CH_2{=}CHCl$　氯乙烯　　C_6H_5-Br　溴苯

（2）烯丙基型或苄基型　即卤原子连在与双键或芳环相隔一个单键的饱和碳原子上的卤代烃。例如：

$CH_2{=}CHCH_2Cl$　烯丙基氯　　$C_6H_5-CH_2Br$　苄基溴

（3）孤立型　即卤原子与双键碳原子或芳环相隔两个或两个以上饱和碳原子的卤代烃。例如：

$CH_2{=}CHCH_2CH_2Cl$　4-氯-1-丁烯　　$C_6H_5-CH_2CH_2Br$　1-苯-2-溴乙烷

2. 反应活性差异

不同类型中由于卤原子与双键或芳环的相对位置不同，相互影响也不同，因此化学反应性有很大差异。

（1）乙烯基型或苯基型　该类化合物的化学性质很稳定。如氯乙烯即使在加热甚至煮沸时，也不与硝酸银的醇溶液反应。

利用这一性质可区别卤代烷与乙烯型卤代烃。

（2）烯丙基型或苄基型　这类化合物化学性质非常活泼，比叔卤代烷更活泼。如烯丙基氯在常温下，可迅速与硝酸银的醇溶液反应，立即析出氯化银沉淀：

$$CH_2{=}CHCH_2{-}Cl + Ag{-}ONO_2 \xrightarrow{\text{乙醇}} CH_2{=}CH{-}CH_2ONO_2 + AgCl\downarrow$$

利用这一性质可鉴别烯丙型卤代烃。

烯丙基型卤代烃也非常容易发生水解、醇解等取代反应。例如：

$$CH_2{=}CHCH_2{-}Cl + HO{-}H \xrightarrow{NaOH} \underset{\text{烯丙醇}}{CH_2{=}CH{-}CH_2OH}$$

（3）孤立型　由于孤立型卤代烃中的卤原子与双键或苯环相隔较远，相互影响很小，所以化学性质与卤代烷相似。

在以上三类卤代烃中，与硝酸银醇溶液反应的活性顺序为：烯丙基型＞孤立型＞乙烯基型。

四、卤代烃的亲核取代反应历程

1. 单分子历程（S_N1）

（1）反应历程示例

$$R^1{-}\overset{R^2}{\underset{R^3}{C}}{-}X \xrightarrow[H_2O,\triangle]{NaOH} R^1{-}\overset{R^2}{\underset{R^3}{C}}{-}OH$$

反应分两步进行：

$$R^1{-}\overset{R^2}{\underset{R^3}{C}}{-}X \longrightarrow R^1{-}\overset{R^2}{\underset{R^3}{C^+}} + X^- \quad \text{反应慢　异裂形成碳正离子}$$

$$R^1{-}\overset{R^2}{\underset{R^3}{C^+}} + OH^- \longrightarrow R^1{-}\overset{R^2}{\underset{R^3}{C}}{-}OH \quad \text{反应快　亲核试剂进攻，取代反应完成}$$

上述反应历程中，反应速率取决于反应较慢的一步，即反应速率取决于C—X键的断裂，这说明反应取决于底物，与亲核试剂无关，这种反应历程称为单分子亲核取代（S_N1）。

单分子历程反应特点：①旧键先断裂，新键再形成；②反应速率只与反应的底物有关。

（2）底物结构对S_N1的影响

① 由于反应的中间体为碳正离子，因此中间体碳正离子越稳定，进行S_N1反应的速率

越大。各种卤代烃反应活性的次序为：$PhCH_2X$、$CH_2=CHCH_2X$>叔卤代烃>仲卤代烃>伯卤代烃>CH_3X、$CH_2=CHX$、PhX。

② 相同烷基不同卤原子的反应活性为 R—I>R—Br>R—Cl，这主要是由于碘原子半径大，易极化，所以容易离去。

2. 双分子历程（S_N2）

（1）反应历程示例

$$RX + Nu^- \xrightarrow{\text{慢}} [\overset{\delta^-}{Nu}\cdots R \cdots \overset{\delta^-}{X}] \xrightarrow{\text{快}} RNu + X^-$$

反应一步进行：

$$H_3C—Br + OH^- \xrightarrow{\text{慢}} \left[\overset{\delta^-}{HO}\cdots CH_3 \cdots \overset{\delta^-}{Br} \right] \xrightarrow{\text{快}} HO—CH_3 + Br^-$$

反应一步完成，新键的形成与旧键的断裂同时进行，反应速率与反应底物和亲核试剂均有关，这种双分子的反应历程称为双分子亲核取代（S_N2）。

（2）结构对 S_N2 的影响

① 卤代烃中与卤素相连的碳上，电子云密度越小，空间位阻越小，越利于亲核试剂的进攻，故反应活性为：伯卤代烃>仲卤代烃>叔卤代烃。

② 相同烷基不同卤原子的卤代烃的反应活性为 R—I>R—Br>R—Cl，原因为原子半径越大，易极化，容易离去。

3. 影响亲核取代反应的因素

（1）烃基的影响　一般说来，影响反应速率的因素有两种，一个是空间效应，另一个是电子效应。

从空间效应来看，α-C 原子上烃基数目越多，体积越大，基团间的拥挤程度以及相互斥力增大，可促进卤素以 X^- 形式离去，反应易按 S_N1 历程进行；由于 α-C 原子上烃基数目越多体积越大，亲核试剂进攻时的空间阻碍越大，所以越不利于反应按 S_N2 历程进行。

从电子效应看，α-C 原子上烃基越多，其上电子云密度越高，形成的碳正离子越稳定，越有利于反应按 S_N1 历程进行；α-C 原子上烃基越少，其上电子云密度越低，越有利于亲核试剂进攻 α-C 原子，有利于反应按 S_N2 历程进行。

综上所述，不同烃基的卤代烃反应速率，在 S_N1 反应中的顺序为叔卤代烃>仲卤代烃>伯卤代烃；在 S_N2 反应中的顺序为叔卤代烷<仲卤代烷<伯卤代烷。

一般情况下，叔卤代烷主要按 S_N1 历程进行，伯卤代烷按 S_N2 历程进行，而仲卤代烃既可按 S_N1 历程又可按 S_N2 历程进行。

（2）溶剂的影响　溶剂的极性越大，越有利于 S_N1 反应，不利于 S_N2 反应。这是因为，溶剂的极性越大，溶剂化的程度越大，离解形成碳正离子能很快进行。但溶剂化作用增强，亲核试剂或反应底物容易被溶剂包围，这样亲核试剂与反应底物之间就不能发生或难以发生碰撞，因此也难以发生反应。因此，即使对 S_N1 反应来说，溶剂极性也并不是越大越有利。

（3）亲核试剂的影响　对于 S_N1 反应，反应速率只与反应的底物有关，与亲核试剂无关。但是在 S_N2 反应中，亲核试剂提供一对电子与底物的碳原子成键，试剂亲核性越强，成键就越快。

五、氟里昂

氟里昂是含有一个或两个碳原子的氟氯烷的商品名称。通常用代号F-abc表示。其中a、b、c均为阿拉伯数字，分别表示碳原子数减1、氢原子数加1、氟原子数，氯原子数根据碳原子上尚未满足的原子价数推出。例如：

氟里昂	CCl_3F	CCl_2F_2	CCl_2FCClF_2	$CClF_2CClF_2$
代号	F-11	F-12	F-113	F-114

六、鉴别

1. 硝酸银-乙醇溶液试验法

在取代反应中，不同卤代烷的反应活性为：叔卤代烷＞仲卤代烷＞伯卤代烷；R—I＞R—Br＞R—Cl。

可根据反应速度的快慢来衡量反应的难易。叔卤代烷反应很快，立即生成卤化银沉淀；仲卤代烷反应较慢，伯卤代烷需要加热才能反应。

还可根据沉淀的颜色来判断卤代烷中的卤原子，即白色沉淀为氯代烷，淡黄色沉淀为溴代烷，黄色沉淀为碘代烷。

2. 碘化钠-丙酮溶液试验法

$$R—X + NaI \xrightarrow{\text{丙酮}} R—I + NaX\downarrow \quad (X = Cl \text{ 或 } Br)$$

NaX此处为沉淀，是因为NaCl或NaBr不溶于丙酮，而NaI则溶于丙酮，所以可根据丙酮溶液中生成沉淀来判断氯代烷或溴代烷的存在。

反应活性与卤代烃与硝酸银醇溶液正好相反，即：伯卤代烷＞仲卤代烷＞叔卤代烷。

强化练习

1. 用系统命名法命名下列化合物。

(1) $CH_2BrCH_2CH_2CH_2Br$

(2) $CH_3CH(Cl)CH(CH_3)CH(CH_2CH_3)CH_3$ （结构式：$CH_3CHCHCHCH_3$，第2位碳上连Cl，第3位碳上连CH_3，第4位碳上连CH_2CH_3）

(3) 环己烯环，双键碳上连Cl，对位碳上连CH_2CH_3

(4) $F_2C{=}CF_2$

(5) 萘环，1位连Cl，5位连CH_3

(6) $C_6H_5CH_2CH(Br)CH_3$（苯环—CH_2CHBr，CHBr上连CH_3）

2. 写出下列化合物的构造式。

(1) 2,4-二硝基氯苯　　(2) 5-溴-1,3-环戊二烯

(3) 2-氯-5-溴己烷　　(4) 1-甲基-6-溴环己烷

(5) 叔丁基溴　　(6) 3,3-二甲基-2-氯-2-溴己烷

(7) 2-甲基-4-氯-5-溴-2-戊烯　　(8) 3-溴甲苯

3. 写出1-溴戊烷与下列物质反应所得到的主要产物。

(1) NaOH（水溶液）　(2) KOH（醇溶液）　(3) Mg，乙醚

(4) NH_3　(5) NaCN　(6) $AgNO_3$，C_2H_5OH

4. 完成下列各反应式。

(1) $CH_3CH_2CH(CH_3)CHBrCH_3 \xrightarrow{NaOH/H_2O}$?

(2) 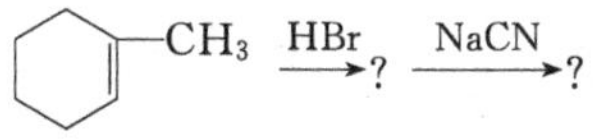 —CH_3 $\xrightarrow{HBr}$? $\xrightarrow{NaCN}$?

(3) $CH_3CH_2CH{=}CH_2 \xrightarrow{HCl} \xrightarrow[乙醚]{Mg}$

(4) 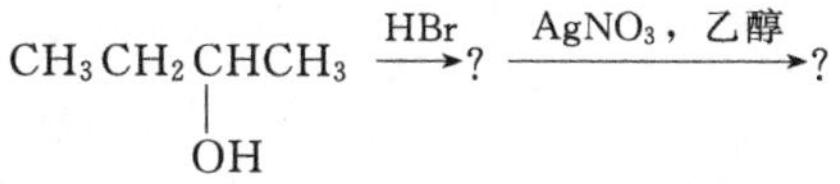 $CH_3CH_2CH(OH)CH_3 \xrightarrow{HBr}$? $\xrightarrow{AgNO_3，乙醇}$?

(5) 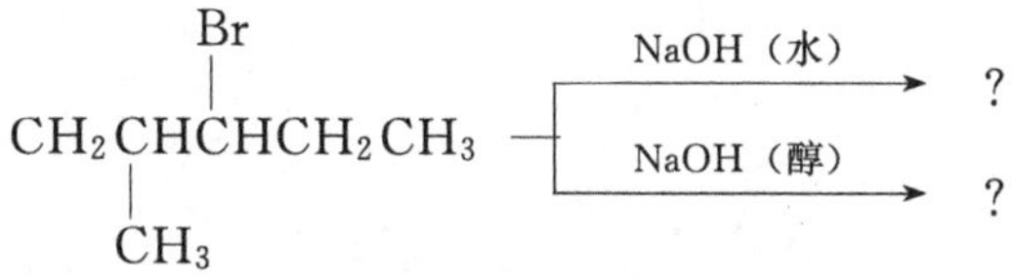 $CH_2CH(CH_3)CHBrCH_2CH_3$ $\xrightarrow{NaOH（水）}$?；$\xrightarrow{NaOH（醇）}$?

(6) 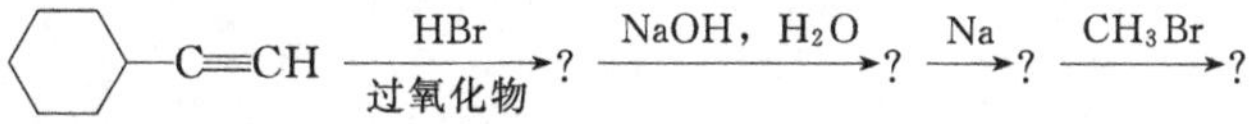 —C≡CH $\xrightarrow[过氧化物]{HBr}$? $\xrightarrow{NaOH，H_2O}$? $\xrightarrow{Na}$? $\xrightarrow{CH_3Br}$?

5. 从指定原料合成下列化合物。

(1) 由 $CH_3CH{=}CH_2$ 合成 $CH_3CH_2CH_2OCH(CH_3)_2$

(2)  由 —CH_3 合成 —CH_2COOH

(3) 由 合成 O_2N— —CH_2COOH

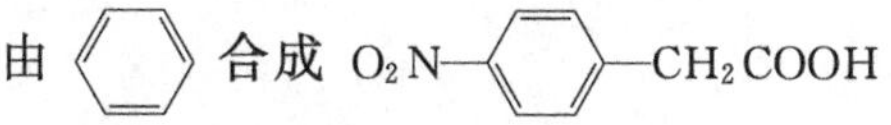

6. 用化学方法鉴别下列各组化合物。

(1) 正丁基氯、仲丁基氯、叔丁基氯

(2) 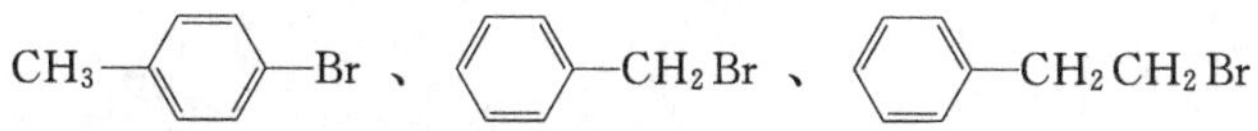 CH_3— —Br 、 —CH_2Br 、 —CH_2CH_2Br

(3) 环己烷、环己烯、溴代环己烷

(4) $CH_3CH{=}CHCl$、$CH_2{=}CHCH_2Cl$、$CH_3CH_2CH_2Cl$

7. 请比较下列各组化合物进行反应时的速率。

(1) S_N2 —$CHBrCH_3$，—CH_2Br，—$C(CH_3)BrCH_3$

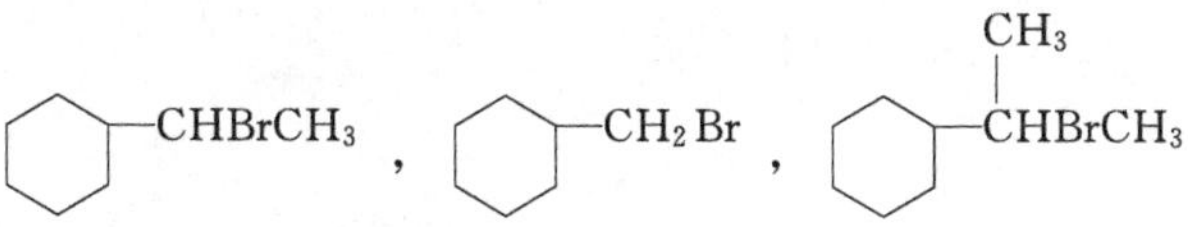

(2) S_N2 —Br，—Cl

(3) S_N1 —CH_2Br，—CH_2CH_2Br

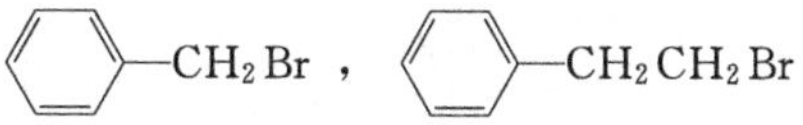

8. 分子式为 C_5H_{10} 的 A 烃，与溴不发生反应，在紫外光照射下与溴作用得到产物 B（C_5H_9Br），B 与 KOH 的醇溶液加热得到 C（C_5H_8），C 与 $KMnO_4$ 溶液氧化得到戊二酸，写出 A、B、C 的结构式及各步反应式。

9. 化合物 A 的分子组成为 C_4H_8，室温下 A 与 Br_2 作用生成化合物 B，组成为 $C_4H_8Br_2$；A 在光照下与 Br_2 作用下生成组成为 C_4H_7Br 的化合物 C；C 与 KOH 的醇溶液作用生成 1,3-丁二烯。试推测 A、B、C 的结构式，并写出各步反应式。

10. 某卤代烃 $C_6H_{13}Br$（A）与氢氧化钠醇溶液作用生成 C_6H_{12}（B），（B）经氧化后得到 CH_3COCH_3（丙酮）和 CH_3CH_2COOH（丙酸）；（B）与溴化氢作用则得到（A）的异构体（C）。据此推出 A、B、C 的结构式，并写出有关反应式。

项目八 β-萘乙醚的制备及性质

知识目标

◎ 学习并了解醇、酚、醚的结构和分类、同分异构以及重要醇、酚、醚的主要制法和用途。

◎ 学习并理解醇、酚、醚的物理性质及变化规律。

◎ 学习并掌握系统命名、主要化学性质及在生活、生产中的应用。

能力目标

◎ 能够查阅各种图书资料和网络资料，对制备方法进行分析、汇总和比较。

◎ 能够制订实验室制备的实践方案。

◎ 能够针对方案实践过程中可能遇到的问题进行提前分析与准备。

◎ 能够熟练运用有机化学实验的基本操作，对方案进行实践。

◎ 能够结合实践及所学知识归纳同系列化合物的物理化学性质。

项目实施要求

◎ 项目实施过程遵循“项目布置—化合物的初步认识—查阅资料—分析资料—确定方案—方案实践—总结归纳—巩固强化”规律。

◎“项目布置”要求学生明确项目内容与任务，各项目组制订初步工作计划（开展方式、人员分工、时间安排等）。

◎“初步认识”主要通过课堂讨论及讲解的方式进行；查阅和分析资料则需要利用课余时间完成。学生需根据项目中各任务的要求，在项目组内进行分工协调，共同查阅和分析资料，从而形成初步材料。

◎ 确定方案阶段由各项目组讨论收集的资料，并确定工作计划。

◎ 实践阶段主要包括前期准备、项目实践及结果展示三个部分，要求各项目组根据确定的方案准备实践所需的试剂与器材，按照方案和工作计划进行实践，并记录现象与结果，完成实践报告的撰写。

◎ 总结归纳阶段要求学生根据项目实施过程中所学知识、技能、技巧，结合实践结果，对该类化合物的性质进行总结和归纳。教师在这一过程中适时进行知识的分析、补充讲解和拓展。

◎ 巩固强化阶段要求学生应用相关知识完成强化练习，反馈学习效果。

任务一 醇、酚、醚的初步认识

醇、酚、醚都是烃的重要含氧衍生物。在醇和酚分子中，氧原子与氢原子直结合成羟基（—OH）。羟基与脂肪族烃基或芳环侧链直接相连的叫醇，羟基与苯环直接相连的叫酚。而在醚分子中，氧原子是与两个烃基直接相连。

一、分类

1. 醇

（1）通式　醇可以看作是烃分子中的氢原子被羟基所取代，所以可以用通式 R—OH 表示。另外，对饱和一元醇可用通式 $C_nH_{2n+2}O$ 表示，其中 n 表示碳原子个数。

（2）分类　根据与羟基相连的烃基的构造不同，醇可分为饱和醇、不饱和醇、脂环醇和芳香醇；也可根据与羟基相连的碳原子的类型，分为伯醇（一级醇）、仲醇（二级醇）、叔醇（三级醇）。与伯碳原子相连接的称为伯醇；与仲碳原子相连接的称为仲醇；与叔碳原子相连接的称为叔醇；还可根据分子中所含羟基的数目，分为一元醇、二元醇和三元醇等，二元以上统称为多元醇。例如：

CH_3CH_2OH　乙醇

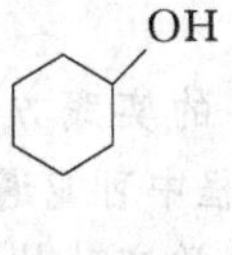

OH（环己基）　环己醇

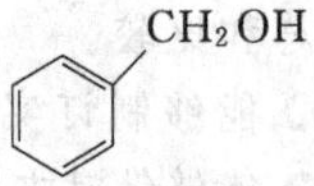

CH_2OH（苯基）　苯甲醇

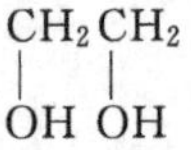

CH_2CH_2（两个碳上各连 OH OH）　乙二醇

2. 酚

（1）通式　酚的通式可以用 Ar—OH 来表示。

（2）分类　酚可以根据分子中所含酚羟基的数目，分为一元酚、二元酚和三元酚等，二元以上统称为多元酚。例如：

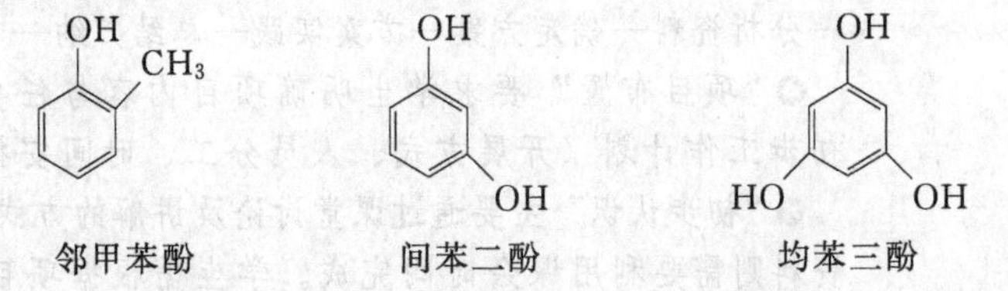

邻甲苯酚　间苯二酚　均苯三酚

3. 醚

（1）通式　醚可以看作是醇分子中的氢原子被羟基所取代，可以用通式 R—O—R 或 Ar—O—Ar 来表示。

（2）分类　醚可以根据氧原子所连两个烃基的结构和方式的不同，分为饱和醚、不饱和醚、芳醚和环醚。又可视两个烃基是否相同，分为单醚和混醚。例如：

CH_3OCH_3　甲醚

$CH_3OCH_2CH_3$　甲乙醚

$CH_3OCH{=}CH_2$　甲基乙烯基醚

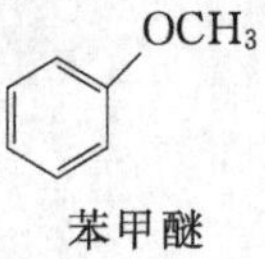

OCH_3（苯基）　苯甲醚

二、同分异构

同分异构体的产生主要有碳架异构、官能团位置异构和官能团异构。醚与醇互为同分异构体，属官能团异构。对醇而言，其构造异构表现在碳架异构和官能团的位置异构。例如：

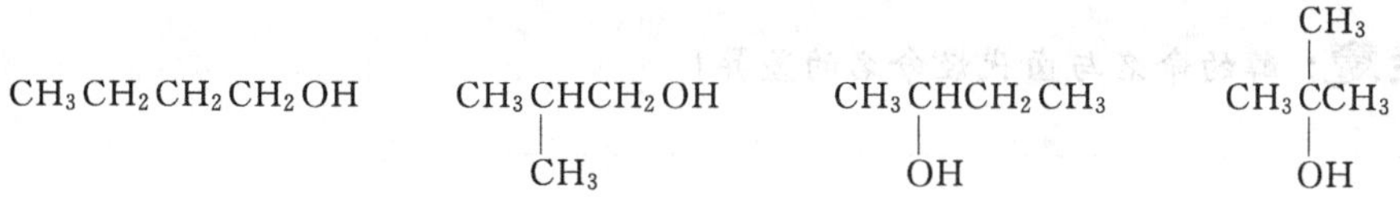

$CH_3CH_2CH_2CH_2OH$　　CH_3CHCH_2OH（下接 CH_3）　　$CH_3CHCH_2CH_3$（下接 OH）　　CH_3CCH_3（上接 CH_3，下接 OH）

对酚的异构，则和芳烃类似，主要包括侧链的碳链异构和取代基位置异构。

三、命名

1. 醇的命名

（1）普通命名（习惯命名）　习惯命名法只适用于结构简单的醇。命名时，在烃基后面加“醇”字。例如：

$CH_3CH_2CH_2CH_2OH$　　CH_3CHCH_2OH（下接 CH_3）　　$CH_3CHCH_2CH_3$（下接 OH）　　CH_3CCH_3（上接 CH_3，下接 OH）

正丁醇 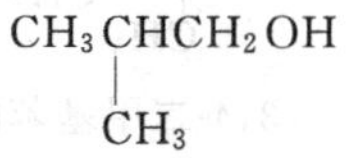　　异丁醇 　　仲丁醇 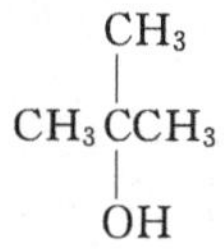　　叔丁醇

（2）系统命名　系统命名法命名原则如下：

① 选主链（母体）　选择连有羟基的最长的碳链作为主链，支链看作取代基；

② 编号　从靠近羟基的一端开始将主链的碳原子依次用阿拉伯数字编号，使羟基所连的碳原子位次最小；

③ 命名　根据主链所含碳原子数称为“某醇”，将取代基的位次、名称及羟基位次写在“某醇”前。例如：

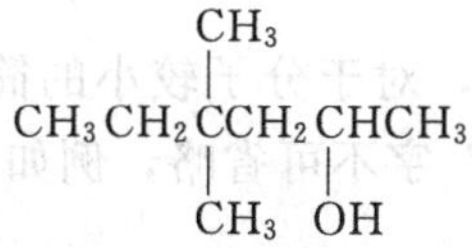

$CH_3CH_2CCH_2CHCH_3$（C 上接 CH_3、下接 CH_3；CH 下接 OH）
4,4-二甲基-2-己醇

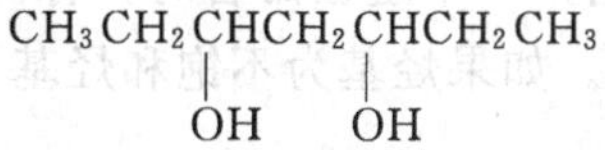

$CH_3CH_2CHCH_2CHCH_2CH_3$（两个 CH 下各接 OH）
3,5-庚二醇

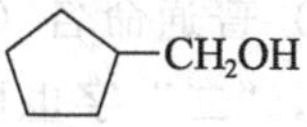

环戊基—CH_2OH
环戊基甲醇

不饱和醇的命名应选择包括羟基和不饱和键在内的最长碳链为主链，从靠近羟基的一端编号命名。例如：

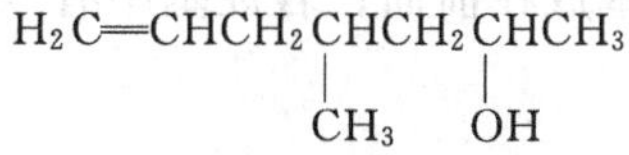

$H_2C{=}CHCH_2CHCH_2CHCH_3$（第一个 CH 下接 CH_3，第二个 CH 下接 OH）

4-甲基-6-庚烯-2-醇

芳香醇命名时，可将芳基作为取代基。例如：

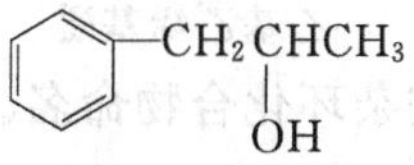

苯环—CH_2CHCH_3（CH 下接 OH）

苯基-2-丙醇

脂环醇则从连有羟基的环碳原子开始编号。例如：

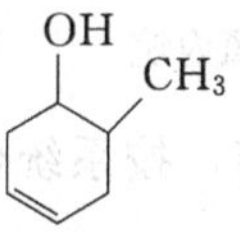

环己烯环（C1 接 OH，C6 接 CH_3，C3=C4 双键）

6-甲基-3-环己烯-1-醇

注意：醇的命名与卤代烃命名的差异！

2. 酚的命名

酚的命名按照官能团优先规则，若苯环上没有比—OH优先的基团（详见烷烃系统命名部分），则—OH与苯环一起为母体，称为“某酚”。环上其他基团为取代基，按取代基位次、数目和名称写在“某酚”前面。例如：

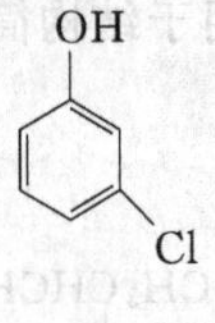

间氯苯酚 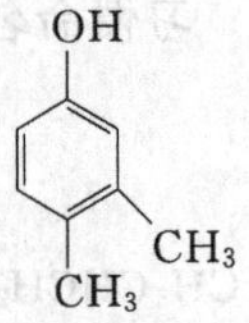　　3,4-二甲基苯酚

若苯环上有比—OH优先的基团，则—OH作取代基。例如：

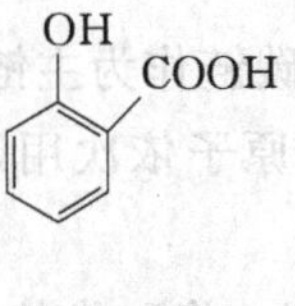

邻羟基苯甲酸 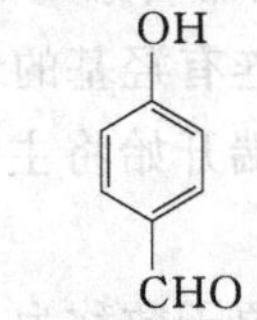　　对羟基苯甲醛

3. 醚的命名

（1）普通命名（习惯命名）　单醚在命名时，称“二某醚”，对于分子较小的简单饱和脂肪醚，“二”字也可以省略。如果烃基为不饱和烃基，则“二”字不可省略，例如：

$CH_3CH_2OCH_2CH_3$　（二）乙醚

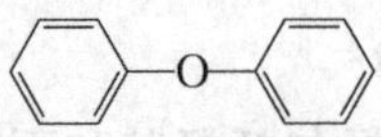

二苯醚

混醚在命名时，将较小的烃基放在前面；若烃基中有一个是芳香基时，将芳香基放在前面。例如：

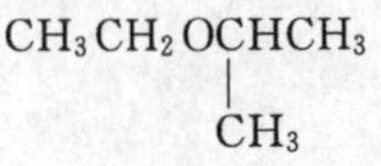

$CH_3CH_2OCH(CH_3)CH_3$　乙基异丙基醚

$CH_3CH_2—O—CH═CH_2$　乙基乙烯基醚

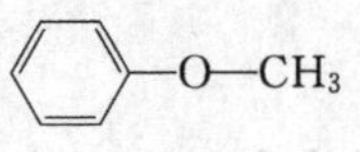

$C_6H_5—O—CH_3$　苯甲醚

环醚一般称为“环氧某烷”，或按杂环化合物命名。例如：

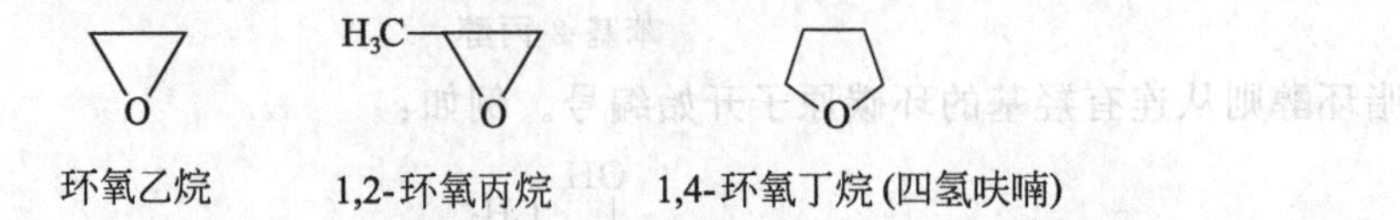

环氧乙烷　　1,2-环氧丙烷　　1,4-环氧丁烷(四氢呋喃)

（2）系统命名　对烃基结构复杂的醚，按系统命名法命名。以复杂烃基为母体，烷氧基作取代基。例如：

$CH_3CH_2OCHCH_2CH_2CH_3$（其中CH上连有 CH_3）

2-乙氧基戊烷

$HO-C_6H_4-O-CH_3$

对甲氧基苯酚

四、结构

1. 醇的结构

醇的官能团是羟基。在醇分子中，O 原子为 sp^3 杂化，它通过一个 sp^3 杂化轨道与氢原子的一个 1s 轨道相互重叠形成 O—H 键；通过另一个 sp^3 杂化轨道与 C 原子的一个 sp^3 杂化轨道相互重叠形成 C—O 键。由于 C、O、H 三个原子的电负性不同，因此它们都是极性共价键。O 原子的另外两对未共用的电子则分别占据其他两个 sp^3 杂化轨道。甲醇的成键轨道如图 8-1 所示。

2. 酚的结构

酚是羟基直接与苯环相连的化合物，其官能团与醇相同，即为—OH，也称酚羟基。酚羟基中氧原子为 sp^2 杂化，其中两条 sp^2 杂化轨道参与成键，形成 C—O 和 O—H 两条 σ 键，而氧上两对孤对电子，一对占据 sp^2 杂化轨道，另一对占据未杂化的 p 轨道，该条 p 轨道与苯环的大 π 键形成 p-π 共轭。如图 8-2 所示。

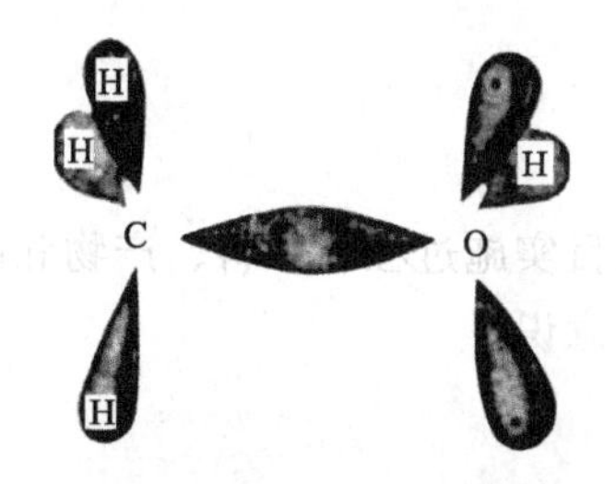

图 8-1 甲醇的成键轨道示意图

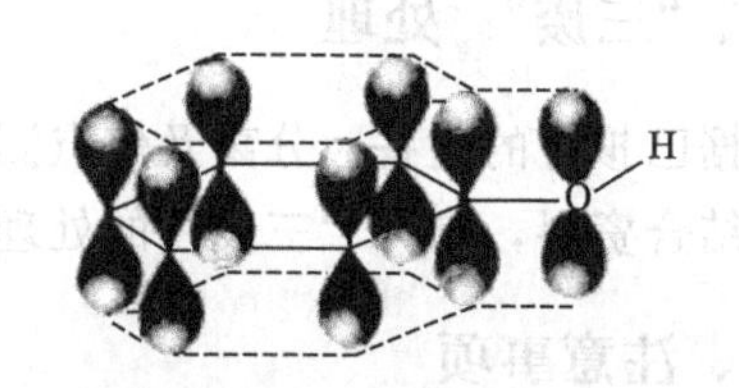

图 8-2 苯酚分子中的 p-π 共轭体系

p-π 共轭，使氧的 p 电子云向苯环移动，苯环电子云密度增加，受到活化而更易发生取代反应；另一方面，p 电子云的转移导致了氢氧之间电子云进一步向氧原子转移，使氢更易离去。

3. 醚的结构

醚分子中，“—O—”称为醚键，是醚的官能团。其中 O 原子为 sp^3 杂化，它利用两条 sp^3 杂化轨道与 C 原子的两条 sp^3 杂化轨道形成 σ 键，由于 C—O—C 键极性较小，所以化学性质比醇、酚都要稳定。在常温下不与金属钠反应，对碱、氧化剂、还原剂都十分稳定。

任务二 查阅 β-萘乙醚的用途及制备方法

一、β-萘乙醚的用途

查阅 β-萘乙醚的物理性质及化学性质，在工业生产、日常生活中的主要用途，以及其他重要醇、酚、醚的用途。

二、制备及分离方法

查阅工业制法、实验室制法。详细查阅实验室制法所需仪器、试剂以及分离方法。充分了解原料的性质及相关参数，为方案的制订、实验操作以及“三废”处理做好相关准备。

三、熔点的测定方法

通过查阅资料，学习固体有机化合物物理常数的测定方法。

任务三　确定合成路线及物理常数测定方案

一、分析并确定制备及收集方案

整理分析查阅的资料，比较各种制备、分离方法的特点，结合实际情况，确定实验室可行的制备及分离方案，并拟订工作计划。

二、确定物理常数熔点的测定方案

整理分析查阅的资料，比较各种熔点测定方法的特点，结合实际情况，确定实验室可行的熔点测定方案，并拟订工作计划。

三、“三废” 处理

根据已拟订的制备、分离及熔点测定方案，分析项目实施过程中原料、产物和副产物的性质，结合资料，制订“三废”的处理方案，增强环保意识。

四、注意事项

结合制备、分离、熔点测定、“三废”处理过程中的实验操作技术，掌握有毒有害物品的正确使用以及紧急情况发生后的应急处理措施，尽量避免实施过程中的危险或不规范操作，以保证项目能顺利安全地实施。

任务四　方案的实践

一、前期准备

根据拟订的制备、分离、熔点测定方案和工作计划，设计实验装置、实施具体步骤，整理实施方案所需的仪器和试剂，领取所需试剂、器材，配制相关溶液、装置的准备及具体工作分工。

二、方案的实践

根据制订的工作计划对项目进行实施。主要包括 β-萘乙醚的制取、分离，熔点测定。在实施过程中，如遇突发问题或不能实施的环节，小组内成员需共同讨论解决，指导教师在过程中加强巡查和指导。

三、结果展示

实践结果以撰写实践报告的形式为主，报告中应体现以下部分内容：

1. 项目或任务的背景

结合物质的用途，明确项目实践的目标。

2. 项目实施的可行性分析

项目实践中具体要怎么做？采用什么方法？可供参考的文献资料有哪些？

3. 项目或任务的结果

通过项目的实践，是否制得产品？产品外观、熔点、收率等指标分别为多少？

4. 争议的最大问题

5. 心得体会

任务五　归纳醇、酚、醚的性质

一、物理性质

1. 醇

(1) 物态　常温常压下，低级的饱和一元醇中，$C_1 \sim C_4$ 的醇为有酒味的流动液体；$C_5 \sim C_{11}$ 的醇具有不愉快气味的油状液体；C_{12} 以上的醇为无臭无味的蜡状固体。

(2) 沸点　醇的沸点比相应的烷烃、相对分子质量相近的烷烃高，这主要是由于醇分子间形成了分子间氢键。如乙烷的沸点为—88.6℃，而乙醇的沸点为 78.5℃。在醇的同分异构体中，含支链的醇比直链醇的沸点低，支链越多，沸点越低。如正丁醇（117.25℃）、异丁醇（108.39℃）、叔丁醇（82.2℃）。

(3) 溶解度　甲、乙、丙醇与水以任意比混溶，这是由于醇与水能形成氢键；C_4 以上则随着碳链的增长溶解度减小，这主要是由于烃基增大，其遮蔽作用增大，阻碍了醇羟基与水形成氢键；分子中羟基越多，沸点越高，在水中的溶解度越大。如乙二醇、丙三醇可与水混溶。

(4) 结晶醇的形成　低级醇能和一些无机盐（$MgCl_2$、$CaCl_2$、$CuSO_4$ 等）作用形成结晶醇，亦称醇化物。例如：

$$\left.\begin{array}{l} MgCl_2 \cdot 6CH_3OH \\ CaCl_2 \cdot 4C_2H_5OH \\ CaCl_2 \cdot 4CH_3OH \end{array}\right\} \text{结晶醇：} \begin{array}{l}\text{不溶于有机溶剂，溶于水。} \\ \text{可用于除去有机物中的少量醇}\end{array}$$

思考：

Ⅰ. 制备乙醇时，能否用无水氯化钙做干燥剂？

Ⅱ. 工业用的乙醚中常含有少量乙醇，如何除去？

(5) 密度　饱和脂肪醇的密度大于烷烃，但小于 1；芳香醇的密度大于 1。

部分醇的物理常数见表 8-1。

表 8-1 醇的物理常数

名　称	熔点/℃	沸点/℃	相对密度(d_4^{20})	折射率(n_D^{20})	溶解度/(g/100gH_2O)
甲醇	−97	64.96	0.7914	1.3288	互溶
乙醇	−114.3	78.5	0.7893	1.3611	互溶
1-丙醇	−126.5	97.4	0.8035	1.3850	互溶
1-丁醇	−89.53	117.25	0.8098	1.3993	8.00
1-戊醇	−79	137.3	0.8170	1.4101	2.70
2-丙醇	−89.5	82.4	0.7855	1.3776	互溶
2-丁醇	−114.7	99.5	0.8080	1.3978	12.5
2-甲基-1-丙醇	−108	108.39	0.8020	1.3968	11.1
2-甲基-2-丙醇	25.5	82.20	0.7890	1.3878	互溶
2-甲基-2-丁醇	−12	102	0.8090	1.4052	12.15
3-甲基-1-丁醇	−117	131.5	0.8120	1.4053	3
环己醇	25.15	161.5	0.9624	1.4041	3.6
苯甲醇	−15.3	205.35	1.0419	1.5396	4
乙二醇	−16.5	198	1.1300	1.4318	互溶
丙三醇	20	290	1.2613	1.4746	互溶

2. 酚

(1) 物态　常温下，除少数烷基酚是高沸点液体外，大多数是无色结晶固体。酚在空气中易被氧化，氧化后常带有颜色，一般为红褐色。

(2) 沸点　与醇类似，分子间可形成氢键，所以酚的沸点都比较高。

(3) 溶解度　酚具有极性，也能与水分子形成氢键，但由于酚的相对分子质量较高，烃基所占比例较大，因此一元酚只能微溶于水。多元酚由于极性基团羟基的增多，在水中溶解度增大。

(4) 熔点　酚的熔点与分子的对称性有关，对称性越大，熔点越高。

部分酚的物理常数见表 8-2。

表 8-2 酚的物理常数

名　称	熔点/℃	沸点/℃	pK_a(20℃)	溶解度/(g/100gH_2O)
苯酚	40.8	181.8	10	8
邻甲苯酚	30.5	191	10.29	2.5
间甲苯酚	11.9	202.2	10.09	2.6
对甲苯酚	34.5	201.8	10.26	2.3
邻硝基苯酚	44.5	214.5	7.22	0.2
间硝基苯酚	96	194(9.33kPa)	8.39	1.4
对硝基苯酚	114	295	7.15	1.7
邻苯二酚	105	245	9.85	45
间苯二酚	110	281	9.81	123
对苯二酚	170	285.2	10.35	8
连苯三酚	133	309	—	62
α-萘酚	96	279	9.34	难
β-萘酚	123	286	9.01	0.1

3. 醚

(1) 物态　常温下，除甲醚和甲乙醚是气体外，其他醚一般是具有无色香味的液体。

（2）沸点　醚的沸点比同碳数醇的沸点低很多，因为在醚分子中没有羟基，不能形成氢键。如乙醇沸点78.3℃，而甲醚沸点−23.7℃。

（3）溶解度　醚有较弱的极性，也能与水分子形成氢键，在水中的溶解度与同碳数醇的相近。醚一般微溶于水，易溶于有机溶剂，其本身是优良的溶剂。

（4）相对密度　液体醚的相对密度小于1，比水轻。

部分醚的物理常数见表8-3。

表8-3　醚的物理常数

名　　称	熔点/℃	沸点/℃	相对密度(d_4^{20})	溶解度
甲醚	−140	−24	0.661	1体积水溶解37体积气体
乙醚	−116	34.5	0.713	约8g/100g水
正丙醚	−122	91	0.736	微溶
正丁醚	−95	142	0.773	微溶
正戊醚	−69	188	0.774	不溶
二乙烯基醚	<−30	28.4	0.773	微溶
乙二醇二甲醚	−58	82～83	0.836	溶于水
苯甲醚	−37.3	155.5	0.996	不溶
二苯醚	28	259	1.075	不溶
β-萘甲醚	72～73	274		不溶

二、化学性质

1. 醇

醇的化学性质主要由羟基官能团所决定，同时也受到烃基的一定影响，从化学键来看，反应的部位有C—OH、O—H和C—H。

$$\begin{array}{c} H \\ | \\ R-C-O-H \\ | \\ H \end{array}$$

（δ^+、δ^-、δ^+；③ C—H，② C—O，① O—H）

① 酸性，生成酯

② 形成C^+，发生取代及消除反应

③ 氧化反应

分子中的C—O键和O—H键都是极性键，因而醇分子中有两个反应中心。又由于受C—O键极性的影响，使得α-H具有一定的活性，所以醇的反应都发生在这三个部位上。

（1）与活泼金属的反应

$$CH_3CH_2OH + Na \longrightarrow CH_3CH_2ONa + \frac{1}{2}H_2$$

Na与醇的反应比与水的反应缓慢得多（水的酸性比醇强），反应所生成的热量不足以使氢气自燃，故常利用醇与Na的反应销毁残余的金属钠，而不发生燃烧和爆炸。

醇的反应活性：CH_3OH>伯醇(乙醇)>仲醇>叔醇。

羟基的氢原子活性取决于O—H键的断裂难易程度。叔醇羟基的氧受到三个供电子基团（R）的影响，使氧原子上的电子云密度较高，氢原子和氧原子结合得较牢。而伯醇羟基的氧原子只受到一个供电子基团（R）的影响，使氧原子上的电子云密度相对较低，O—H的氢受到的束缚较小，所以易被取代。

$CH_3CH_2O^-$的碱性比OH^-强，所以醇钠极易水解。

$$\underset{\text{较强碱}}{CH_3CH_2ONa} + \underset{\text{较强酸}}{H_2O} \rightleftharpoons \underset{\text{较弱酸}}{CH_3CH_2OH} + \underset{\text{较弱碱}}{NaOH}$$

醇钠（RONa）是有机合成中常用的碱性试剂，常作分子中引入烷氧基（RO—）的亲核试剂，还可与其他活泼金属 如K、Mg，Al、Hg反应。

(2) 与氢卤酸反应　醇与氢卤酸反应生成卤代烃，这是制备卤代烃的重要方法。

$$R—OH + HX \rightleftharpoons R—X + H_2O$$

① 反应速率与氢卤酸的活性和醇的结构有关。

HX的反应活性：HI＞HBr＞HCl。例如：

$$CH_3CH_2CH_2CH_2OH + HI \xrightarrow{\triangle} CH_3CH_2CH_2CH_2I + H_2O$$

$$CH_3CH_2CH_2CH_2OH + HBr \xrightarrow[\triangle]{H_2SO_4} CH_3CH_2CH_2CH_2Br + H_2O$$

$$CH_3CH_2CH_2CH_2OH + HCl \xrightarrow[\triangle]{ZnCl_2} CH_3CH_2CH_2CH_2Cl + H_2O$$

醇的活性次序：烯丙式醇＞叔醇＞仲醇＞伯醇＞CH_3OH。例如：

$$(CH_3)_3C—OH \xrightarrow[\text{室温}]{\text{浓 }HCl+\text{无水 }ZnCl_2} (CH_3)_3C—Cl + H_2O$$

（1min浑浊，放置分层）

$$CH_3CH_2CH(OH)CH_3 \xrightarrow[\text{室温}]{\text{卢卡斯试剂}} CH_3CH_2CHClCH_3 + H_2O$$

（10min浑浊，放置分层）

$$CH_3CH_2CH_2CH_2OH \xrightarrow[\text{室温}]{\text{卢卡斯试剂}} CH_3CH_2CH_2CH_2Cl + H_2O$$

（放置1h也不反应，浑浊；加热才起反应，先浑浊，后分层）

卢卡斯（Lucas）试剂由浓盐酸和无水氯化锌组成，可根据反应速率的快慢区别伯、仲、叔醇，但一般仅适用于3～6个碳原子的醇。这是因为1～2个碳的产物（卤代烷）的沸点低，易挥发；大于6个碳的醇（苄醇除外）不溶于卢卡斯试剂，易混淆实验现象。

② 醇与HX的反应为亲核取代反应，伯醇为S_N2历程，叔醇、烯丙醇为S_N1历程，仲醇则介于两种历程之间。

③ β位上有支链的伯醇、仲醇与HX的反应常有重排产物生成。例如：

$$(CH_3)_3C—CH_2OH + HBr \longrightarrow (CH_3)_3C—CH_2Br + \underset{\text{重排产物（主要产物）}}{CH_3—C(CH_3)(Br)—CH_2CH_3}$$

此外，醇也能与PCl_3、PCl_5和$SOCl_2$（亚硫酰氯）反应，这些反应不发生碳正离子的重排。

$$3ROH + RX_3(P+X_2) \longrightarrow 3R—X + P(OH)_3 \quad X=Br、I\text{（制备溴代或碘代烃）}$$

$$\left.\begin{array}{l} ROH + PCl_5 \longrightarrow R—Cl + POCl_3 + HCl\uparrow \\ ROH + SOCl_2 \longrightarrow R—Cl + SO_2\uparrow + HCl\uparrow \end{array}\right\}\text{制氯代烃}$$

（此反应产物纯净）

（3）酯化反应

① 与硫酸作用　醇与无机含氧酸（如硫酸、硝酸、磷酸）、有机酸作用，发生分子间脱水反应生成酯。如乙醇与硫酸反应首先生成酸性酯，再经减压蒸馏得中性酯。

$$CH_3CH_2OH + HOSO_2OH \rightleftharpoons \underset{\text{硫酸氢乙酯（酸性酯）}}{CH_3CH_2OSO_2OH} + H_2O$$

$$CH_3CH_2OSO_2OH \xrightarrow{\text{减压蒸馏}} \underset{\text{硫酸二乙酯（中性酯）}}{(CH_3CH_2)_2SO_2} + H_2SO_4$$

硫酸二甲酯和硫酸二乙酯是有机合成中常用的烷基化试剂，可向分子中引入甲基和乙基，但有剧毒！

工业上常用十二醇（月桂醇）为原料，与硫酸发生酯化反应后，再加碱中和，制取十二烷基硫酸钠。十二烷基磺酸钠又称月桂醇硫酸钠，为白色晶体，是一种阴离子型表面活性剂，还可用作润湿剂、洗涤剂和牙膏发泡剂等。

② 与硝酸作用　醇与硝酸作用，生成硝酸酯。例如工业上用丙三醇（甘油）与浓硝酸反应制取三硝酸甘油酯（硝化甘油）。

$$\begin{array}{l}CH_2-OH\\ |\\ CH-OH\\ |\\ CH_2-OH\end{array} + 3HNO_3 \longrightarrow \begin{array}{l}CH_2-ONO_2\\ |\\ CH-ONO_2\\ |\\ CH_2-ONO_2\end{array} + 3H_2O$$

硝化甘油是无色或淡黄色黏稠液体。受热或撞击时立即发生爆炸，是一种烈性炸药。由于其具有扩张冠状动脉的作用，在医学上用作治疗心绞痛的急救药物。

③ 与磷酸作用　磷酸是三元酸，因此与醇反应后，会生成三种类型的磷酸酯。磷酸酯大多是由醇与磷酰氯（$POCl_3$）反应制得。

$$3C_4H_9OH + (HO)_3P{=}O \rightleftharpoons (C_4H_9O)_3P{=}O + 3H_2O$$

磷酸三丁酯主要用作溶剂，还常作为硝基纤维素、醋酸纤维素、氯化橡胶和聚氯乙烯的增塑剂、稀有金属的萃取剂等。由于其表面张力较低、难溶于水，还可用作工业消泡剂，能有效地使已形成泡沫的膜处于不稳定状态而迅速消泡。不能用于食品和化妆品中！

④ 与有机酸反应　醇与有机酸（或酰氯、酸酐）反应生成酯（详见项目十）。

$$R-OH + CH_3COOH \overset{H^+}{\rightleftharpoons} CH_3COOR + H_2O$$

（4）脱水反应　醇与催化剂共热发生脱水反应，随反应条件而异可发生分子内或分子间的脱水反应。

① 分子内脱水　常用的催化剂有硫酸、磷酸、氧化铝。例如：

$$\underset{H\qquad\quad OH}{CH_2-CH_2} \xrightarrow[\text{或 }Al_2O_3,360℃]{H_2SO_4,170℃} CH_2{=}CH_2 + H_2O$$

其中，醇的反应活性：3°R—OH＞2°R—OH＞1°R—OH。例如：

$$CH_3CH_2CH_2CH_2OH \xrightarrow[140℃]{75\%\ H_2SO_4} CH_3CH{=}CHCH_3$$

$$CH_3CH_2\underset{\displaystyle |\atop \displaystyle OH}{CH}CH_3 \xrightarrow[100℃]{60\%\ H_2SO_4} CH_3CH{=}CHCH_3$$

$$(CH_3)_3C{-}OH \xrightarrow[85\sim90℃]{20\%\ H_2SO_4} CH_3{-}\overset{\displaystyle CH_3\atop \displaystyle |}{C}{=}CH_2$$

分子内脱水的反应特点：

a. 反应取向　与卤代烃脱卤化氢反应类似，符合查依采夫规则（详见项目七），脱去的是羟基和含氢较少的β-C上的氢原子，即反应主要趋于生成碳碳双键上连有烃基较多较稳定的烯烃。例如：

$$CH_3CH_2\underset{\displaystyle |\atop \displaystyle OH}{CH}CH_3 \xrightarrow{H^+} \underset{(80\%)}{CH_3CH{=}CHCH_3} + \underset{(20\%)}{CH_3CH_2CH{=}CH_2}$$

b. 重排反应　用硫酸做催化剂时，有些醇会发生重排反应，例如：

$$CH_3CH_2\overset{\displaystyle CH_3\atop \displaystyle |}{C}HCH_2OH \xrightarrow{H^+} \underset{\text{伯碳正离子}}{CH_3CH_2\overset{\displaystyle CH_3\atop \displaystyle |}{C}H\overset{+}{C}H_2} \xrightarrow{\text{氢重排}} \underset{\text{叔碳正离子}}{CH_3CH_2{-}\overset{\displaystyle CH_3\atop \displaystyle |}{\underset{+}{C}}{-}CH_3}$$

伯碳正离子 $\xrightarrow{-H^+}$ $CH_3CH_2{-}\overset{\displaystyle CH_3\atop \displaystyle |}{C}{=}CH_2$

叔碳正离子 $\xrightarrow{-H^+}$ $\underset{\text{产要产物}}{CH_3CH{=}\overset{\displaystyle CH_3\atop \displaystyle |}{C}{-}CH_3}$

c. 其他脱水剂　以$POCl_3$为脱水剂，吡啶为溶剂（又是碱，可使羟基的β-H脱去），在0℃的条件下，即可使仲醇和叔醇脱水。例如：

$$\text{1-甲基环己醇（环上C连}CH_3\text{和}OH\text{）} \xrightarrow[\text{吡啶},0℃]{POCl_3} \text{1-甲基环己烯（环上C连}CH_3\text{）}$$

② 分子间脱水　醇在浓硫酸或氧化铝催化下，在较低温度下，主要发生分子间脱水生成醚。例如：

$$\underset{\displaystyle H}{CH_2}{-}\underset{\displaystyle OH}{CH_2} \xrightarrow[\text{或}\ Al_2O_3,240\sim260℃]{H_2SO_4,140℃} CH_3CH_2OCH_2CH_3 + H_2O$$

（5）氧化和脱氢　醇分子中的α-H原子由于受羟基的影响较活泼，易发生氧化或脱氢，生成羰基化合物。

① 氧化　用重铬酸钾和硫酸作氧化剂，伯醇可被氧化成醛，醛很容易继续被氧化成羧酸。

$$RCH_2OH \xrightarrow{K_2Cr_2O_7+H_2SO_4} RCHO \xrightarrow{[O]} RCOOH$$

醛的沸点比相应的醇低很多，所以可在氧化过程中，即时将生成的醛从反应体系中蒸馏出来，避免醛的进一步氧化。

此反应还可用于检查醇的含量，例如，检查司机是否酒后驾车的分析仪就有根据此反应原理设计的。在100mL血液中如含有超过80mg乙醇（最大允许量）时，呼出的气体所含的乙醇即可使仪器得出正反应（若用酸性$KMnO_4$，只要有痕迹量的乙醇存在，溶液颜色即从紫色变为无色，故仪器中不用$KMnO_4$）。

用重铬酸钾和硫酸作氧化剂，仲醇一般被氧化为酮。脂环醇可继续氧化为二元酸。

$$CH_3CH_2\underset{OH}{\underset{|}{C}}HCH_2CH_3 \xrightarrow{K_2Cr_2O_7+H_2SO_4} CH_3CH_2\underset{O}{\underset{\|}{C}}CH_2CH_3$$

$$\text{环己醇} \xrightarrow[50\sim60^\circ C]{50\%\ HNO_3, V_2O_5} \text{环己酮} \xrightarrow{[O]} \begin{matrix} CH_2CH_2COOH \\ | \\ CH_2CH_2COOH \end{matrix}\ \text{己二酸}$$

叔醇一般难氧化，在剧烈条件下氧化，则碳链断裂生成小分子氧化物。

其他常用的氧化剂如$CrO_3 \cdot (C_6H_5N)_2$络合物、CrO_3-冰醋酸、新制MnO_2、氯铬酸吡啶盐（简称PCC）等具有较好的选择性，对碳碳双键和碳碳三键均无影响。如：

$$C_6H_5CH{=}CH{-}CH_2OH \xrightarrow{\text{三氧化铬-吡啶络合物}} C_6H_5CH{=}CH{-}CHO$$

② 脱氢　伯、仲醇的蒸气在高温下通过催化剂活性铜时发生脱氢反应，生成醛和酮。例如：

$$RCH_2OH \xrightarrow{Cu\ 325^\circ C} RCHO + H_2$$

$$R_2CHOH \xrightarrow{Cu\ 325^\circ C} R_2C{=}O + H_2$$

$$C_6H_{11}{-}\underset{OH}{\underset{|}{C}}HCH_3 \xrightarrow{Cu\ 325^\circ C} C_6H_{11}{-}\underset{O}{\underset{\|}{C}}{-}CH_3$$

2. 酚

虽然醇和酚的官能团都是羟基，但由于酚羟基连在苯环上，苯环与羟基的互相影响又赋予酚一些特有性质，所以酚与醇在性质上又存在着较大的差别。

（1）酚羟基的反应

① 酸性　受苯环的影响，酚羟基中的氢原子较活泼，具有弱酸性，但不能使石蕊试液变色（苯酚$pK_a \approx 10$）。酚的酸性比醇强，但比碳酸弱。

	CH_3CH_2OH	C_6H_5OH	H_2CO_3
pK_a	17	10	6.5

故酚可溶于NaOH但不溶于$NaHCO_3$，不能与Na_2CO_3、$NaHCO_3$作用放出CO_2，反之通CO_2于酚钠水溶液中，酚即游离出来。

$$C_6H_5OH + NaOH \longrightarrow C_6H_5ONa \begin{cases} \xrightarrow{CO_2 + H_2O} C_6H_5OH + NaHCO_3 \\ \xrightarrow{HCl} C_6H_5OH + NaCl \end{cases}$$

酚的这种既能溶于碱，又能用酸把它从碱液中游离出来的性质，可用来分离提纯酚，工业上也可用来回收处理含酚废水。

苯环上的取代基对其酸性也有影响。当苯环上连有吸电子基时，酚的酸性增强；连有供电子基团时，酚的酸性减弱。例如：

	苯酚	邻硝基苯酚	对硝基苯酚	2,4-二硝基苯酚	2,4,6-三硝基苯酚
pK_a	9.98	7.23	7.15	4.00	0.71

② 酚醚的生成　与醇不同，酚一般不能通过分子间脱水成醚，一般是由酚在碱性溶液中与烃基化试剂作用生成。例如：

$$C_6H_5OH \xrightarrow{NaOH} C_6H_5ONa \begin{cases} \xrightarrow{RCH_2Br} C_6H_5OCH_2R + NaBr \\ \xrightarrow{(CH_3)_2SO_4} C_6H_5OCH_3 + NaBr \\ \xrightarrow{CH_2{=}CHCH_2Br} C_6H_5OCH_2CH{=}CH_2 + NaBr \end{cases}$$

苯甲醚（茴香醚）

苯基烯丙基醚

该方法是工业上制备芳香族醚的方法。在有机合成上常利用生成酚醚的方法保护酚羟基。

思考：如何由邻甲苯酚制备邻羟基苯甲酸？

③ 酚酯的生成　酚可以生成酯，但和羧酸直接反应形成酯，比醇困难。通常用酸酐或酰氯作用生成酯。例如：

$$C_6H_5OH + CH_3COOH \xrightarrow{H^+} 反应不发生$$

$$o\text{-}HOC_6H_4COOH + (CH_3CO)_2O \xrightarrow[65\sim80^\circ C]{H_2SO_4} o\text{-}CH_3COOC_6H_4COOH + CH_3COOH$$

水杨酸　　　　　　乙酰水杨酸（阿司匹林）

阿司匹林是一种广泛使用的解热、镇痛与抗炎药物。近年来，科学家还新发现了阿司匹林具有预防心脑血管疾病的作用，因而得到高度重视。

④ 与 $FeCl_3$ 的显色反应　酚能与 $FeCl_3$ 溶液作用，生成带有颜色的配合物。不同的酚，

生成配合物的颜色不同，如苯酚为蓝紫色，甲苯酚为蓝色、对苯二酚为深绿色结晶等。

$$6ArOH+FeCl_3 \longrightarrow [Fe(OAr)_6]^{3-}+6H^{+}+3Cl^{-}$$

这一反应叫做酚与氯化铁的显色反应，常用于鉴别酚类化合物。

与 $FeCl_3$ 的显色反应并不限于酚，具有烯醇式结构的脂肪族化合物也有此反应。

(2) 芳环上的亲电取代反应　羟基是强的邻对位定位基，由于羟基与苯环的 p-π 共轭，使苯环上的电子云密度增加，亲电反应容易进行。

① 卤代反应　苯酚与溴水在常温下可立即反应生成 2,4,6-三溴苯酚白色沉淀。

$$C_6H_5OH + Br_2(H_2O) \longrightarrow 2,4,6\text{-}Br_3C_6H_2OH \downarrow + 3HBr$$

反应很灵敏，很稀的苯酚溶液（10mg/kg）就能与溴水生成沉淀。故此反应可用作苯酚的鉴别和定量测定。

如需要制取一溴代苯酚，则要在非极性溶剂（如 CS_2，CCl_4）和低温下进行，例如：

$$C_6H_5OH + Br_2 \xrightarrow[0℃]{CS_2} p\text{-}BrC_6H_4OH + o\text{-}BrC_6H_4OH + 3HBr$$

② 硝化　苯酚比苯易硝化，在室温下即可与稀硝酸反应。

$$C_6H_5OH + 稀\ HNO_3 \xrightarrow{20℃} o\text{-}O_2NC_6H_4OH + p\text{-}O_2NC_6H_4OH$$

可用水蒸气蒸馏分开

邻硝基苯酚易形成分子内氢键而成螯环，这样就削弱了分子内的引力；而对硝基苯酚不能形成分子内氢键，但能形成分子间氢键而缔合。因此邻硝基苯酚的沸点和在水中的溶解度比间硝基苯酚低得多，可随水蒸气蒸馏出来，从而能使两者有效分离。

③ 磺化　浓硫酸易使苯酚磺化。如果反应在是室温下进行，生成几乎等量的邻位和对位取代产物；如果反应在较高温度下进行，则对位异构体为主要产物。如果进一步磺化，可得到 4-羟基苯-1,3-二磺酸，例如：

$$C_6H_5OH \xrightarrow{98\%\ H_2SO_4} o\text{-}HO_3SC_6H_4OH + p\text{-}HO_3SC_6H_4OH \xrightarrow[100℃]{98\%\ H_2SO_4} 4\text{-}HOC_6H_3(SO_3H)_2\ (1,3)$$

	邻位	对位
20℃	49%	51%
100℃	10%	90%

④ 烷基化　酚的烷基化比苯容易进行。例如工业上用异丁烯作烷基化试剂，在催化剂存在下，与对甲苯酚作用制取4-甲基-2,6-二叔丁基苯酚。

$$\text{(对甲苯酚)} + H_2C{=}C(CH_3)_2 \xrightarrow{H_2SO_4} \text{4-甲基-2,6-二叔丁基苯酚（OH; }(H_3C)_3C\text{, }C(CH_3)_3\text{; }CH_3)$$

4-甲基-2,6-二叔丁基苯酚又叫防老剂264，是白色或微黄色晶体，主要用作橡胶或塑料的防老剂，也可用作汽油、变压器的抗氧剂。

(3) 氧化反应　酚易被氧化为醌等氧化物，氧化物的颜色随着氧化程度的深化而逐渐加深，由无色到粉红色、红色以致深褐色。例如：

$$\text{苯酚} \xrightarrow[\text{[O]}]{KMnO_4 + H_2SO_4} \text{对苯醌(棕黄色)}$$

多元酚更易被氧化，例如：

$$\text{对苯二酚} \xrightarrow{2AgBr} \text{对苯醌} + 2Ag + HBr$$

对苯二酚是常用的显影剂。

常利用酚易被氧化的性质，将其用作抗氧剂和除氧剂。

3. 醚

醚是一类不活泼的化合物，对碱、氧化剂、还原剂都十分稳定，其稳定性仅次于烷烃。但其稳定性是相对的，它又可以发生一些特有的反应。

(1) 㗊盐的生成　醚的氧原子上有未共用电子对，能接收强酸中的H^+而生成㗊盐。醇与醚类似，也能与强酸形成㗊盐，也叫质子化醇。

$$R-\ddot{\underset{\cdot\cdot}{O}}-R + HCl \longrightarrow R-\overset{+}{\underset{H}{O}}-R + Cl^-$$

$$R-\ddot{\underset{\cdot\cdot}{O}}-R + H_2SO_4 \longrightarrow R-\overset{+}{\underset{H}{O}}-R + HSO_4^-$$

㗊盐是一种弱碱强酸盐，仅在浓酸中才稳定，遇水很快分解为原来的醚。利用此性质可以将不溶于水的醇、醚从烷烃或卤代烃中分离出来。

醚还可以和路易斯酸（如BF_3、$AlCl_3$、RMgX）等生成㗊盐。

$$R-\ddot{\underset{\cdot\cdot}{O}}-R + BF_3 \longrightarrow R_2O\rightarrow BH_3$$

鎓盐的生成使醚分子中 C—O 键变弱，因此在酸性试剂作用下，醚键会断裂。

（2）醚键的断裂　在较高温度下，强酸能使醚键断裂，使醚键断裂最有效的试剂是浓的氢碘酸（HI）。

$$CH_3CH_2OCH_2CH_3 + HI \rightleftharpoons CH_3CH_2\overset{+}{O}(H)CH_2CH_3 \xrightarrow{I^-} CH_3CH_2I + CH_3CH_2OH$$

$$CH_3CH_2OCH_2CH_3 + HI \xrightarrow{HI(过量)} 2CH_3CH_2I + H_2O$$

醚键断裂时往往是较小的烃基生成碘代烷，例如：

$$CH_3CH(CH_3)CH_2OCH_2CH_3 + HI \xrightarrow{\triangle} CH_3CH(CH_3)CH_2OH + CH_3CH_2I$$

芳香混醚与浓 HI 作用时，总是断裂烷氧键，生成酚和碘代烷。

$$C_6H_5-O-CH_3 \xrightarrow[120\sim130℃]{57\%\ HI} C_6H_5-OH + CH_3I$$

（p-π 共轭键牢固，不易断）

（3）过氧化物的生成　醚长期与空气接触，会慢慢生成不易挥发的过氧化物。过氧化物不稳定，加热时易分解而发生爆炸。

醚类应尽量避免暴露在空气中，一般应放在棕色玻璃瓶中，避光保存。蒸馏醚类时不要蒸干。

放置过久的乙醚使用前，需先检验是否有过氧化物生成。通常检验方法有两种，一是用淀粉-碘化钾试纸检验，若试纸变蓝，说明有过氧化物存在；二是硫酸亚铁和硫氰化钾混合液与醚振摇，如有过氧化物则显红色。

如有过氧化物存在，可加入还原性物质如硫酸亚铁、饱和亚硫酸钠溶液等进行处理，以破坏过氧化物，避免发生事故。贮藏时常在醚中加入少许金属钠。

三、鉴别

1. 醇羟基的检验

（1）与金属钠的反应　随着反应进行，金属钠逐渐消失，并有氢气产生，反应现象明显，因此可用于检验 C_6 以下的低级醇。醇钠水解生成氢氧化钠，可用酚酞检验。

（2）与卢卡斯试剂的反应　因 Lucas 试剂与伯、仲、叔醇反应速率差异明显，因此可采用该试剂检验鉴别伯、仲、叔醇，但一般仅适用于 3～6 个碳原子的醇。

（3）与氧化剂作用　常用的氧化剂有 $K_2Cr_2O_7$-稀 H_2SO_4，可氧化伯醇和仲醇，溶液由橘红色转变成绿色。叔醇因不被氧化，溶液的颜色不变，可利用这一性质检验叔醇。

（4）与新制氢氧化铜作用　多元醇可与某些金属氢氧化物作用生成类似盐类的物质。例如，乙二醇、丙三醇与新配制的氢氧化铜反应，生成绛蓝色溶液，可利用这一反应鉴定邻位二元醇。

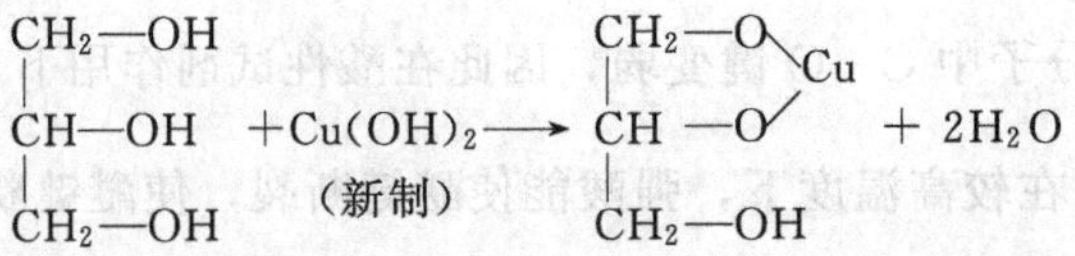

$$\begin{array}{l}CH_2-OH\\|\\CH-OH\\|\\CH_2-OH\end{array} + \underset{(新制)}{Cu(OH)_2} \longrightarrow \begin{array}{l}CH_2-O\diagdown\\|\qquad\quad Cu\\CH-O\diagup\\|\\CH_2-OH\end{array} + 2H_2O$$

2. 酚羟基的检验

（1）与氢氧化钠的反应　醇不能与氢氧化钠反应，而酚可以溶解在氢氧化钠中，利用此性质可检验并鉴别醇和酚。

（2）与 $FeCl_3$ 的显色反应　酚能与 $FeCl_3$ 溶液作用，生成带有颜色的配合物。不同的酚，生成配合物的颜色也不同，常用此显色反应鉴别酚类化合物。常见酚类的颜色如表 8-4 所示。

表 8-4　不同酚类化合物与 $FeCl_3$ 溶液反应生成配合物颜色

化合物	显色	化合物	显色
苯酚	蓝紫	邻苯二酚	绿
邻甲苯酚	红	间苯二酚	蓝至紫
对甲苯酚	紫	对苯二酚	暗绿
邻硝基苯酚	红至棕	α-萘酚	紫
对硝基苯酚	棕	β-萘酚	黄至绿

（3）与溴水的反应　苯酚与溴水在常温下立即生成 2,4,6-三溴苯酚白色沉淀。反应很灵敏，很稀的苯酚溶液就能与溴水生成沉淀。故此反应可用作苯酚的检验。

3. 醚

主要利用醚可与浓硫酸或浓盐酸反应生成𨦡盐而溶解在酸中，可用此反应可鉴别醚与烷烃。

强化练习

1. 用系统命名法命名下列化合物。

（1）$CH_3C(CH_3)_2CH_2OH$（即 $CH_3-\overset{CH_3}{\underset{CH_3}{C}}-CH_2OH$）

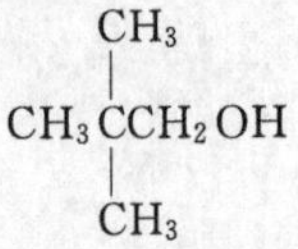

（2）$CH_3\underset{OH}{CH}CH_2CH_2CH_3$

（3）$C_6H_5-CH_2\underset{OH}{CH_2}$

（4）Br 取代的环戊烯醇（环上 Br 与 OH 如图）

（5）$\underset{Cl}{CH_2}CH_2\overset{CH_3}{CH}CH_2OH$

（6）$CH_3\overset{CH_3}{\underset{CH_3}{C}}OH$

（7）苯环上 OH，间位分别为 NO_2 和 Cl

（8）苯环上 OH，对位为 SO_3H

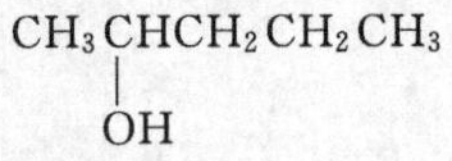

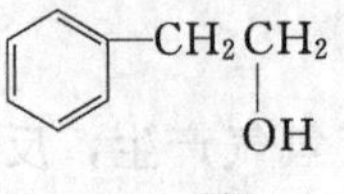

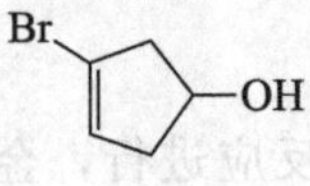

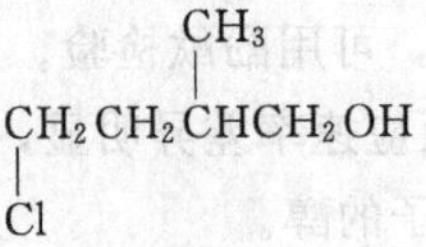

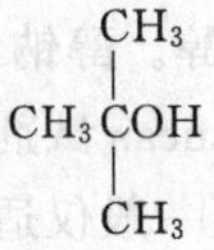

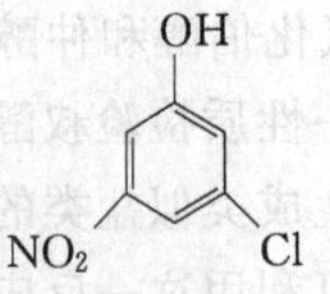

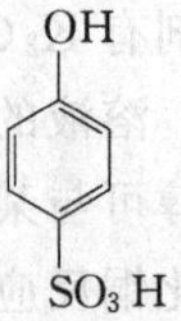

(9) 4-甲基苯酚结构（苯环上 OH 与 CH_3 对位）

(10) 邻羟基苯甲酸结构（苯环上 OH 与 COOH 邻位）

(11) 四氢呋喃结构（五元环含 O）

(12) CH_3COCH_3（中心 C 上连两个 CH_3），即 $(CH_3)_3COCH_3$

(13) $CH_2CH_2CH(CH_3)CH_2CH_3$，其中首个 CH_2 上连 OCH_3

(14) $H_2C=CHOCH_2CH_3$

2. 写出下列化合物的构造式。

(1) 异戊醇　　(2) 环己醇

(3) 三苯甲醇　　(4) 苄醇

(5) 对异丙基苯酚　　(6) 2,4,6-三硝基苯酚

(7) 苯基苯甲基醚　　(8) 环氧乙烷

3. 完成下列化学反应。

(1) $CH_3CH_2CH_2OH \xrightarrow[140℃]{浓 H_2SO_4} ?$

(2) $CH_3CH(CH_2CH_3)CH_2OH \xrightarrow[\triangle]{浓 H_2SO_4} ?$

(3) $CH_3CH(OH)CH_2CH_2CH_3 \xrightarrow[\triangle]{Cu} ?$

(4) $C_6H_5-CH_2CH(OH)CH_3 \xrightarrow{浓 H_2SO_4} ? \xrightarrow[H^+,\triangle]{KMnO_4} ?$

(5) $(CH_3)_3COH \xrightarrow{Na} ? \xrightarrow{CH_3I} ?$

(6) 邻羟基苯甲醇（苯环上 OH 与 CH_2OH 邻位）$\xrightarrow{SOCl_2} ? \xrightarrow[干醚]{Mg} ?$

(7) 4-甲基苯酚（苯环上 OH 与 CH_3 对位）$\xrightarrow{稀 HNO_3} ?$

(8) 4-甲基苯酚（苯环上 OH 与 CH_3 对位）$\xrightarrow{NaOH} ? \xrightarrow{CH_3I} ? \xrightarrow{KMnO_4} ? \xrightarrow{浓 HI} ?$

4. 用化学方法鉴别或提纯下列化合物。

(1) 鉴别环己烷、环己醇和苯酚

(2) 鉴别仲丁醇、仲丁基氯和乙醚

(3) 鉴别正丁醇、仲丁醇和叔丁醇和1,2,3-丙三醇

(4) 除去1-溴丁烷中含有的少量乙醚

(5) 除去乙醚中含有的少量乙醇

(6) 除去环己醇中少量的苯酚

5. 由指定原料合成下列化合物（无机试剂任选）。

(1) 把正丁醇分别转变成1,2-二溴丁烷、2-丁酮

(2) 由苯酚和丙烯合成苯基异丙基醚

(3) 由丙醇合成1,2,3-三溴丙烷

(4) 由丙烯合成正丙醚

6. 比较下列化合物的酸性：

(1) $CH_3CH_2CH_2OH$　CH_3CH_2OH　$ClCH_2CH_2OH$　FCH_2CH_2OH

(2) 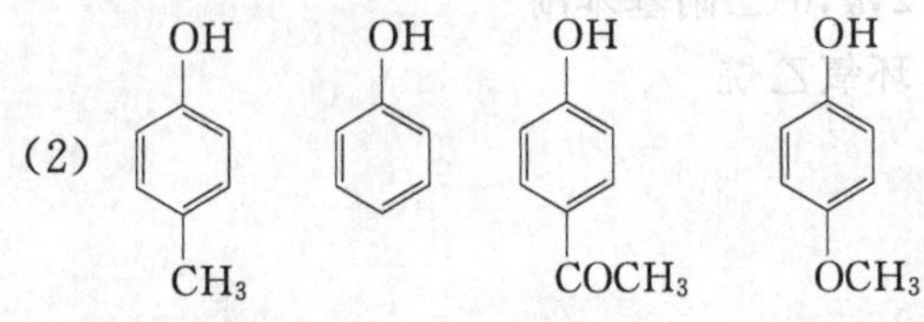

7. 有一化合物 A($C_5H_{11}Br$) 和 NaOH 共热生成 B($C_5H_{12}O$)，B 能和 Na 作用放出 H_2，在室温下易被 $KMnO_4$ 氧化，和浓 H_2SO_4 共热生成 C(C_5H_{10})，C 经 $K_2Cr_2O_7/H_2SO_4$ 溶液作用后生成丙酮和乙酸，推测 A、B、C 结构。

8. 化合物 A($C_6H_{14}O$) 可溶于 H_2SO_4，与 Na 反应放出 H_2，与 H_2SO_4 共热生成 B(C_6H_{12})，B 可使 Br_2/CCl_4 褪色，B 经强氧化生成一种物质 C(C_3H_6O)，试确定 A、B、C 的结构。

9. 化合物 A($C_9H_{12}O$) 不溶于水、稀酸和 $NaHCO_3$ 溶液，但可溶于 NaOH，与 $FeCl_3$ 溶液作用显色，在常温下不与溴水反应，A 用苯甲酰氯处理生成 B，并放出 HCl，试确定 A、B 结构。

10. 化合物 A(C_7H_8O) 不与 Na 反应，与浓 HI 反应生成 B 和 C，B 能溶于 NaOH，并与 $FeCl_3$ 显紫色，C 与 $AgNO_3$/乙醇作用，生成 AgI 沉淀，试推测 A、B、C 结构。

项目九 苯乙酮的制备及性质

知识目标

- 学习并了解醛和酮的结构、分类、同分异构以及重要的醛和酮的主要制法和用途。
- 学习并理解醛、酮的物理性质及变化规律。
- 学习并掌握系统命名、化学性质及在生活、生产中的应用。

能力目标

- 能够查阅各种图书资料和网络资料，对制备方法进行分析、汇总和比较。
- 能够制订实验室制备及鉴别的实践方案。
- 能够针对方案实践过程中可能遇到的问题进行提前分析与准备。
- 能够熟练运用有机化学实验的基本操作，对方案进行实践。
- 能够结合实践及所学知识归纳同系列化合物的物理化学性质。

项目实施要求

- 项目实施过程遵循“项目布置—化合物的初步认识—查阅资料—分析资料—确定方案—方案实践—总结归纳—巩固强化”规律。
- “项目布置”要求学生明确项目内容与任务，各项目组制订初步工作计划（开展方式、人员分工、时间安排等）。
- “初步认识”主要通过课堂讨论及讲解的方式进行；查阅和分析资料则需要利用课余时间完成。学生需根据项目中各任务的要求，在项目组内进行分工协调，共同查阅和分析资料，从而形成初步材料。
- 确定方案阶段由各项目组讨论收集的资料，并确定工作计划。
- 实践阶段主要包括前期准备、项目实践及结果展示三个部分，要求各项目组根据确定的方案准备实践所需的试剂与器材，按照方案和工作计划进行实践，并记录现象与结果，完成实践报告的撰写。
- 总结归纳阶段要求学生根据项目实施过程中所学知识、技能、技巧，结合实践结果，对该类化合物的性质进行总结和归纳。教师在这一过程中适时进行知识的分析、补充讲解和拓展。
- 巩固强化阶段要求学生应用相关知识完成强化练习，反馈学习效果。

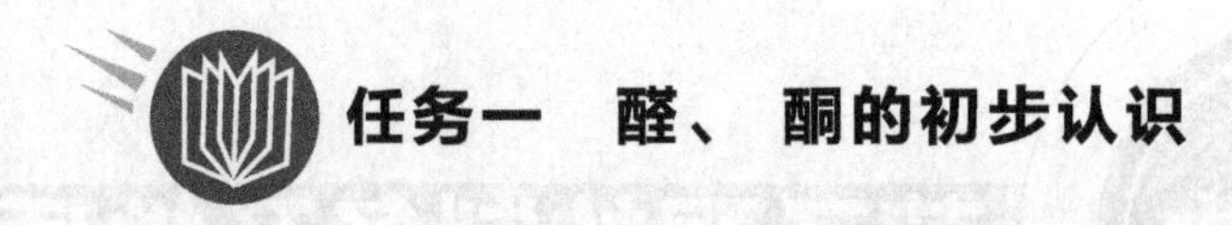

任务一 醛、酮的初步认识

在醛和酮分子中，都含有羰基（碳氧双键 $-\overset{O}{\overset{\|}{C}}-$ ），羰基是醛和酮的官能团。羰基至少与一个氢原子相连的化合物称为醛，与两个氢原子相连的为甲醛；与两个烃基相连的称为酮。醛、酮化学性质活泼，是烃的另一类重要含氧衍生物。

醛：$H-\overset{O}{\overset{\|}{C}}-H$　　$\begin{matrix}R \\ H\end{matrix}\rangle C=O$ (RCHO)

酮：$\begin{matrix}R \\ R'\end{matrix}\rangle C=O$　　$(R-\overset{O}{\overset{\|}{C}}-R')$

一、分类

1. 通式

醛可以用通式 RCHO 表示，其中，甲醛是最简单的醛，其羰基碳原子与两个氢原子相连。酮可以用通式 RCOR′表示，其中，丙酮是最简单的酮。

2. 分类

根据与羰基所连烃基结构不同，可分为脂肪族醛、酮，脂环族醛、酮，芳香醛、酮；在脂肪族醛、酮中，又可根据烃基是否饱和，分为饱和醛、酮和不饱和醛、酮；还可根据分子中所含羰基的数目，分为一元醛、酮和多元醛、酮。一元酮又可根据所连烃基是否相同，分为单酮和混酮。两个烃基相同者为单酮，不同者为混酮。例如：

$CH_3CH_2CH_2CHO$ 脂肪醛　　$CH_3CH_2-\overset{O}{\overset{\|}{C}}-CH_3$ 脂肪酮

环己基—CHO 脂环醛　　环己酮 脂环酮

苯基—CHO 芳香醛　　苯基$-\overset{O}{\overset{\|}{C}}-CH_3$ 芳香酮

$CH_3CH=CHCHO$ 不饱和醛　　$CH_3CH=CH-\overset{O}{\overset{\|}{C}}-CH_3$、环己烯酮 不饱和酮

$\begin{matrix}CH_2CHO \\ | \\ CH_2CHO\end{matrix}$ 二元醛　　$CH_3-\overset{O}{\overset{\|}{C}}-CH_2-\overset{O}{\overset{\|}{C}}-CH_3$ 二元酮

二、同分异构

醛的同分异构主要是由于碳链的异构引起的；酮的同分异构主要是由碳链异构和酮羰基的位置不同引起的。相同碳数的饱和一元醛、酮互为同分异构体。

三、命名

1. 习惯命名

醛的习惯命名法与伯醇相似，只需要把“醇”字变为“醛”字。例如：

$CH_3CH_2CH_2CHO$ 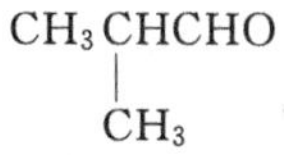 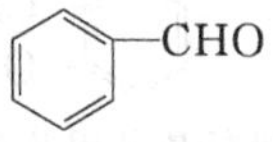 正丁醛

$CH_3CH(CH_3)CHO$ 异丁醛

C_6H_5CHO 苯甲醛

酮的习惯命名法是在羰基所连两个烃基名称的后面加上“酮”字。脂肪混酮命名时，要把“次序规则”中较优的烃基写在后面；若为芳基和脂基的混酮，则要把芳基写在前面。例如：

CH_3COCH_3 二甲酮

$H_2C{=}CH{-}CH_2COCH_2CH_3$ 乙基烯丙基酮

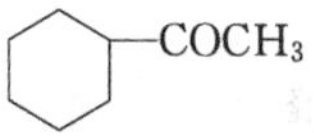

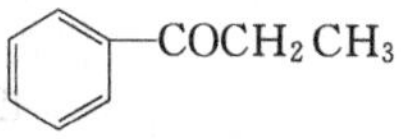

$C_6H_{11}COCH_3$ 甲基环己基酮

$C_6H_5COCH_2CH_3$ 苯基乙基酮

2. 系统命名

系统命名法命名原则如下：

（1）选主链（母体） 选择含有羰基的最长的碳链作为主链，支链看作取代基；不饱和醛、酮的命名应选择包括羰基和不饱和键在内的最长碳链为主链，从靠近羰基的一端编号命名。例如：

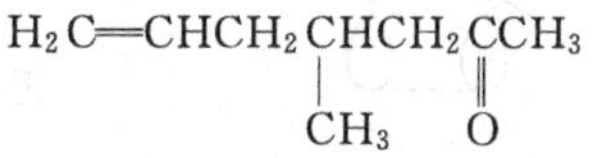

$$H_2C{=}CHCH_2CH(CH_3)CH_2C(=O)CH_3$$

4-甲基-6-庚烯-2-酮

（2）编号 从靠近羰基的一端给主链碳原子依次用阿拉伯数字编号，使羰基所连的碳原子位次最小；编号还可用希腊字母表示，靠近羰基的碳原子为α碳，其余依次为β、γ、δ…。酮分子中有两个α碳，可分别用α、α'表示，其余依次为β、β'等。

脂环酮则从连有羰基的环碳原子开始编号。例如：

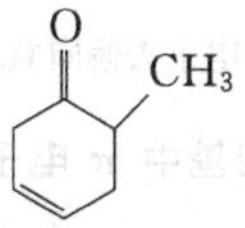

（环己烯酮结构：C1为羰基，C6上连CH_3，C3=C4双键）

6-甲基-3-环己烯-1-酮

既有醛基又有酮基的，一般将醛基作为母体，酮基作为取代基。芳香酮命名时，可将芳基作为取代基。例如：

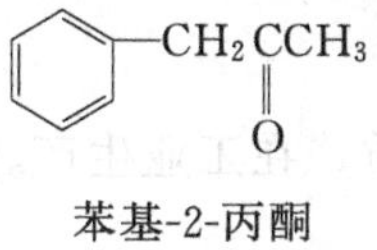

$$C_6H_5CH_2C(=O)CH_3$$

苯基-2-丙酮

（3）命名 根据主链所含碳原子数称为“某醛”或“某酮”，将取代基的位次、数目、名称及羰基位次写在“某醛”或“某酮”前。对醛而言，因醛基总是在链端，命名时醛基不需注明位次，对丙酮和丁酮，因不存在官能团位置异构，也不需标明羰基的位次。例如：

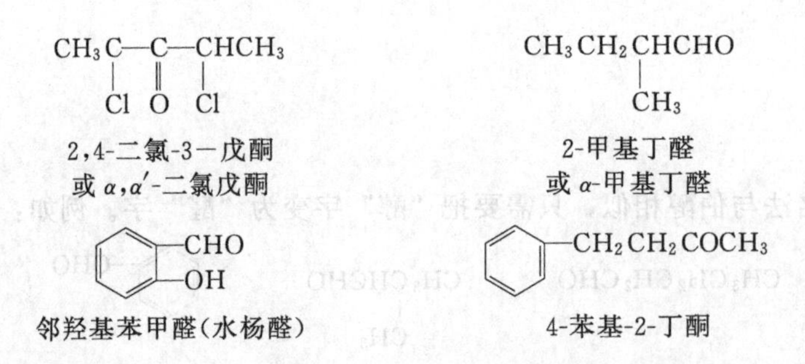

3. 俗名

有些醛常用俗名，是根据相应的羧酸的名称而来的，例如：

HCHO	$CH_3CH{=}CH{-}CHO$	$C_6H_5{-}CH{=}CHCHO$	邻羟基苯甲醛
蚁醛	巴豆醛	肉桂醛	水杨醛

四、结构

醛、酮的官能团是羰基，羰基中碳原子和氧原子均采取 sp^2 杂化，羰基具有平面三角形结构，碳原子和氧原子以双键相连（一个σ键，一个π键），与碳碳双键类似。结构如图 9-1 所示。

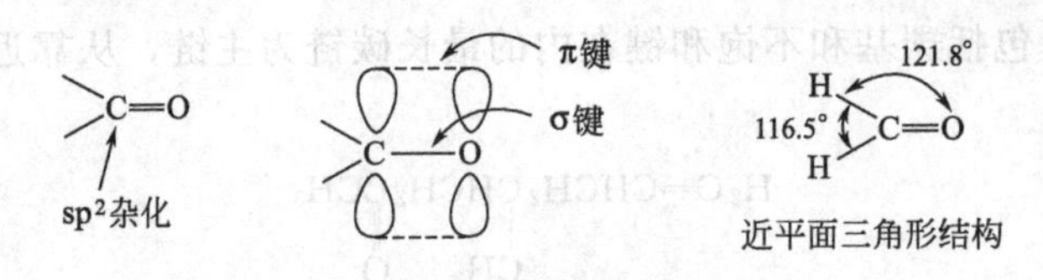

图 9-1 羰基结构

C═O 中氧原子的电负性比碳原子大，所以π电子云偏向氧原子（见图 9-2），故羰基是极化的，氧原子上带部分负电荷，碳原子上带部分正电荷。

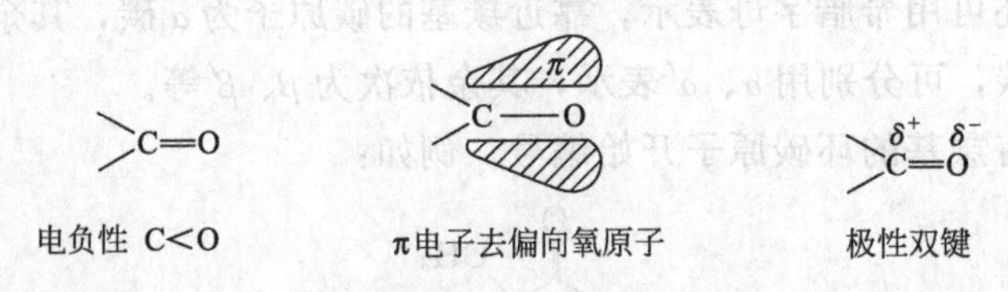

图 9-2 羰基中π电子云分布图

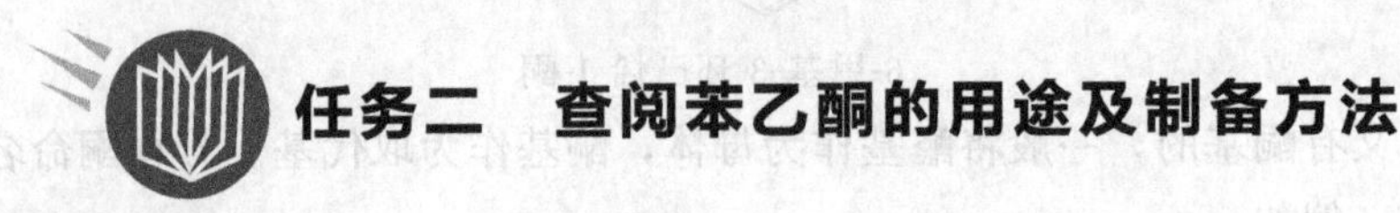

任务二 查阅苯乙酮的用途及制备方法

一、苯乙酮的用途

查阅苯乙酮的物理性质及化学性质，在工业生产、日常生活中的主要用途，以及其他重要醛、酮的用途。

二、制备及分离方法

查阅工业制法、实验室制法。详细查阅实验室制法所需仪器、试剂以及分离方法。充分了解原料的性质及相关参数，为方案的制订、实验操作以及“三废”处理做好相关准备。

任务三　确定合成路线及鉴别方案

一、分析并确定制备及收集方案

整理分析查阅的资料，比较各种制备、分离方法的特点，结合实际情况，确定实验室可行的制备及分离方案，并拟订工作计划。

二、确定物理常数沸点、折射率的测定方案

整理分析查阅的资料，比较各种沸点测定方法，结合实际情况，确定实验室可行的沸点测定方案；复习折射率的测定原理，熟悉实验室提供仪器的使用方法，并拟订工作计划。

三、分析并确定鉴别方案

整理分析查阅的资料，结合醛、酮的性质，分析各鉴别方法的特点及原理，结合实际情况，确定检验方案，并拟订工作计划。

四、“三废”处理

根据已拟订的制备、分离、物理常数测定及鉴别方案，分析项目实施过程中原料、产物和副产物的性质，结合资料，制订“三废”的处理方案，增强环保意识。

五、注意事项

结合制备、分离、沸点和折射率的测定、鉴别、“三废”处理过程中的实验操作技术，掌握有毒有害物品的正确使用以及紧急情况发生后的应急处理措施，尽量避免实施过程中的危险或不规范操作，以保证项目能顺利安全地实施。

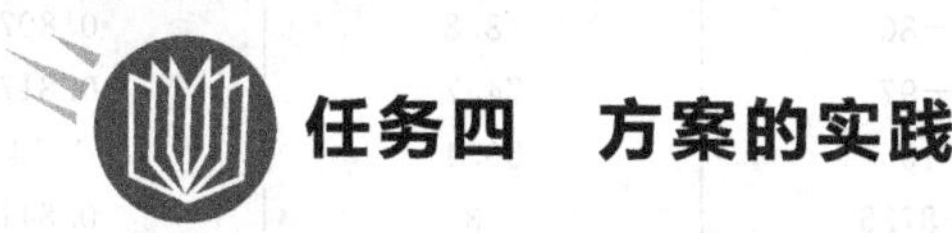

任务四　方案的实践

一、前期准备

根据拟订的制备、分离、沸点和折射率的测定、鉴别的相关工作计划，设计实验装置、实施具体步骤，整理实施方案所需的仪器和试剂，领取所需试剂、器材，配制相关溶液、装置的准备及具体工作分工。

二、方案的实践

根据制订的工作计划对项目进行实施。主要包括苯乙酮的制取、分离，沸点和折射率的测定以及鉴别，在实施过程中，如遇突发问题或不能实施的环节，小组内成员需共同讨论解决，指导教师在过程中加强巡查和指导。

三、结果展示

实践结果以撰写实践报告的形式为主，报告中应体现以下部分内容：

1. 项目或任务的背景

结合物质的用途，明确项目实践的目标。

2. 项目实施的可行性分析

项目实践中具体要怎么做？采用什么方法？可供参考的文献资料有哪些？

3. 项目或任务的结果

通过项目的实践，是否制得产品？产品外观、沸点、折射率、收率等指标分别为多少？鉴别结果如何？

4. 争议的最大问题

5. 心得体会

任务五　归纳醛、酮的性质

一、物理性质

1. 物态

常温下，甲醛是具有刺激性气味的气体，其他低级醛是具有强烈刺激性气味的液体，低级酮是具有令人愉快气味的液体，高级醛、酮为固体。C_8～C_{13}的中级脂肪醛和一些芳醛、芳酮是具有香味的液体或固体，可配制香精。

表 9-1　醛和酮的物理常数

名称	熔点/℃	沸点/℃	相对密度(d_4^{20})	溶解度/(g/100gH_2O)
甲醛	−92	−19.5	0.815	55
乙醛	−123	21	0.781	互溶
丙醛	−80	48.8	0.807	20
丁醛	−97	74.7	0.817	4
乙二醛	15	50.4	1.14	互溶
丙烯醛	−87.5	53	0.841	溶
苯甲醛	−26	179	1.046	0.33
丙酮	−95	56	0.792	互溶
丁酮	−86	79.6	0.805	35.3
2-戊酮	−77.8	102	0.812	微溶
3-戊酮	−42	102	0.814	4.7
环己酮	−16.4	156	0.942	微溶
丁二酮	−2.4	88	0.980	25
苯乙酮	19.7	202	1.026	微溶
二苯甲酮	48	306	1.098	不溶

2. 沸点

因羰基是极性基团，醛、酮分子之间作用力较大，所以醛、酮沸点比相应的烷烃和醚高，但不能形成分子间氢键，故沸点比相对分子质量相近的醇低。随着相对分子质量的增加，醛和酮与醇或醚或烃的沸点差别逐渐变小。

3. 溶解度

醛、酮也能与水分子形成氢键，因此，低级醛、酮能溶于水，如乙醛和丙酮可与水互溶。随着相对分子质量的增加，醛、酮的水溶性逐渐降低，乃至不溶。醛、酮可溶于一般的有机溶剂。丙酮是优良的有机溶剂，能溶解许多有机化合物。

4. 相对密度

脂肪族醛、酮密度小于1，芳香族醛、酮密度大于1。

部分醛、酮的物理常数见表9-1所示。

二、化学性质

醛、酮中的羰基由于π键的极化，使得氧原子上带部分负电荷，碳原子上带部分正电荷。氧原子可以形成比较稳定的氧负离子，它较带正电荷的碳原子要稳定得多，因此反应中心是羰基中带正电荷的碳。所以亲核试剂易对羰基碳进行亲核进攻，从而发生亲核加成反应。

此外，受羰基的影响，与羰基直接相连的α-碳原子上的氢原子（α-H）较活泼，能发生一系列反应。

亲核加成反应和α-H的反应是醛、酮的两类主要化学性质。

醛、酮的反应与结构关系一般描述如下：

$$\overset{|}{\underset{H}{\overset{③}{—C}}}—\overset{\overset{\delta^-}{\ddot{O}:}}{\overset{\|}{C}}^{\delta^+}—R(H)$$

① $>C{=}O$ 中π键断裂，发生加成及还原；

② C—H键断裂，发生醛的氧化反应

③ α-H键断裂 { 羟醛缩合反应；卤代反应

1. 亲核加成反应

（1）与氢氰酸加成　在少量碱催化下，醛、脂肪族甲基酮和小于8个碳原子的环酮可以和氢氰酸发生加成反应，生成α-羟基腈（α-氰醇）。

$$>C{=}O + HCN \xrightleftharpoons{OH^-} >C(OH)CN$$

α-羟基腈

由于产物α-羟基腈比原来的醛、酮多了一个碳原子，所以这是增长碳链的反应。

α-羟基腈是很有用的中间体，它可转变为多种化合物，故该反应在有机合成上具有重要作用。例如：

$$(CH_3)_2C(OH)CN \xrightarrow{H_2O/H^+} (CH_3)_2C(OH)COOH \xrightarrow[\triangle]{-H_2O} H_2C{=}C(CH_3)COOH \quad \alpha,\beta\text{-不饱和酸}$$

$$(CH_3)_2C(OH)CN \xrightarrow{[H]} (CH_3)_2C(OH)CH_2NH_2 \quad \beta\text{-羟基胺}$$

聚甲基丙烯酸甲酯缩写代号为PMMA，俗称有机玻璃，不仅用于商业、轻工、建筑、化工等方面，而且在广告装潢、沙盘模型上的应用也十分广泛，如标牌、广告牌、灯箱的面板和中英字母面板。

（2）与格氏试剂的加成　格氏试剂是亲核试剂，因此易与醛、酮发生亲核加成反应，产物水解后生成相应的醇。格氏试剂与甲醛作用，可得到比格氏试剂多一个碳原子的伯醇；与其他醛作用，可得到仲醇；与酮作用，可得到叔醇。

$$\overset{\delta^+}{>C}=\overset{\delta^-}{O} + \overset{\delta^-}{R}\overset{\delta^+}{MgX} \xrightarrow{\text{无水乙醚}} >C(OMgX)R \xrightarrow{H_2O} -C(R)-OH + HOMgX$$

$$3\text{-}CH_3C_6H_4Br \xrightarrow[\text{干乙醚}]{Mg} 3\text{-}CH_3C_6H_4MgBr \xrightarrow{(CH_3)_2CO} 3\text{-}CH_3C_6H_4C(CH_3)_2OMgBr \xrightarrow{H_2O/H^+} 3\text{-}CH_3C_6H_4C(CH_3)_2OH$$

式中R也可以是Ar。故此反应是制备结构复杂的醇的重要方法，可以通过这种反应增长碳链。

这类加成反应还可在分子内进行。例如：

$$BrCH_2CH_2CH_2COCH_3 \xrightarrow[THF]{Mg,\text{微量}HgCl_2} \text{1-甲基环丁醇} \quad 60\%$$

（3）与饱和亚硫酸氢钠的加成　醛、脂肪族甲基酮和少于8个碳环以下的环酮可与饱和亚硫酸氢钠溶液发生亲核加成反应。

$$>C=O + NaO-\overset{O}{\overset{\|}{S}}-OH \rightleftharpoons \left[>C\begin{matrix}ONa\\SO_3H\end{matrix}\right] \rightleftharpoons >C\begin{matrix}OH\\SO_3Na\end{matrix}$$

（醇钠→；强酸→；强酸盐（白↓））

产物α-羟基磺酸盐为白色结晶，不溶于饱和的亚硫酸氢钠溶液中，容易分离出来；与酸或碱共热，又可得原来的醛、酮。故此反应可用以提纯醛、酮。

$$R(H)(R')C=O \xrightarrow{NaHSO_3} R(H)(R')C(OH)SO_3Na \begin{cases}\xrightarrow{\text{稀}Na_2CO_3} RCHO + Na_2SO_3 + CO_2 + H_2O\\ \xrightarrow{\text{稀}HCl} RCHO + NaCl + SO_2 + H_2O\end{cases}$$

杂质不反应，分离去掉

该反应还可间接合成α-羟基腈，是避免使用挥发性的剧毒物HCN而合成羟基腈的好方法。例如：

$$PhCHO \xrightarrow[H_2O]{NaHSO_3} PhCH(OH)SO_3Na \xrightarrow{NaCN} PhCH(OH)CN \xrightarrow[\text{回流}]{HCl} PhCH(OH)COOH \quad 67\%$$

(4) 与醇的加成　在干燥氯化氢的催化下，醛与醇加成，生成半缩醛和缩醛。例如：

$$\underset{\text{(R')}}{\mathrm{R(H)C{=}O}} + R''OH \xrightleftharpoons{\text{无水 HCl}} \mathrm{R(H)C(OH)(OR'')} \xrightleftharpoons[\text{干 HCl}]{R''OH} \mathrm{R(H)C(OR'')_2} + H_2O$$

半缩醛(酮)　不稳定　一般不能分离出来

缩醛(酮)，双醚结构　对碱、氧化剂、还原剂稳定　可分离出来　酸性条件下易水解

因缩醛属双醚结构，对碱、氧化剂、还原剂稳定，酸性条件下，又可水解，重新生成原来的醛，故合成上用该反应保护醛基。

利用此反应还可以改善某些聚合物的性能。例如聚乙烯醇是一种耐热水性差的高聚物，不能作为纤维使用，若加入一定量的甲醛，使之部分形成缩醛，就可以生成性能优良的耐热水性好的合成纤维——维尼纶。

如果分子内同时含有苯基和醇羟基，反应也发生在分子内，形成内缩醛。例如：

$$\text{(环内含 CHO 与 OH 的链状化合物)} \xrightarrow{\text{干 HCl}} \text{(环状 O, C上 H 与 OH)}$$

环状半缩醛(稳定)　在糖类化合物中多见

醛较易形成缩醛，酮在一般条件下形成缩酮较困难，若用 1,2-二醇或 1,3-二醇则易生成缩酮，例如：

$$R_2C{=}O + \begin{matrix}HO{-}CH_2\\HO{-}CH_2\end{matrix} \xrightarrow{H^+} R_2C\begin{matrix}O{-}CH_2\\O{-}CH_2\end{matrix} + H_2O$$

(5) 与氨的衍生物发生加成反应　氨分子中氢原子被其他原子或基团取代后的生成物叫氨的衍生物，这些衍生物有：

NH_2-OH	NH_2-NH_2	$NH_2-NH-C_6H_5$	$NH_2-NH-C_6H_3(NO_2)_2$	$NH_2-NH-\overset{O}{\overset{\|}{C}}-NH_2$
羟氨	肼	苯肼	2,4-二硝基苯肼	氨基脲

醛、酮在弱酸性溶液（醋酸）与这些氨的衍生物发生加成反应，产物不稳定，容易进一步脱水生成相应的肟、腙、苯腙、2,4-二硝基苯腙、缩氨基脲，可用如下通式表示：

$$>C{=}O + H{-}NH{-}Y \rightleftharpoons \left[-\underset{OH}{\overset{|}{C}}-\underset{H}{N}-Y\right] \xrightleftharpoons{-H_2O} >C{=}N{-}Y$$

不稳定

上式也可直接写成：

$$>C{=}O + H_2N{-}Y \xrightleftharpoons{-H_2O} >C{=}N{-}Y$$

例如：

$$(H_3C)_2C{=}O + NH_2{-}OH \xrightarrow{-H_2O} (CH_3)_2C{=}N{-}OH$$
羟氨　　丙酮肟

$$(H_3C)_2C{=}O + NH_2{-}NH_2 \xrightarrow{-H_2O} (CH_3)_2C{=}N{-}NH_2$$
肼　　丙酮腙

$$(H_3C)_2C{=}O + NH_2{-}NH{-}C_6H_5 \xrightarrow{-H_2O} (CH_3)_2C{=}N{-}NH{-}C_6H_5$$
苯肼　　丙酮苯腙

$$(H_3C)_2C{=}O + NH_2{-}NH{-}C_6H_3(NO_2)_2 \xrightarrow{-H_2O} (CH_3)_2C{=}N{-}NH{-}C_6H_3(NO_2)_2$$
2,4-二硝基苯肼　　丙酮-2,4-二硝基苯腙

$$(H_3C)_2C{=}O + NH_2NH{-}\overset{O}{\overset{\|}{C}}{-}NH_2 \xrightarrow{-H_2O} (CH_3)_2C{=}N{-}NH{-}\overset{O}{\overset{\|}{C}}{-}NH_2$$
氨基脲　　丙酮缩氨脲

反应的结果是在醛、酮与氨的衍生物分子间脱去一分子水，生成含 C═N 双键的化合物，这一反应又叫做醛、酮与氨的缩合反应。

醛、酮与氨的衍生物反应，其产物均为固体且各有固定的熔点，实验室中常用 2,4-二硝基苯肼作为羰基试剂用于检验羰基。

由于缩合产物在稀酸作用下可分解为原来的醛、酮，故通常又用该法对醛、酮进行分离和提纯。

亲核加成是醛、酮的重要反应，不同结构的醛、酮发生加成反应的活性也不同。其顺序为：

$$H{-}\overset{O}{\overset{\|}{C}}{-}H > R{-}\overset{O}{\overset{\|}{C}}{-}H > Ar{-}\overset{O}{\overset{\|}{C}}{-}H > H_3C{-}\overset{O}{\overset{\|}{C}}{-}CH_3 > \text{环己酮}$$

$$R{-}\overset{O}{\overset{\|}{C}}{-}CH_3 > Ar{-}\overset{O}{\overset{\|}{C}}{-}CH_3 > Ar{-}\overset{O}{\overset{\|}{C}}{-}Ar$$

2. 还原反应

在不同的条件下，可将醛、酮还原成醇、烃或胺。

(1) 还原成醇

① 催化氢化　在镍、钯、铂等催化下，醛，酮分子中的羰基可加氢还原得到醇。例如：

$$\underset{H(R')}{R}{>}C{=}O + H_2 \xrightarrow[\text{加热加压}]{Ni} \underset{H(R')}{R}{>}CH{-}OH$$

$$\text{环己酮} + H_2 \xrightarrow[50℃\ 6.5MPa]{Ni} \text{环己醇}$$

$$CH_3CH{=}CHCH_2CHO + 2H_2 \xrightarrow[250℃\ \text{加压}]{Ni} CH_3CH_2CH_2CH_2CH_2OH$$
（C═C,C═O 均被还原）

C═C、C≡C、C═O均可被其还原，且产率高，后处理简单，是由醛、酮合成饱和醇的好方法。

如要保留双键而只还原羰基，则应选用金属氢化物为还原剂。

② 用还原剂（金属氢化物）还原

a. $LiAlH_4$ 还原

$$CH_3CH{=}CHCH_2CHO \xrightarrow[(2)H_3O^+]{(1)LiAlH_4\text{干乙醚}} CH_3CH{=}CHCH_2CH_2OH$$

（只还原 C═O）

$LiAlH_4$ 是强还原剂，但选择性差，除不还原 C═C、C≡C 外，其他不饱和键都可被其还原；还原剂不稳定，遇水剧烈反应，通常只能在无水醚或 THF 中使用。

b. $NaBH_4$ 还原

$$CH_3CH{=}CHCH_2CHO \xrightarrow[(2)H_3O^+]{(1)NaBH_4} CH_3CH{=}CHCH_2CH_2OH$$

（只还原 C═O）

$NaBH_4$ 的选择性好，一般只还原醛、酮、酰卤中的羰基，而其他基团如 C═C、C≡C不受影响；还原剂较稳定，不受水、醇的影响，可在水或醇中使用。

c. 异丙醇铝还原法（麦尔外因-庞道夫 MeerWein-Ponndorf 还原法）

反应的专一性很高，只还原醛、酮中的羰基，其逆反应称为奥彭欧尔（Oppenauer）氧化反应。

$$\underset{H(R)}{\overset{R}{>}}C{=}O + CH_3{-}\underset{OH}{CH}{-}CH_3 \xrightleftharpoons{(^iPrO)_3Al} \underset{H(R)}{\overset{R}{>}}CH{-}OH + CH_3{-}\underset{O}{\overset{\|}{C}}{-}CH_3$$

（2）还原为烃

① 沃尔夫-凯西纳-黄鸣龙还原法（碱性还原） 此反应最初是由俄国人沃尔夫和德国人凯西纳分别于1911年、1912年发现的，1946年经我国有机化学家黄鸣龙改进了反应条件，将无水肼改用水合肼，用高沸点的缩乙二醇为溶剂一起加热。加热完成后，先蒸去水和过量的肼，再升温分解腙，放出氮气，羰基进而还原为亚甲基。此改进方法节约了成本，常压下即可进行，大大缩短了反应时间，且反应可一步完成，不需分离出腙，使其在有机合成中得到了广泛应用。例如：

$$C_6H_5{-}\overset{O}{\overset{\|}{C}}{-}CH_2CH_3 \xrightarrow[(HOCH_2CH_2)_2O\ \ 200^\circ C\ 3\sim5h]{NaOH\ \ NH_2NH_2,H_2O} C_6H_5{-}CH_2CH_2CH_3 + N_2$$

82%

此反应可简写为：

$$>C{=}O + NH_2NH_2 \xrightarrow[\triangle]{KOH} >CH_2 + N_2$$

对碱敏感的底物（醛酮）不能使用此法还原。在有机合成中，可利用这种还原方法向苯环上直接引入烷基。

② 克莱门森（Clemmensen）还原（酸性还原） 醛、酮与钠汞齐、浓盐酸一起加热，则羰基被还原为亚甲基，得到烷烃，这个反应叫克莱门森（Clemmensen）还原法。

$$\underset{\underset{(R')}{H}}{\overset{R}{C}}{=}O \xrightarrow[\triangle]{Zn\text{-}Hg,\text{浓 }HCl} \underset{\underset{(R')}{H}}{\overset{R}{CH_2}}$$

$$C_6H_6 + CH_3CH_2CH_2\overset{O}{\overset{\|}{C}}{-}Cl \xrightarrow{AlCl_3} C_6H_5{-}\overset{O}{\overset{\|}{C}}{-}CH_2CH_2CH_3 \xrightarrow{Zn\text{-}Hg/HCl} \underset{(80\%)}{C_6H_5{-}CH_2CH_2CH_2CH_3}$$

此法特别适用于还原芳香酮，是间接在芳环上引入直链烃基的方法。对于酸敏感的底物（醛、酮），如醇羟基、C═C 等不能使用此法还原。

3. 氧化反应

由于醛的羰基上连有氢原子，因此很容易被氧化生成同数碳原子的羧酸，空气中的氧就可以将醛氧化，所以存放时间较长的醛中常含有少量的羧酸。酮不易被氧化，除非使用强氧化剂（如重铬酸钾和浓硫酸），则会发生碳链的断裂而生成复杂的氧化产物。因此常利用这一性质来区别醛和酮。

实验室中常用托伦（Tollens）试剂、斐林（Fehling）试剂和希夫试剂等弱氧化剂氧化醛。

(1) 托伦（Tollens）试剂氧化 托伦试剂是硝酸银的氨溶液，其中含有银氨络离子 $Ag(NH_3)_2^+$。Ag^+ 在碱性条件下可将醛基氧化成羧基，而其自身被还原成单质银，若反应容器的器壁洁净，则生成的银可附着在器壁上而形成银镜，故该反应又叫银镜反应。

$$RCHO + \underset{\text{托伦试剂}}{2[Ag(NH_3)_2]^+} + 2OH^- \longrightarrow \underset{\text{银镜}}{2Ag\downarrow} + RCOONH_4 + 3NH_3 + H_2O$$

托伦试剂是弱氧化剂，只氧化醛，不氧化酮（α－羟基酮除外）、C＝C 和 C≡C，故可用来区别醛和酮。

(2) 斐林（Fehling）试剂 斐林试剂是由硫酸铜溶液和酒石酸钾钠碱溶液等量混合而成。斐林试剂可使醛氧化成羧酸，而本身还原成砖红色氧化亚铜。

$$RCHO + Cu^{2+} + NaOH \longrightarrow RCOONa + Cu_2O + 2H^+$$

甲醛的还原性较强，与斐林试剂反应可生成铜镜：

$$HCHO + Cu^{2+} + NaOH \longrightarrow HCOONa + Cu + 2H^+$$

芳醛和酮（α-羟基酮除外）均不能发生此反应。

故醛与托伦试剂、斐林试剂的反应可区别醛和酮。其中斐林试剂又可区别脂肪醛和芳香醛，还可鉴定甲醛。

4. 歧化反应——康尼查罗（Cannizzaro）反应

没有 α-H 的醛在浓碱的作用下发生自身氧化还原（歧化）反应，一分子的醛被还原成醇，而另一分子的被氧化成羧酸，此反应称为康尼查罗反应。

$$2HCHO \xrightarrow{\text{浓 NaOH}} CH_3OH + HCOONa$$

$$2\ C_6H_5\text{—}CHO \xrightarrow{\text{浓 NaOH}} C_6H_5\text{—}CH_2OH + C_6H_5\text{—}COONa$$

若用两种不含有α-H的醛进行歧化反应，则可能发生交叉歧化，生成四种产物，无合成价值。而甲醛与另一种无α-H的醛在强的浓碱催化下加热，主要反应是甲醛被氧化成甲酸而另一种醛被还原成醇：

$$C_6H_5\text{—}CHO + HCHO \xrightarrow[\triangle]{\text{浓 NaOH}} C_6H_5\text{—}CH_2OH + HCOONa$$

交叉康尼查罗反应是制备 $ArCH_2OH$ 型醇的有效手段。

5. α-H 的反应

醛、酮分子中由于羰基的影响，α-H 变得活泼，具有酸性，所以带有α-H的醛、酮具有如下的性质。

(1) α-H 的卤代反应

① 卤代反应　醛、酮在酸或碱催化下，α-H易被卤素取代生成α-卤代醛、酮。在酸催化下，反应可控制在一卤代阶段，而在碱溶液中，反应速率很快，较难控制。例如：

$$C_6H_5\text{—}\overset{O}{\overset{\|}{C}}\text{—}CH_3 + Br_2 \xrightarrow[65℃]{CH_3COOH} C_6H_5\text{—}\overset{O}{\overset{\|}{C}}\text{—}CH_2Br$$

② 卤仿反应　含有α-甲基的醛酮在碱溶液中与卤素反应，则生成卤仿。

$$\underset{(H)}{R}\text{—}\overset{O}{\overset{\|}{C}}\text{—}CH_3 + NaOH + \underset{(\text{或 } NaOX)}{X_2} \longrightarrow \underset{(H)}{R}\text{—}\overset{O}{\overset{\|}{C}}\text{—}CX_3 \xrightarrow{OH^-} \underset{\text{卤仿}}{CHX_3} + RCOONa$$

若 X_2 为 Cl_2 则得到 $CHCl_3$(氯仿)液体；若 X_2 为 Br_2 则得到 $CHBr_3$(溴仿)液体；若 X_2 为 I_2 则得到 CHI_3(碘仿)黄色固体，称为碘仿反应。

具有 $CH_3\overset{O}{\overset{\|}{C}}\text{—}H(R)$ 结构的醛、酮和具有 $CH_3\overset{OH}{\overset{|}{C}}\text{—}H(R)$ 结构的醇（能被NaIO氧化氧化为α-甲基酮）均能发生碘仿反应。碘仿为亮黄色晶体，有特殊气味，故常用来鉴定上述反应范围的化合物。

另外，卤仿反应可缩短碳链，故该反应还可以用于制备一般方法难以制备的羧酸。例如：

$$\triangleright\text{—}\overset{O}{\overset{\|}{C}}\text{—}CH_3 \xrightarrow[(2)\ H_3O^+]{(1)\ Br_2,OH^-,H_2O} \triangleright\text{—}\overset{O}{\overset{\|}{C}}\text{—}OH + CHBr_3$$

(2) 羟醛缩合 (Aldol)反应　有α-H的醛在稀碱溶液中断裂α-碳氢键，能和另一分子醛的羰基发生加成反应，生成β-羟基醛，β-羟基醛在受热的情况下很不稳定，容易脱水生成α,β-不饱和醛，该反应称为羟醛缩合反应。例如：

$$2CH_3CH_2CHO \xrightleftharpoons{\text{稀 } OH^-} CH_3CH_2\underset{OH}{\underset{|}{CH}}\text{—}\overset{CH_3}{\overset{|}{CH}}\text{—}CHO \xrightleftharpoons[-H_2O]{\triangle} CH_3CH_2CH\text{=}\overset{CH_3}{\overset{|}{C}}\text{—}CHO$$

$$2\ CH_3\underset{CH_3}{C}HCHO \xrightleftharpoons{稀\ OH^-} CH_3-\underset{CH_3}{CH}-\underset{OH}{CH}-\underset{CH_3}{\overset{CH_3}{C}}-CHO \xrightarrow{\triangle} \times$$

无 α-H 不脱水

若用两种不同的有 α-H 的醛进行羟醛缩合，则可能发生交错缩合，生成四种产物，在有机合成上无实用价值。若选用一种无 α-H 的醛和一种有 α-H 的醛进行交叉羟醛缩合，则有合成价值。例如：

$$C_6H_5CHO + CH_3CHO \xrightarrow[\triangle]{OH^-} C_6H_5CH=CHCHO$$

$$C_6H_5CHO + CH_3CH_2CHO \xrightarrow[\triangle]{OH^-} C_6H_5CH=\underset{CH_3}{C}CHO\ (68\%)$$

含有 α-H 的酮在稀碱催化下，也可发生类似反应，但羟酮缩合一般较难进行。例如：

$$C_6H_5CHO + CH_3-\overset{O}{\overset{\|}{C}}-CH_3 \xrightarrow[100℃]{稀\ OH^-} C_6H_5CH=CH-\overset{O}{\overset{\|}{C}}-CH_3$$

4-苯基-3-丁烯-2-酮（70%）

$$C_6H_5CHO + CH_3-\overset{O}{\overset{\|}{C}}-C_6H_5 \xrightarrow[20℃]{稀\ OH^-} C_6H_5CH=CH-\overset{O}{\overset{\|}{C}}-C_6H_5 \quad (85\%)$$

$$柠檬醛\ A + CH_3-\overset{O}{\overset{\|}{C}}-CH_3 \xrightarrow[C_2H_5OH,\ -5℃]{C_2H_5ONa} 假紫罗兰酮\ (49\%)$$

二酮化合物可进行分子内羟酮缩合，是目前合成环状化合物的一种方法。例如：

$$H_3C\overset{O}{\overset{\|}{C}}CH_2CH_2CH_2CH_2\overset{O}{\overset{\|}{C}}CH_3 \xrightarrow[\triangle]{KOH} 1-乙酰基-2-甲基环戊烯$$

$$环癸-1,6-二酮 \xrightarrow[\triangle]{稀OH^-} (羟基双环酮) \xrightarrow[-H_2O]{\triangle} (双环烯酮)$$

三、鉴别

1. 与饱和亚硫酸氢钠的反应

醛、脂肪族甲基酮和 8 个碳以下的环酮可与饱和亚硫酸氢钠溶液反应，生成 α-羟基磺酸钠的白色结晶，不溶于饱和亚硫酸氢钠溶液，故此反应可用鉴别该类醛、酮。

2. 与 2,4-二硝基苯肼的反应

醛、酮与 2,4-二硝基苯肼反应，生成黄色晶体，现象明显，故常用来检验羰基。

3. 与托伦（Tollens）试剂作用

醛及 α-羟基酮可以和托伦试剂反应，生成 Ag。若试管干净，可得到光亮的银镜，若试

管不太干净，得到银沉淀。此反应可用于检验醛基。

4. 与斐林（Fehling）试剂作用

脂肪醛及α-羟基酮可与斐林试剂反应，生成砖红色的氧化亚铜沉淀。甲醛还原性更强，可以生成光亮的铜镜。故斐林试剂可用于鉴别区分脂肪醛和芳香醛、脂肪醛和酮（α-羟基酮除外），并可鉴定甲醛。

5. 希夫试剂（Schiff）

希夫试剂又称品红亚硫酸试剂。品红是一种红色染料，将二氧化硫通入品红水溶液中，品红的红色褪去，得到的无色溶液称为品红亚硫酸试剂。它能跟醛作用显紫色，与酮作用不显色。其中，与甲醛形成的紫色最稳定，加入浓硫酸后也不褪去，而其他醛与希夫试剂形成的紫色不稳定，加入浓硫酸后会褪去。常用这一反应来检验醛基，并可用于甲醛与其他醛的鉴别。

这一显色反应非常灵敏，使用这种方法时，溶液中不能存在碱性物质和氧化剂，也不能加热，否则会消耗亚硫酸，溶液恢复品红的红色，出现假阳性反应。

6. 碘仿反应

对具有 $CH_3\overset{O}{\overset{\|}{C}}—H(R)$ 结构的醛、酮和具有 $CH_3\overset{OH}{\overset{|}{C}}—H(R)$ 结构的醇（可被 NaIO 氧化为α-甲基酮）均能发生碘仿反应。

碘仿为亮黄色晶体，有特殊气味，故常用来检验上述结构的化合物。

强化练习

1. 用系统命名法命名下列化合物。

（1）$CH_3CH_2CH_2CHO$

（2）$H_2C═CHCH_2\overset{CH_3}{\overset{|}{C}}HCHO$

（3）（对羟基苯环，对位为 $COCH_3$）OH / $COCH_3$

（4）（苯环，对位为 CHO 和 OCH_3）CHO / OCH_3

（5）（苯环）$—CH_2\underset{\underset{O}{\|}}{C}CH_3$

（6）$CH_3\overset{CH_3}{\overset{|}{C}}HCOCH_2CH_3$

（7）（环己烷）═NOH

（8）$CH_3COCH_2COCH_3$

2. 写出下列化合物的结构式。

（1）丁二醛　（2）β-苯基丁酮　（3）新戊醛　（4）甲醛苯腙

（5）3-甲基戊醛　（6）4-戊烯-2-酮　（7）邻羟基苯甲醛　（8）2-甲基-3-戊酮

3. 写出丙醛与下列各试剂及相应条件下反应的产物。

（1）H_2，Pt

（2）$LiAlH_4$，再水解

（3）$NaBH_4$，氢氧化钠水溶液中

(4) 稀氢氧化钠水溶液
(5) 稀氢氧化钠水溶液中，再加热
(6) 饱和亚硫酸氢钠溶液
(7) 饱和亚硫酸氢钠溶液，再加入 NaCN
(8) Br_2/CH_3COOH
(9) C_6H_5MgBr，再水解
(10) 托伦试剂
(11) $HOCH_2CH_2OH$，HCl
(12) 苯肼

4. 用化学方法区别下列各组化合物。
(1) 苯甲醛、苯乙酮和正庚醛
(2) 甲醛、乙醛和丙酮
(3) 仲丁醇、丁酮和正丁醇
(4) 2-己酮、3-己酮和 1-己醇

5. 下列化合物中，哪些能与饱和亚硫酸氢钠加成？哪些能发生碘仿反应？并分别写出反应产物。
(1) $CH_3COCH_2CH_3$　　(2) $CH_3CH_2CH_2CHO$
(3) CH_3CH_2OH　　(4) $CH_3CH_2COCH_2CH_3$
(5) $(CH_3)_3CCHO$　　(6) $CH_3CH(OH)CH_2CH_3$
(7) $(CH_3)_2CHCOCH(CH_3)_2$　　(8) $CH_3CH_2CH(CH_3)CHO$
(9) $CH_3CO-C_6H_5$（苯环）　　(10) C_6H_5-CHO（苯环）

6. 用指定原料合成下列化合物。
(1) 由丙烯合成正丁醇
(2) 由丙酮合成 $(CH_3)_2CHC(CH_3)_2OH$
(3) 由正丁醇和甲苯合成 $C_6H_5-CH_2COCH_2CH_2CH_3$

7. 有一化合物 (A) C_8H_8O，能与羟氨作用，但不起银镜反应，在铂的催化下加氢，得到一种醇 (B)，(B) 经溴氧化，水解等反应后，得到两种液体 (C) 和 (D)，(C) 能起银镜反应，但不起碘仿反应；(D) 能发生碘仿反应，但不能使斐林试剂还原，试推测 A 的结构，并写出主要反应式。

8. 某化合物 A，分子式为 $C_9H_{10}O_2$，能溶于 NaOH 溶液，易与溴水、羟氨反应，不能与托伦试剂反应。A 经 $LiAlH_4$ 还原后得化合物 B，分子式为 $C_9H_{12}O_2$。A、B 都能发生碘仿反应。A 用 Zn-Hg 在浓盐酸中还原得化合物 C，分子式为 $C_9H_{12}O$，C 与 NaOH 反应再用碘甲烷煮沸得化合物 D，分子式为 $C_{10}H_{14}O$，D 用高锰酸钾溶液氧化后得对甲氧基苯甲酸，试推测各化合物的结构，并写出有关反应式。

9. 化合物 A 和 B 的分子式都是 C_3H_6O，它们都能与亚硫酸氢钠作用生成白色结晶，A 能与托伦试剂作用产生银镜，但不发生碘仿反应；B 能发生碘仿反应，但不能与托伦试剂作用。试推测 A 和 B 的构造式。

项目十 对硝基苯甲酸的制备及性质

知识目标

- 学习并了解羧酸的结构、分类、同分异构以及重要的羧酸的主要制法和用途。
- 学习并理解羧酸的物理性质及变化规律。
- 学习并掌握羧酸的系统命名、主要化学性质及在生活、生产中的应用。

能力目标

- 能够查阅各种图书资料和网络资料，对制备方法进行分析、汇总和比较。
- 能够制订实验室制备及鉴别的实践方案。
- 能够针对方案实践过程中可能遇到的问题进行提前分析与准备。
- 能够熟练运用有机化学实验的基本操作，对方案进行实践。
- 能够结合实践及所学知识归纳同系列化合物的物理化学性质。

项目实施要求

- 项目实施过程遵循“项目布置—化合物的初步认识—查阅资料—分析资料—确定方案—方案实践—总结归纳—巩固强化”规律。
- “项目布置”要求学生明确项目内容与任务，各项目组制订初步工作计划（开展方式、人员分工、时间安排等）。
- “初步认识”主要通过课堂讨论及讲解的方式进行；查阅和分析资料则需要利用课余时间完成。学生需根据项目中各任务的要求，在项目组内进行分工协调，共同查阅和分析资料，从而形成初步材料。
- 确定方案阶段由各项目组讨论收集的资料，并确定工作计划。
- 实践阶段主要包括前期准备、项目实践及结果展示三个部分，要求各项目组根据确定的方案准备实践所需的试剂与器材，按照方案和工作计划进行实践，并记录现象与结果，完成实践报告的撰写。
- 总结归纳阶段要求学生根据项目实施过程中所学知识、技能、技巧，结合实践结果，对该类化合物的性质进行总结和归纳。教师在这一过程中适时进行知识的分析、补充讲解和拓展。
- 巩固强化阶段要求学生应用相关知识完成强化练习，反馈学习效果。

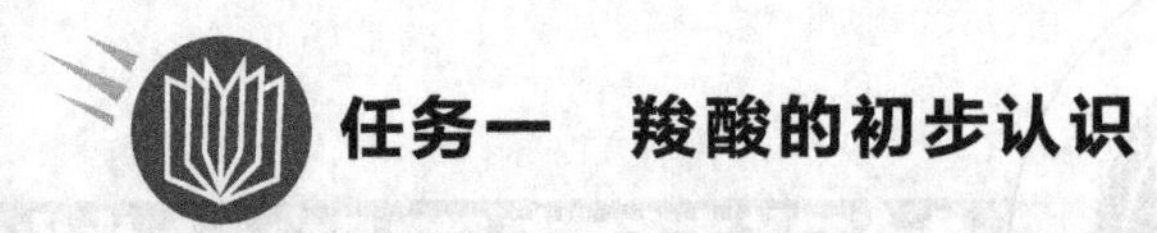

任务一 羧酸的初步认识

羧酸可看成是烃分子中的氢原子被羧基（—COOH）取代而生成的化合物，羧基是羧酸的官能团。羧酸是许多有机物氧化的最后产物，在自然界中广泛存在，在工业、农业、医药和人们的日常生活中有着广泛的应用。

一、分类

1. 通式

羧酸是分子中含有羧基的一类化合物，可以用通式 RCOOH 表示，对饱和一元脂肪酸，也可用 $C_nH_{2n}O_2$ 表示。其中，甲酸是最简单的羧酸，为氢原子和羧基相连。

2. 分类

根据与羧基所连烃基结构不同，可分为脂肪族羧酸、脂环族羧酸和芳香羧酸；又可根据烃基是否饱和，分为饱和羧酸和不饱和羧酸；还可根据分子中所含羧基的数目，分为一元羧酸、二元羧酸和三元羧酸等。二元以上羧酸统称为多元羧酸。例如：

CH_3COOH	（环己基）—COOH	（苯环）—COOH	$CH_3CH{=}CHCOOH$	CH_2COOH—CH_2COOH
乙酸	环己基甲酸	苯甲酸	2-丁烯酸	丁二酸

二、同分异构

羧酸的同分异构主要有两种情况，一是由碳链的异构引起的，另一种是官能团异构。含相同碳原子的羧酸和酯互为同分异构体。例如，分子式为 $C_3H_6O_2$ 的同分异构体有：

CH_3CH_2COOH	$HCOOCH_2CH_3$	CH_3COOCH_3
丙酸	甲酸乙酯	乙酸甲酯

三、命名

1. 习惯命名

羧酸的习惯命名法与伯醇相似，只需要把“醇”字变为“酸”字。例如：

$CH_3CH_2CH_2COOH$	$CH_3CHCOOH$（CH 上连 CH_3）
正丁酸	异丁酸

2. 系统命名

系统命名法命名原则及步骤如下：

（1）选主链（母体） 选择连有羧基的最长的碳链作为主链，支链看作取代基。脂环族羧酸或芳香族羧酸命名时，若羧基连在脂环或芳环侧链上，则将侧链做母体，脂环或芳环作为取代基；若羧基直接与脂环或芳环相连，则环与羧基一起做母体，例如：

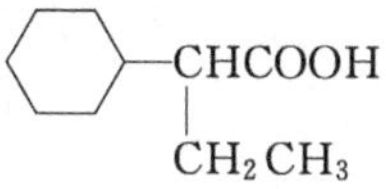

C_6H_{11}—CHCOOH（CH 上连 CH_2CH_3）

2-环己基丁酸

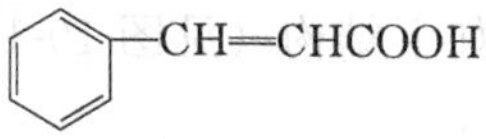

C_6H_5—CH═CHCOOH

3-苯基丙烯酸（β-苯基丙烯酸）

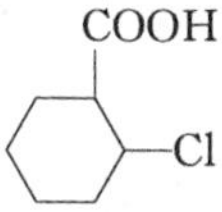

2-氯环己基甲酸

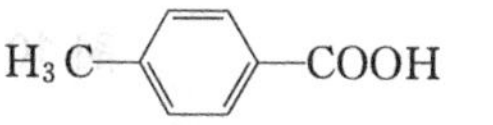

H_3C—C_6H_4—COOH

对甲基苯甲酸

不饱和羧酸的命名应选择包括羧基和不饱和键在内的最长碳链为主链，称为“某烯酸”或“某炔酸”，从羧基碳原子开始编号，书写名称时标明不饱和键的位次。例如：

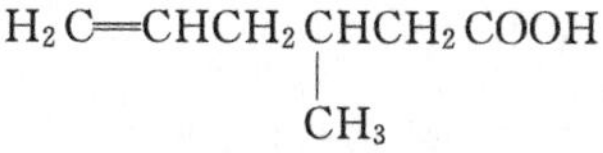

H_2C═$CHCH_2CHCH_2COOH$（CH 上连 CH_3）

3-甲基-5-己烯酸

（2）编号　从靠近羧基的一端将主链的碳原子依次用阿拉伯数字编号；编号还可用希腊字母表示，与羧基直接相连的碳原子为 α 碳，其余依次为 β、γ、δ…。

（3）命名　根据主链所含碳原子数称为“某酸”，将取代基的位次、数目、名称在“某酸”前。因羧基总在链端，所以一元羧酸不需标明羧基的位次。例如：

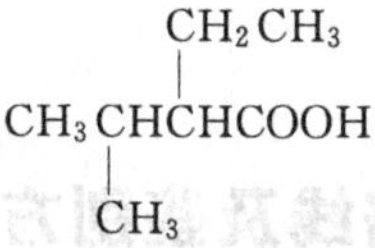

3-甲基-2-乙基丁酸 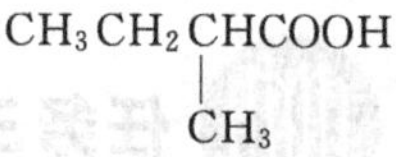　　2-甲基丁酸

二元羧酸命名时，选择包含两个羧基的最长碳链做主链，根据主链碳原子数目称为某二酸；芳香族或脂环族二元羧酸必须注明两个羧基的位次。例如：

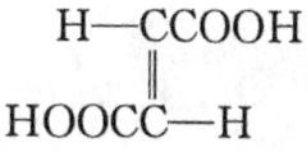

H—CCOOH ‖ HOOCC—H

反丁烯二酸

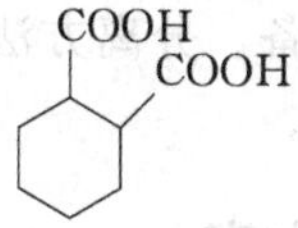

1,2-环己基二甲酸

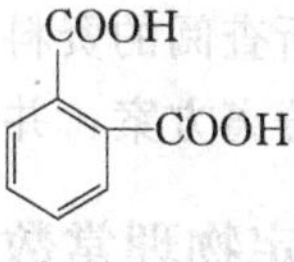

间苯二甲酸

3. 俗名

羧酸广泛存在于自然界中并被人们认识，因此很多羧酸有俗名，这些俗名是从其最初来源命名的。例如：

HCOOH

蚁酸

CH_3CH═CH—COOH

巴豆酸

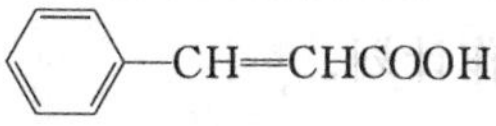

C_6H_5—CH═CHCOOH

肉桂酸

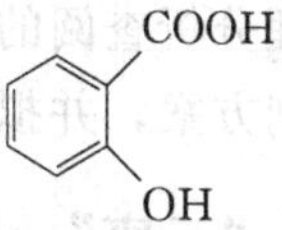

水杨酸

四、结构

羧基是羧酸的官能团，从形式上看，羧基是由羰基和羟基组成。羧基中的碳原子均采取 sp^2 杂化，其中一个杂化轨道与氧原子成键，另两个分别与羟基中的氧原子、氢或烃基的碳原子成键，这三个轨道在同一平面上，键角约 120°，羰基碳上的 p 轨道与氧上的 p 轨道形成一个 π 键，通过 p，π-共轭形成一个整体。

因此，羧基具有如下结构（见图10-1）：

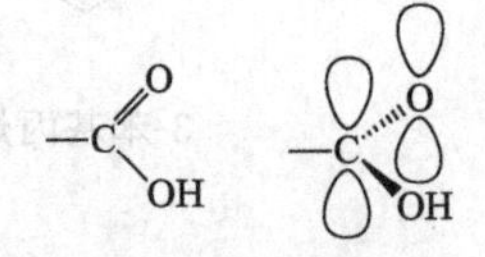

图 10-1　羧基结构

任务二　查阅对硝基苯甲酸的用途及制备方法

一、对硝基苯甲酸的用途

查阅对硝基苯甲酸的物理化学性质，在工业生产、日常生活中的主要用途，以及其他重要羧酸的用途。

二、制备、分离及鉴别方法

查阅工业制法、实验室制法、分离及鉴别方法，充分了解原料的性质及相关参数，为方案的制订、实验操作以及“三废”处理做好相关准备。

任务三　确定合成路线及鉴别方案

一、分析并确定制备及分离方案

整理分析查阅的资料，比较各种制备、分离方法的特点，结合实际情况，确定实验室可行的制备及分离方案，并拟订工作计划。

二、确定物理常数熔点的测定方案

结合实际情况，确定产品熔点的测定方案，并拟订工作计划。

三、分析并确定鉴别方案

整理分析查阅的资料，结合羧酸的性质，分析鉴别方法的特点及原理，结合实际情况，确定鉴别方案，并拟订工作计划。

四、“三废” 处理

根据已拟订的制备、分离及鉴别的方案，分析项目实施过程中原料、产物和副产物的性质，结合资料，制订“三废”的处理方案，增强环保意识。

五、注意事项

结合制备、分离、熔点测定、鉴别、“三废”处理过程中的实验操作技术，掌握有毒有害物品的正确使用以及紧急情况发生后的应急处理措施，尽量避免实施过程中的危险或不规范操作，以保证项目能顺利安全地实施。

任务四 方案的实践

一、前期准备

根据拟订的制备、分离、熔点的测定、鉴别方案和工作计划，设计实验装置、实施具体步骤，整理实施方案所需的仪器和试剂，领取所需试剂、器材，配制相关溶液、装置的准备及具体工作分工。

二、方案的实践

根据制订的工作计划对项目进行实施。主要包括对硝基苯甲酸的制取、分离，熔点测定以及鉴别，在实施过程中，如遇突发问题或不能实施的环节，小组内成员需共同讨论解决，指导教师在过程中加强巡查和指导。

三、结果展示

实践结果以撰写实践报告的形式为主，报告中应体现以下部分内容：

1. 项目或任务的背景

结合物质的用途，明确项目实践的目标。

2. 项目实施的可行性分析

项目实践中具体要怎么做？采用什么方法？可供参考的文献资料有哪些？

3. 项目或任务的结果

通过项目的实践，是否制得产品？产品外观、熔点、收率等指标分别为多少？鉴别结果如何？

4. 争议的最大问题

5. 心得体会

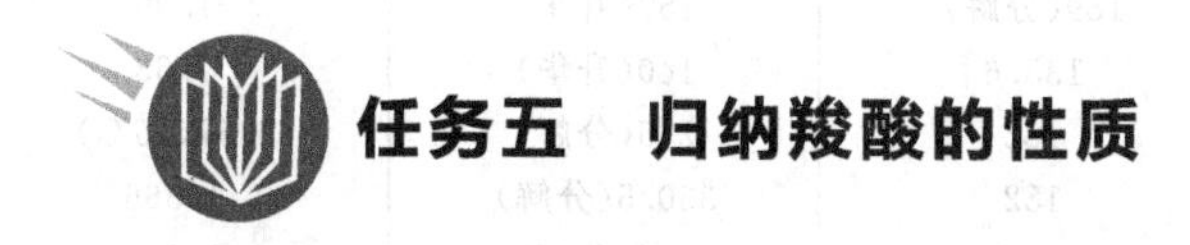

任务五 归纳羧酸的性质

一、物理性质

1. 物态

常温下，C_1～C_3 羧酸是具有刺激性酸味的液体，C_4～C_9 羧酸是具有酸败气味的油状液体，C_{10} 以上直链一元羧酸为白色蜡状的固体。脂肪族二元羧酸和芳香族羧酸为白色晶体。

2. 沸点

饱和一元羧酸的沸点随着碳原子数的增加而升高。羧酸的沸点比相对分子质量相同的醇高，如甲酸和乙醇相对分子质量都为 46，而甲酸沸点 100.8℃，乙醇为 78℃。这是因为羧酸分子间可以形成两个氢键，并通过两个氢键形成双分子缔合体。

3. 熔点

直链饱和一元羧酸的熔点随碳原子数的增加而呈锯齿状升高。含偶数碳原子的羧酸比相邻两个含奇数碳原子的羧酸沸点要高。主要是因为含偶数碳原子的羧酸分子对称性高，排列比较紧密，分子间作用力大的缘故。乙酸熔点 16.6℃，当室温低于此温度时，立即凝成冰状结晶，故纯乙酸又称为冰醋酸。

4. 溶解度

羧酸也能与水分子形成氢键，因此，C_1～C_4 的羧酸可与水互溶，随着相对分子质量的增加，C_5 以上的羧酸的水溶性逐渐降低，C_{10} 以上不溶。二元羧酸的溶解度比同碳数的一元羧酸大，芳香族羧酸一般难溶于水。羧酸可溶于一般的有机溶剂，如乙醇、乙醚、氯仿等。

5. 相对密度

直链饱和一元羧酸的相对密度随碳原子数的增加而降低。除甲酸、乙酸的密度大于 1 外，其他饱和一元羧酸密度小于 1，二元羧酸和芳香族羧酸密度都大于 1。

表 10-1 为羧酸的物理常数。

表 10-1 羧酸的物理常数

名称	熔点/℃	沸点/℃	相对密度(d_4^{20})	溶解度/(g/100gH_2O)
甲酸(蚁酸)	8.6	100.8	1.220	互溶
乙酸(醋酸)	16.7	118.0	1.049	互溶
丙酸(初油酸)	−20.8	140.7	0.993	互溶
丁酸(酪酸)	−7.9	163.5	0.959	互溶
戊酸(缬草酸)	−34.0	185.4	0.939	4.97
己酸(洋油酸)	−3.0	205.0	0.929	1.08
十二酸(月桂酸)	44	225	0.868(50℃)	0.006
十四酸(肉豆蔻酸)	58	250.5(13.3kPa)	0844(80℃)	0.002
十六酸(软脂酸)	63	271.5(13.3kPa)	0.8496(70℃)	0.0007
十八酸(硬脂酸)	71.5	383	0.941	0.0003
丙烯酸(败脂酸)	14	140.9	1.051	
2-丁烯酸(巴豆酸)	72	185	1.018	
苯甲酸(安息香酸)	122	250	1.266	0.34
β-苯丙烯酸(肉桂酸)	133	300	1.245	
乙二酸(草酸)	189(分解)	157(升华)	1.90	10.2
丙二酸(胡萝卜酸)	135.6	140(升华)	1.63	138
丁二酸(琥珀酸)	182	235(分解)	1.57(15℃)	
己二酸(肥酸)	152	330.5(分解)	1.366	
顺丁烯二酸(马来酸)	130.5	135(分解)	1.590	78.8
反丁烯二酸(富马酸)	287	200(升华)	1.625	0.70
邻苯二甲酸(酞酸)	210(分解)		1.593	0.7

二、化学性质

羧酸的官能团是羧基，由羧基的结构可知，由于结构中存在 p，π-共轭，使 >C=O 的正电性降低，通常不易发生类似醛酮的亲核加成反应；—OH 中 O 原子上的电子云密度降低，增加了 O—H 键的极性，使 H 原子易离解为质子，因此，羧酸比醇的酸性强；由于羧基的吸电子效应，使得 α-H 易被卤素取代；另外，在强烈的条件下会发生 C—C 键断裂，脱去—COOH。

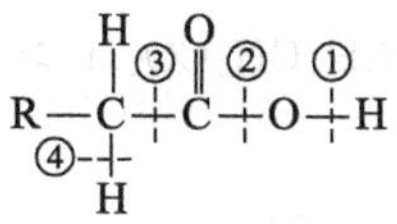

$$\mathrm{R-\overset{H}{\underset{H}{C}}-\overset{O}{\overset{\|}{C}}-O-H}$$

（图中标注：①O—H之间，②C—O之间，③C—C之间，④C—H之间）

① O—H 键断裂，呈酸性

② C—O 键断裂，羟基被取代

③ C—C 键断裂，脱羧反应

④ C—H 键断裂，α-H 的反应

1. 酸性

羧酸具有弱酸性，可使蓝色的石蕊试纸变红，大多数一元羧酸的 pK_a 值在 3.5～5 之间，比醇、酚（苯酚 $pK_a \approx 10$）和碳酸（$pK_{a1}=6.73$）的酸性都强，不仅可以和氢氧化钠反应生成盐和水，也能和碳酸钠、碳酸氢钠作用生成盐、二氧化碳和水。

$$RCOOH + NaOH \longrightarrow RCOONa + H_2O$$

$$RCOOH + Na_2CO_3(或\ NaHCO_3) \longrightarrow RCOONa + CO_2\uparrow + H_2O$$ 用于区别酸和其他化合物

$$RCOONa \xrightarrow{H^+} RCOOH$$

此性质可用于醇、酚、酸的鉴别和分离，不溶于水的羧酸既溶于 NaOH 也溶于 $NaHCO_3$，不溶于水的酚能溶于 NaOH 不溶于 $NaHCO_3$，不溶于水的醇既不溶于 NaOH 也不溶于 $NaHCO_3$。

工业上也常利用羧酸盐与无机强酸作用转变成羧酸的性质，对羧酸进行分离和精制。

结构不同，羧酸的酸性也不同。一些羧酸及取代羧酸的 pK_a 列于表 10-2。影响羧酸酸性的因素（如电子效应、空间效应、溶剂化效应等）很多且复杂，但有一点是相通的，即任何使羧酸根负离子趋于更稳定的因素都能使酸性增强，任何使羧酸根负离子趋于不稳定的因素都使酸性减弱。

表 10-2 一些羧酸及取代羧酸的 pK_a

名称	pK_a	名称	pK_a
甲酸	3.77	溴乙酸	2.90
乙酸	4.76	碘乙酸	3.18
丙酸	4.87	三氯乙酸	0.7
丁酸	4.82	α-氯丁酸	2.84
氟乙酸	2.66	β-氯丁酸	4.08
氯乙酸	2.86	γ-氯丁酸	4.52

由表 10-2 可知，电子效应对羧酸及取代羧酸的影响有以下规律：

① 基团吸电子能力越强，酸性越强；给电子能力越强，酸性越弱。

② 吸电子基团越多，离羧基越近，酸性越强。

【例 10-1】 比较以下各组物质的酸性：

（1）$FCH_2COOH > ClCH_2COOH > BrCH_2COOH > ICH_2COOH > CH_3COOH$

pK_a　2.66　2.86　2.89　3.16　4.76

（2）$CH_3COOH > CH_3CH_2COOH > (CH_3)_3CCOOH$

pK_a　4.76　4.87　5.05

(3) $ClCH_2COOH > Cl_2CHCOOH > Cl_3CCOOH$

pK_a 2.86 1.29 0.65

(4) $CH_3CH_2CHClCO_2H > CH_3CHClCH_2CO_2H > CH_2ClCH_2CH_2CO_2H > CH_2HCH_2CH_2CO_2H$

pK_a 2.86 4.41 4.70 4.82

(5) 间羟基苯甲酸>苯甲酸>对羟基苯甲酸

pK_a 4.07 4.19 4.59

某些羧酸的盐具有抑制细菌生长的作用，可在食品行业做防腐剂。常用的食品防腐剂有苯甲酸钠、乙酸钙和山梨酸钾($CH_3CH=CHCH=CHCOOK$)等。高级脂肪酸钠是肥皂的主要成分，高级脂肪酸铵是雪花膏的主要成分。

2. 羟基的取代反应

羧基上的羟基可被其他原子或原子团取代生成羧酸的衍生物。

$R-\overset{O}{\overset{\|}{C}}-X$ 酰卤　　$R-\overset{O}{\overset{\|}{C}}-O-\overset{O}{\overset{\|}{C}}-R'$ 酸酐　　$R-\overset{O}{\overset{\|}{C}}-OR'$ 酯　　$R-\overset{O}{\overset{\|}{C}}-NH_2$ 酰胺

羧酸分子中去掉—OH后的剩下的部分($R-\overset{O}{\overset{\|}{C}}-$)称为酰基。

(1) 酰卤的生成　酰卤中最重要的是酰氯，酰氯常通过羧酸（甲酸除外）与PCl_3、PCl_5、$SOCl_2$反应得到，羧酸中的羟基被氯原子取代。例如：

$$CH_3COOH + PCl_3 \longrightarrow CH_3COCl + H_3PO_3$$

70%

$$C_6H_5-COOH + PCl_5 \longrightarrow C_6H_5-COCl + POCl_3 + HCl\uparrow$$

(90%)

$$m\text{-}O_2NC_6H_4-COOH + SOCl_2 \longrightarrow m\text{-}O_2NC_6H_4-COCl + SO_2\uparrow + HCl\uparrow$$

(90%)

酰氯是一类重要的酰基化试剂，性质活泼，易水解，通常用蒸馏法将产物分离。

PCl_3适于制备低沸点酰氯如乙酰氯（沸点52℃），PCl_5适于制备沸点较高的酰氯。虽然$SOCl_2$活性比氯化磷低，但它是最常用的试剂，因其沸点低，在制备酰氯时，既可作溶剂又可做试剂，该反应产物纯、易分离，产率高，是一种合成酰氯的好方法。

(2) 酸酐的生成　羧酸（甲酸除外）在脱水剂（如P_2O_5、乙酸酐等）作用下加热，脱水生成酸酐。

$$R-\overset{O}{\overset{\|}{C}}-OH + R-\overset{O}{\overset{\|}{C}}-OH \xrightarrow{\triangle} R-\overset{O}{\overset{\|}{C}}-O-\overset{O}{\overset{\|}{C}}-R + H_2O$$

$$2\ C_6H_5-COOH + \underset{\text{乙酐(脱水剂)}}{(CH_3CO)_2O} \xrightarrow{\triangle} (C_6H_5-CO)_2O + CH_3COOH$$

因乙酐能较迅速地与水反应，且价格便宜，生成的乙酸又易除去，因此，常用乙酐作为制备酸酐的脱水剂。

1,4-二元酸和1,5-二元酸不需要任何脱水剂，加热就能分子内脱水生成环状（五元或六元）酸酐。例如：

$$\text{HOOC-CH=CH-COOH} \xrightarrow{150^\circ C} \text{顺丁烯二酸酐} + H_2O$$

顺丁烯二酸酐(95%)

$$\text{邻苯二甲酸} \xrightarrow{230^\circ C} \text{邻苯二甲酸酐} + H_2O$$

邻苯二甲酸酐(约100%)

$$H_2C(CH_2-COOH)_2 \xrightarrow{300^\circ C} \text{戊二酸酐} + H_2O$$

戊二酸酐

(3) 酯化反应　在强酸（如浓硫酸、干HCl、对甲苯磺酸或强酸性离子交换树脂）催化下，羧酸与醇作用发生分子间脱水生成酯，这一反应叫酯化反应。

$$RCOOH + R'OH \overset{H^+}{\rightleftharpoons} RCOOR' + H_2O$$

酯化反应是可逆反应，因此要提高酯化反应的产率需采取相关措施。如使反应物之一过量（一般是加过量的醇）或移走低沸点的酯或水（或加入苯，通过蒸出苯-水恒沸物将水带出）。例如：

$$HCOOH + \underset{\text{丙醇(过量)}}{CH_3CH_2CH_2OH} \overset{H^+}{\rightleftharpoons} \underset{(84\%)}{HCOOCH_2CH_2CH_3} + H_2O$$

酯化反应的速率决定于醇和羧酸的结构。如芳香酸的酯化速度小于直链羧酸；对于同一羧酸，$CH_3OH > RCH_2OH > R_2CHOH > R_3COH$；对于同一醇，$HCOOH > CH_3COOH > RCH_2COOH > R_2CHCOOH > R_3CCOOH$。

即空间位阻对酯化速率影响显著，无论在醇分子，还是酸分子中，α-侧链愈大、愈多，立体障碍愈大，酯化反应速率越慢。

叔醇酯化反应速率极慢，以致主要以消除反应为主。因此直接酯化法只适宜于伯醇、仲醇的酯，叔醇的酯则采用酰氯或酸酐的醇解反应制取。

二元酸与二元醇反应可生成环酯（但仅限于五元环或六元环）。

(4) 酰胺的生成　在羧酸中通入氨气或加入碳酸铵，可得到羧酸铵盐，铵盐受热分解失水而生成酰胺。这个反应是可逆的，反应过程中不断蒸出所生成的水使平衡右移，产率很好。例如：

$$CH_3COOH + NH_3 \longrightarrow CH_3COONH_4 \xrightarrow{\triangle} CH_3CONH_2 + H_2O$$

3. 脱羧反应

羧酸脱去二氧化碳的反应称为脱羧反应。该反应一般需加热条件下才能进行。如无水乙酸钠和碱石灰混合后强热生成甲烷，这是实验室制取甲烷的方法。

$$CH_3COONa + NaOH(CaO) \xrightarrow{热熔} \underset{(99\%)}{CH_4} + Na_2CO_3$$

其他直链脂肪酸脱羧，常有大量分解产物，无制备意义。

一元羧酸的 α 碳原子上连有强吸电子基时，易发生脱羧。例如：

$$CCl_3COOH \xrightarrow{100\sim150℃} CHCl_3 + CO_2\uparrow$$

$$CH_3\overset{O}{\overset{\|}{C}}CH_2COOH \xrightarrow{\triangle} CH_3\overset{O}{\overset{\|}{C}}CH_3 + CO_2\uparrow$$

$$\text{2-羰基环己烷甲酸（COOH, =O）} \xrightarrow{\triangle} \text{环己酮（=O）} + CO_2\uparrow$$

$$\text{2,4,6-三硝基苯甲酸（COOH; }O_2N, NO_2, NO_2\text{）} \xrightarrow[H_2O]{约\ 100℃} \text{1,3,5-三硝基苯（}O_2N, NO_2, NO_2\text{）} + CO_2\uparrow$$

乙二酸、丙二酸受热脱羧生成一元酸。例如：

$$\begin{array}{l}COOH\\|\\COOH\end{array} \xrightarrow{\triangle} HCOOH + CO_2$$

$$H_2C\begin{array}{l}\diagup COOH\\ \diagdown COOH\end{array} \xrightarrow{\triangle} CH_3COOH + CO_2$$

$$R_2C\begin{array}{l}\diagup COOH\\ \diagdown COOH\end{array} \xrightarrow{\triangle} R_2CH{-}COOH + CO_2$$

4. α-H 的卤代反应

受羧基的影响，羧酸的 α-H 有一定的活性。可在少量红磷、硫或碘等催化剂作用下被溴或氯取代，生成卤代羧酸。羧酸分子中烃基上的氢原子被其他原子或原子团取代后形成的化合物称为取代酸。取代酸有卤代酸、羟基酸、氨基酸、羰基酸等。

$$RCH_2COOH \xrightarrow[P,\triangle]{Br_2} R\underset{Br}{\underset{|}{C}}HCOOH \xrightarrow[P,\triangle]{Br_2} R{-}\overset{Br}{\overset{|}{\underset{Br}{\underset{|}{C}}}}{-}COOH$$

控制条件，反应可停留在一取代阶段。例如：

$$CH_3CH_2CH_2CH_2COOH + Br_2 \xrightarrow[70℃]{P,Br_2} CH_3CH_2CH_2\underset{\underset{Br}{|}}{C}HCOOH + HBr$$

(80%)

α-卤代酸很活泼，常用来制备α-羟基酸、α,β-不饱和酸和α-氨基酸。

5. 羧酸的还原

羧酸很难被还原，只能用强还原剂 $LiAlH_4$ 才能将其还原为相应的伯醇。H_2/Ni、$NaBH_4$ 等都不能使羧酸还原。

$$(CH_3)_3CCOOH + LiAlH_4 \xrightarrow[(2)H_2O]{(1)干醚} (CH_3)_3CCH_2OH$$

(92%)

三、鉴别

1. 与 NaOH、Na_2CO_3、$NaHCO_3$ 的反应

羧酸分子中含有官能团羧基，其典型的化学性质是具有酸性，可与碳酸钠、碳酸氢钠作用生成水溶性的羧酸盐，同时释放出二氧化碳。也可与氢氧化钠反应而溶于氢氧化钠溶液中。因此可以此作为鉴定羧酸的重要依据。

2. 酸性甲基红试验

甲基红的变色范围为 pH4.4(红)～6.2(黄)。在黄色甲基红中加入酸性样品，其颜色发生变化，由黄转为红，这一变化可用来检验羧酸。

3. 碘酸钾-碘化钾试验法

KIO_3-KI 发生歧化反应的条件为酸性，故可在两种试剂中加入酸性样品，会生成遇淀粉变蓝的碘。该反应不仅可对羧基进行定性分析，还可对其进行定量分析。

$$KIO_3 + KI + H^+ \longrightarrow K^+ + I_2 + H_2O$$

4. 甲酸的检验

甲酸除可看做是 H 原子与羧基相连外，还可看做是醛基与羟基相连。结构上的特殊性使它除具有酸的通性外，还可被托伦试剂、斐林试剂氧化，也易被高锰酸钾氧化，常用这些性质定性鉴定甲酸。

强 化 练 习

1. 用系统命名法命名下列化合物。

(1) $CH_3\underset{\underset{CH_3}{|}}{\overset{\overset{CH_3}{|}}{C}}CH_2OH$　　(2) $CH_3\underset{\underset{CH_3}{|}}{C}HCH_2CH_2COOH$　　(3) $C_6H_5CH_2COOH$（苯环上连 CH_2COOH）

(4) 2-位连 Cl、1-位连 COOH 的环戊烯（环上含一个双键）　　(5) $CH_3CH_2\underset{\underset{COOH}{|}}{C}HCH_2CH_3$　　(6) HOOC(H)C=C(H)COOH（两个 COOH 处于双键两侧反位）

2. 写出下列化合物的构造式。

(1) 乙酸　(2) 水杨酸　(3) 己二酸　(4) 苯甲酸
(5) 3-溴丙酸　(6) 2,4,6-三硝基苯甲酸　(7) 顺丁烯二酸　(8) 2,2-二甲基戊酸

3. 完成下列化学反应。

(1) $CH_2{=}CH_2 \xrightarrow{HBr} ? \xrightarrow{NaCN} ? \xrightarrow{H_3O^+} ? \xrightarrow{PCl_3} ? \xrightarrow{C_2H_5OH} ?$

(2) 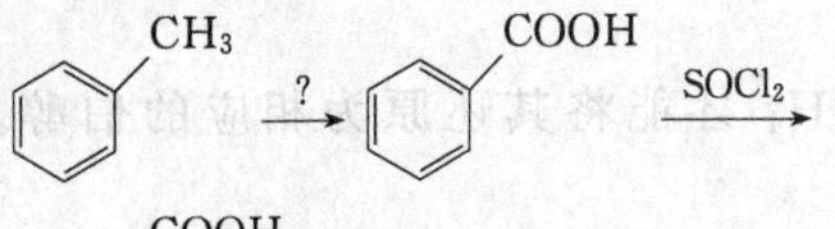 甲苯（$C_6H_5CH_3$）$\xrightarrow{?}$ 苯甲酸（C_6H_5COOH）$\xrightarrow{SOCl_2}$

(3) 环己烷-1,1,2-三甲酸（环上一个碳连两个 COOH，相邻碳连一个 COOH）$\xrightarrow{-CO_2} \xrightarrow{H_2O} ?$

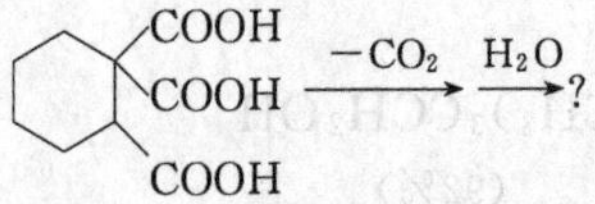

(4) $CH_3CH_2COOH \xrightarrow[P]{Br_2} ? \xrightarrow{NaOH/H_2O} ? \xrightarrow[\triangle]{H_2SO_4} ?$

4. 用化学方法鉴别下列各组化合物。

(1) 甲酸、乙酸、丙酮、乙醛

(2) 苯酚、苯乙酮、苯甲醛、苯甲酸

5. 用化学方法分离下列化合物。

苯酚、苯甲酸、苯甲醚、苯甲醛

6. 比较下列化合物的酸性。

(1) H_2O　C_2H_5OH　CH_3COOH　H_2CO_3　$HCOOH$　C_6H_5OH

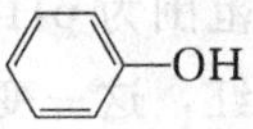

(2) 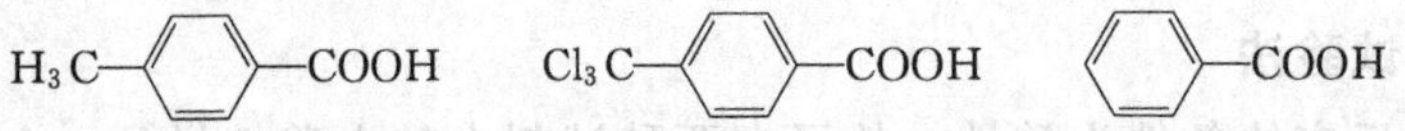 $H_3C{-}C_6H_4{-}COOH$　$Cl_3C{-}C_6H_4{-}COOH$　$C_6H_5{-}COOH$

7. 有一化合物 A、B，分子式都为 $C_4H_8O_2$，其中 A 易和 Na_2CO_3 反应放出 CO_2，B 不和 Na_2CO_3 作用，但和 NaOH 水溶液共热后生成乙醇，推测 A、B 结构。

项目十一 乙酸异戊酯的制备及性质

知识目标

◎ 学习并了解羧酸衍生物的分类、来源、主要制法及其在生产生活中的应用。

◎ 学习并理解羧酸衍生物的物理性质及其变化规律，熟悉羧酸衍生物的化学反应及应用；

◎ 学习并掌握羧酸衍生物的命名、官能团的特征反应及其鉴别方法。

能力目标

◎ 能够查阅各种图书资料和网络资料，对制备方法进行分析、汇总和比较。

◎ 能够制订实验室制备及鉴别的实践方案。

◎ 能够针对方案实践过程中可能遇到的问题进行提前分析与准备。

◎ 能够熟练运用有机化学实验的基本操作，对方案进行实践。

◎ 能够结合实践及所学知识归纳同系列化合物的物理化学性质。

项目实施要求

◎ 项目实施过程遵循“项目布置—化合物的初步认识—查阅资料—分析资料—确定方案—方案实践—总结归纳—巩固强化”规律。

◎“项目布置”要求学生明确项目内容与任务，各项目组制订初步工作计划（开展方式、人员分工、时间安排等）。

◎“初步认识”主要通过课堂讨论及讲解的方式进行；查阅和分析资料则需要利用课余时间完成。学生需根据项目中各任务的要求，在项目组内进行分工协调，共同查阅和分析资料，从而形成初步材料。

◎ 确定方案阶段由各项目组讨论收集的资料，并确定工作计划。

◎ 实践阶段主要包括前期准备、项目实践及结果展示三个部分，要求各项目组根据确定的方案准备实践所需的试剂与器材，按照方案和工作计划进行实践，并记录现象与结果，完成实践报告的撰写。

◎ 总结归纳阶段要求学生根据项目实施过程中所学知识、技能、技巧，结合实践结果，对该类化合物的性质进行总结和归纳。教师在这一过程中适时进行知识的分析、补充讲解和拓展。

◎ 巩固强化阶段要求学生应用相关知识完成强化练习，反馈学习效果。

任务一 羧酸衍生物的初步认识

羧酸的羟基被其他基团取代的化合物称为羧酸衍生物。重要的羧酸衍生物包括酰卤、酸酐、酯和酰胺。因其结构中含有酰基，所以又叫做酰基化合物。主要的羧酸衍生物有：

$R-\overset{O}{\overset{\|}{C}}-X$ 酰卤　　$R-\overset{O}{\overset{\|}{C}}-O-\overset{O}{\overset{\|}{C}}-R'$ 酸酐　　$R-\overset{O}{\overset{\|}{C}}-OR'$ 酯　　$R-\overset{O}{\overset{\|}{C}}-NH_2(R')$ 酰胺

一、命名

羧酸分子中去掉羟基后剩余的部分叫酰基。

1. 酰卤

酰卤是由相应酸的酰基和卤素组成，命名时在酰基后面加上卤原子的名称，称为“某酰卤”。例如：

$CH_3-\overset{O}{\overset{\|}{C}}-Cl$ 乙酰氯　　$CH_3CH_2-\underset{H_3C}{CH}-\overset{O}{\overset{\|}{C}}-Br$ 2-甲基丁酰溴　　$C_6H_5-\overset{O}{\overset{\|}{C}}-Cl$ 苯甲酰氯

2. 酸酐

酸酐由相应的羧酸脱水得到，命名时在相应羧酸名称后面加一“酐”字。若形成酸酐的两个羧酸相同，称为单酐；若形成酸酐的两个羧酸不相同，称为混酐。二元酸分子内脱水形成内酐。例如：

$CH_3-\overset{O}{\overset{\|}{C}}-O-\overset{O}{\overset{\|}{C}}-CH_3$ 乙酸酐　　$CH_3-\overset{O}{\overset{\|}{C}}-O-\overset{O}{\overset{\|}{C}}-CH_2CH_3$ 乙(酸)丙(酸)酐　　丁二(酸)酐

3. 酯

酯是由羧酸和醇（或酚）脱水得到的产物，命名时按照形成它的羧酸和醇（或酚）的名称，称为“某酸某酯”。由多元羧酸和多元醇形成的酯，称为“某酸某醇酯”；由一元酸和多元醇形成的酯，命名时将醇写在羧酸前面，称为“某醇某酸酯”。分子中含有—CO—O—结构的环状化合物称为内酯。例如：

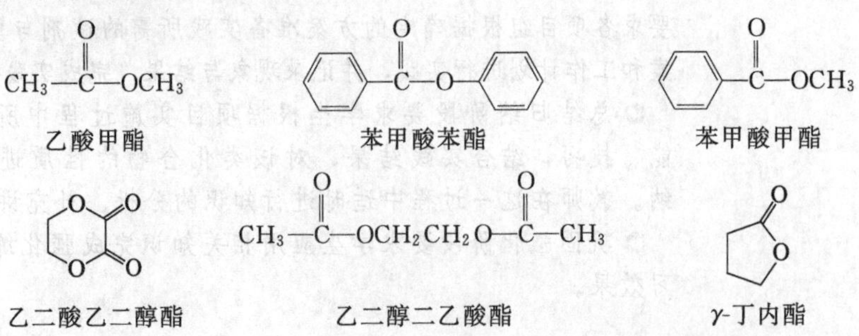

乙酸甲酯　　苯甲酸苯酯　　苯甲酸甲酯

乙二酸乙二醇酯　　乙二醇二乙酸酯　　γ-丁内酯

4. 酰胺

酰胺由酰基和氨基组成，称为“某酰胺”。若氮上有取代基，把氮原子上所连的烃基作为取代基，写名称时用“N”表示其位次，放在酰胺名称前面，称为“*N*-烃基某酰胺”。分子中含有—CO—NH—结构的环状化合物称为内酰胺。例如：

$CH_3—\overset{O}{\overset{\|}{C}}—NH_2$　　$H\overset{O}{\overset{\|}{C}}—NHCH_3$　　$CH_3—\overset{O}{\overset{\|}{C}}—N(CH_3)_2$　　（五元环内酰胺结构，含 C=O 与 NH）

乙酰胺　　*N*-甲基甲酰胺　　*N*，*N*-二甲基乙酰胺　　*γ*-丁内酰胺

二、结构

酰卤、酸酐、酯、酰胺分子中都含有酰基，可用通式（ $R—\overset{O}{\overset{\|}{C}}—L$ ）表示。经光谱测定它们都具有碳氧双键，羰基碳的碳为 sp^2 杂化，p 轨道和氧原子的 p 轨道交盖形成 π 键。与羰基碳直接相连的原子（X、O、N）上都有未共用电子对，它们所占的 p 轨道能与羰基上的 π 轨道共轭，形成 p-π 共轭体系：

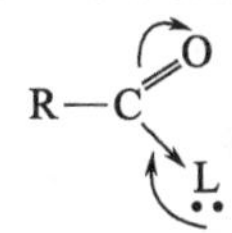

任务二　查阅乙酸异戊酯的用途、制备及鉴别方法

一、乙酸异戊酯的用途

查阅乙酸异戊酯的主要来源，在工业生产、日常生活中的具体用途，以及重要羧酸衍生物及其应用。

二、制备方法

查阅工业制法、实验室制法以及所需仪器、试剂。充分了解原料的性质及相关参数，为方案的制订、实验操作以及“三废”处理做好相关准备。

三、鉴别方法

通过查阅资料，学习物质的物理化学性质、鉴别方法及应用范围。

任务三　确定合成路线及确定合成路线及鉴别方案

一、分析并确定制备方案

整理分析查阅的资料，比较各种制备的特点，结合实际情况，确定实验室可行的制备方案，并拟订工作计划。

二、分析并确定鉴别方案

整理分析查阅的资料，结合羧酸衍生物类物质的性质，分析各鉴别方法的特点及原理，结合实际情况，确定鉴别方案，并拟订工作计划。

三、“三废” 处理

根据已拟订的制备及鉴别方案，分析项目实施过程中原料、产物和副产物的性质，结合资料，制订“三废”的处理方案，增强环保意识。

四、注意事项

结合制备、鉴别及“三废”处理过程中的需要注意的实验操作技术、有毒有害物品的正确使用以及紧急情况发生后的应急处理措施，尽量避免实施过程中的危险或不规范操作，以保证项目能顺利安全地实施。

任务四　方案的实践

一、前期准备

根据拟订的制备、鉴别方案和工作计划，设计实验装置、实施具体步骤，整理实施方案所需的仪器和试剂，领取所需试剂、器材，配制相关溶液、装置的准备及具体工作分工。

二、方案的实践

根据制订的工作计划对项目进行实施。主要包括乙酸异戊酯的制备以及鉴别，在实施过程中，如遇突发问题或不能实施的环节，小组内成员需共同讨论解决，指导教师在过程中加强巡查和指导。

三、结果展示

实践结果以撰写实践报告的形式为主，报告中应体现以下部分内容：

1. 项目或任务的背景

结合物质的用途，明确项目实践的目标。

2. 项目实施的可行性分析

项目实践中具体要怎么做？采用什么方法？可供参考的文献资料有哪些？

3. 项目或任务的结果

通过项目的实践，是否制得产品？产品外观、收率等指标分别为多少？鉴别结果如何？

4. 争议的最大问题

5. 心得体会

任务五 归纳羧酸衍生物的性质

一、物理性质

1. 物态、气味

低级酰氯和酸酐都是具有刺激性气味的无色液体，高级的酰氯和酸酐为固体。低级酯具有芳香气味，主要存在于水果中，工业中广泛用于配制各种香料、香精。乙酸异戊酯具有香蕉香味，是最常用的果香型食用香料之一，正戊酸异戊酯具有苹果香味。十四碳酸以下的甲酯、乙酯均为无色液体，高级酯多为蜡状固体。酰胺化合物中除甲酰胺为液体外，其余酰胺均为无色固体，没有气味。

2. 溶解性

羧酸衍生物的水溶性比相应的羧酸小，但一般都可溶于乙醚、氯仿、苯等有机溶剂。酰氯和酸酐不溶于水，低级的酰氯和酸酐遇水分解。酯在水中溶解度很小，除低级酯（C_3～C_5）微溶于水外，其他的酯都不溶于水。低级酰胺可溶于水，随着相对分子质量的增大，溶解度逐渐降低。*N*,*N*-二甲基甲酰胺和*N*,*N*-二甲基乙酰胺是强极性溶剂，常用作优良的非质子极性溶剂，可与水以任意比例互溶。有些酯本身就是优良的有机溶剂，如乙酸乙酯大量用于工业油漆。

3. 沸点

酰氯、酯和酸酐各自分子间不能通过氢键缔合形成氢键，故酰氯和酯的沸点比相应的羧酸小，酸酐的沸点较分子量相当的羧酸低。酰胺由于分子间的氢键缔合作用较强，其沸点比相应的羧酸高。当酰胺氮上的氢被烃基取代后，氢键的缔合作用减少，沸点降低。相对分子质量接近的羧酸及其衍生物的沸点高低顺序为酰胺＞羧酸＞酸酐＞酯＞酰氯。如相对分子质量接近的乙酰氯、乙酸乙酯、丙酸、乙酰胺、*N*-甲基乙酰胺、*N*,*N*-二甲基乙酰胺的沸点分别为51℃、77℃、165.5℃、221℃、204℃、165℃。

一些常见羧酸衍生物的物理常数见表11-1。

表11-1 常见羧酸衍生物的物理常数

名称	熔点/℃	沸点/℃	相对密度	名称	熔点/℃	沸点/℃	相对密度
乙酰氯	−112	51	1.104	乙酸酐	−73	140	1.082
乙酰溴	−96	76.7	1.520	丁二酸酐	119.6	261	1.104
乙酰碘		108	1.980	顺丁烯二酸酐	60	200	1.480
丙酰氯	−94	80	1.065	苯甲酸酐	42	360	1.199
苯甲酰氯	−1.0	197	1.212	邻苯二甲酸酐	131	284	1.527
甲酰胺	2.5	195	1.130	甲酸甲酯	−99	32	0.974
乙酰胺	82	221	1.150	乙酸乙酯	−83	77	0.900
N-甲基甲酰胺		180		乙酸戊酯	−71	148	0.876
N,*N*-二甲基甲酰胺	−61	153	0.949	乙酸异戊酯	−78	142	0.876
N,*N*-二甲基乙酰胺	−20	165	0.937	苯甲酸乙酯	−35	213	1.050

二、化学性质

羧酸衍生物都具有酰基结构，因此它们的化学性质相似，可以发生很多相似的反应。羧酸衍生物中的羰基碳带部分正电荷，易受亲核试剂进攻，如发生水解、醇解、氨解等反应。羧酸衍生物中的羰基还能发生还原反应，酰胺还能发生某些特殊反应。

1. 亲核取代反应

羧酸衍生物含有羰基，羰基上的碳原子可以发生亲核取代反应，羧酸衍生物的亲核取代反应可表达如下：

$$R-\overset{O}{\overset{\|}{C}}-L+:Nu \underset{}{\overset{催化剂}{\rightleftharpoons}} R-\overset{O}{\overset{\|}{C}}-Nu+:L$$

该反应是酰基碳上的一个基团被亲核试剂所取代。此类亲核取代反应是在碱催化的条件下进行的。反应中被取代的基团“L”为离去基团，越容易离去的基团，反应越容易发生。在羧酸衍生物中，离去基团的能力为：$Cl- > Br- > RCO_2- > RO- > -OH > -NH_2$，可以看出羧酸衍生物中反应活性强弱顺序为：酰卤＞酸酐＞酯＞酰胺。

(1) 水解　羧酸衍生物均能和水作用发生水解反应生成羧酸。例如：

$$R-\overset{O}{\overset{\|}{C}}-Cl+H_2O \xrightarrow{室温} R-\overset{O}{\overset{\|}{C}}-OH+HCl$$

$$R-\overset{O}{\overset{\|}{C}}-O-\overset{O}{\overset{\|}{C}}-R'+H_2O \xrightarrow{\triangle} R-\overset{O}{\overset{\|}{C}}-OH+R'-\overset{O}{\overset{\|}{C}}-OH$$

$$R-\overset{O}{\overset{\|}{C}}-OR'+H_2O \xrightarrow[或\ OH^-]{H^+} R-\overset{O}{\overset{\|}{C}}-OH+R'OH$$

$$R-\overset{O}{\overset{\|}{C}}-NH_2+H_2O \xrightarrow{回流} \begin{cases} \xrightarrow{H^+} R-\overset{O}{\overset{\|}{C}}-OH+NH_4^+ \\ \xrightarrow{OH^-} R-\overset{O}{\overset{\|}{C}}-O^-+NH_3\uparrow \end{cases}$$

由反应条件可以知道虽然这四种羧酸衍生物都可以和水发生水解反应，但酰卤最容易水解，酸酐次之，酯和酰胺都要在酸或碱催化下进行水解反应。低级酰氯遇到空气中的水蒸气即可吸湿分解，形成白色雾滴，因此酰氯贮存时必须密封。

在工业上常常利用酯在碱性条件下水解制备肥皂，因此酯的碱水解反应又叫做皂化反应。

(2) 醇解　羧酸衍生物与醇或酚作用生成酯，其反应活性顺序与水解相同。

$$R-\overset{O}{\overset{\|}{C}}-Cl+R'OH \longrightarrow R-\overset{O}{\overset{\|}{C}}-OR'+HCl$$

$$R-\overset{O}{\overset{\|}{C}}-O-\overset{O}{\overset{\|}{C}}-R'+R'OH \longrightarrow R-\overset{O}{\overset{\|}{C}}-OR'+R'-\overset{O}{\overset{\|}{C}}-OH$$

酰卤和酸酐的醇解反应虽然没有水解反应快，但也容易进行。工业上常常利用活性较大的酰氯或酸酐来制备一些难以通过羧酸酯化得到的酯。

$$R-\overset{O}{\overset{\|}{C}}-OR' + R''OH \longrightarrow R-\overset{O}{\overset{\|}{C}}-OR'' + R'OH$$

酯和醇发生反应后生成新的酯和新的醇，这一反应又叫做酯交换反应。

酯交换反应广泛用于有机合成中制备难以合成的酯，如酚酯或烯醇酯，还可用廉价醇制取高级醇。

酰胺在酸性条件下醇解为酯，也可用少量醇钠在碱性条件下催化醇解。

$$R-\overset{O}{\overset{\|}{C}}-NH_2 + R'OH \xrightarrow{H^+} R-\overset{O}{\overset{\|}{C}}-OR' + NH_4^+$$

(3) 氨解　羧酸衍生物与氨或胺作用，均可生成酰胺，这是制取酰胺的重要方法。由于氨（胺）具有碱性，其亲核性大于水，故氨解反应比水解反应更容易进行。

酰卤很容易与氨或胺反应生成酰胺，如酰氯遇冷的氨水即可进行反应。酰氯氨解后生成的氯化氢常易与原料氨（或胺）结合成盐，为了提高产率，需加入过量的氨（或胺）。若制备取代酰胺，常加入吡啶或无机碱用于中和反应产生的酸，以避免消耗与酰氯反应的氨（或胺）。例如：

$$Ph-\overset{O}{\overset{\|}{C}}-Cl + \text{(哌啶)NH} \xrightarrow{NaOH} Ph-\overset{O}{\overset{\|}{C}}-N\text{(哌啶环)} + NaCl + H_2O$$

酸酐的氨解比酰卤缓和，酸酐是常用的酰化剂。

$$R-\overset{O}{\overset{\|}{C}}-O-\overset{O}{\overset{\|}{C}}-R' + 2NH_3 \longrightarrow R-\overset{O}{\overset{\|}{C}}-NH_2 + R'-\overset{O}{\overset{\|}{C}}-ONH_4$$

酯可以和氨（或胺）及氨的衍生物如肼、羟胺等发生氨解反应，但反应较慢。

$$R-\overset{O}{\overset{\|}{C}}-OR' + NH_3 \longrightarrow R-\overset{O}{\overset{\|}{C}}-NH_2 + R'OH$$

$$CH_3-\overset{O}{\overset{\|}{C}}-OCH_2CH_3 + H_2NNH_2 \longrightarrow CH_3-\overset{O}{\overset{\|}{C}}-NHNH_2 + CH_3CH_2OH$$

酰胺的氨解反应可以生成一个新的酰胺和一个新的胺，此反应为可逆反应，也可看做是酰胺的交换反应。该反应比较困难，为了使反应完成，参与反应的酰胺应比离去胺的碱性强，并且需要过量。例如：

$$CH_3-\overset{O}{\overset{\|}{C}}-NH_2 + CH_3NH_2 \xrightarrow{\triangle} CH_3-\overset{O}{\overset{\|}{C}}-NHCH_3 + NH_3$$

由于羧酸衍生物能够向其他分子中引入酰基，因此又叫做酰基化试剂。其中酰氯、酸酐的反应活性较强，是最常见的酰基化试剂。

2. 还原反应

羧酸衍生物具有不饱和键，因此具有还原性，可以用多种方法进行还原。不同的衍生物采用不同的还原方法能得到不同的还原产物。如被 $LiAlH_4$ 等金属氢化物还原，酰氯、酸酐、酯还原后生成相应的伯醇，酰胺被还原后生成相应的胺。

$$R-\overset{O}{\overset{\|}{C}}-X \xrightarrow[(2)H_2O/H^+]{(1)LiAlH_4} RCH_2OH + HX$$

$$R-\overset{O}{\overset{\|}{C}}-O-\overset{O}{\overset{\|}{C}}R' \xrightarrow[(2)H_2O/H^+]{(1)LiAlH_4} RCH_2OH+R'CH_2OH$$

$$R-\overset{O}{\overset{\|}{C}}-OR' \xrightarrow[(2)H_2O/H^+]{(1)LiAlH_4} RCH_2OH+R'OH$$

$$R-\overset{O}{\overset{\|}{C}}-NH_2 \xrightarrow[(2)H_2O/H^+]{(1)LiAlH_4} RCH_2NH_2$$

例如：

$$CH_2=CH-CH_2-\overset{O}{\overset{\|}{C}}-OCH_3 \xrightarrow[(2)H_2O/H^+]{(1)LiAlH_4} CH_2=CHCH_2CH_2OH+CH_3OH$$

3. 酰胺的特殊反应

酰胺类化合物除了能水解、还原反应外，还具有一些特殊的性质。

(1) 酰胺的酸碱性　由于酰胺分子中的氮原子上的孤对电子与羰基形成 p-π 共轭，使得氮原子上的电子云密度降低，所以碱性比氨弱。羰基的吸电子性也使得 N—H 键电子云密度向氮原子偏移，使得氢原子表现出一定的酸性。因此，酰胺在一定条件下可以表现出弱酸性和弱碱性。例如：

$$CH_3-\overset{O}{\overset{\|}{C}}-NH_2+HCl \xrightarrow{乙醚} CH_3-\overset{O}{\overset{\|}{C}}-\overset{+}{N}H_3Cl^-$$

$$\text{邻苯二甲酰亚胺}-NH+NaOH \longrightarrow \text{邻苯二甲酰亚胺}-N^-Na^++H_2O$$

(2) 霍夫曼（Hofmann）降解反应　氮上未取代的酰胺在碱性溶液中与氯或溴作用，失去羰基生成少一个碳原子的伯胺的反应，称为霍夫曼降解反应。例如：

$$R-\overset{O}{\overset{\|}{C}}-NH_2+X_2 \xrightarrow{OH^-} RNH_2+CO_3^{2-}+X^-+H_2O$$

$$CH_3-CH_2-\underset{CH_3}{\underset{|}{CH}}-\overset{O}{\overset{\|}{C}}-NH_2 \xrightarrow[OH^-]{NaOCl} CH_3-CH_2-\underset{CH_3}{\underset{|}{\overset{H}{\overset{|}{C}}}}-NH_2$$

霍夫曼降解反应是制备纯伯胺的好方法。

(3) 脱水反应　酰胺在 P_2O_5、$SOCl_2$、乙酸酐等强脱水剂的作用下，共热发生分子内脱水生成腈。例如：

$$RCONH_2 \xrightarrow[\triangle]{P_2O_5} RCN$$

这是实验室制备腈的好方法。

三、鉴别

1. 异羟肟酸反应

酯、酰氯、酸酐在碱性条件下加热均可与羟胺作用，生成异羟肟酸，异羟肟酸在酸性条件下与氯化铁生成紫红色或深红色溶液。

$$R-\overset{O}{\overset{\|}{C}}-OR' + NH_2OH \longrightarrow RCONHOH + R'OH$$

$$3RCONHOH + FeCl_3 \longrightarrow (RCONOH)_3Fe + 3HCl$$

2. 亚硝酸反应

酰胺可与亚硝酸作用，放出氮气，此反应可定量进行，可用于鉴别酰胺。

$$R-\overset{O}{\overset{\|}{C}}-NH_2 + HNO_2 \longrightarrow RCOOH + N_2\uparrow + H_2O$$

强化练习

1. 写出下列化合物的构造式。

(1) 乙酸丁酯　　(2) *N*-甲基丙酰胺　　(3) 乙丙酐

(4) 丁酰氯　　(5) 对甲基苯甲酰胺　　(6) 丙烯酸乙酯

2. 用系统命名法命名下列化合物。

(1) 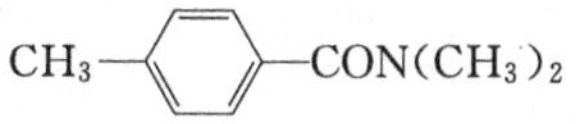 $CH_3-C_6H_4-CON(CH_3)_2$（对位取代苯环）　　(2) $C_6H_5-COOCH_2CH_3$

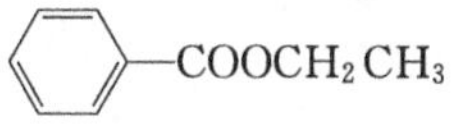

(3) $CH_3CH_2\underset{CH_3}{\underset{|}{C}H}\overset{O}{\overset{\|}{C}}-Cl$　　(4) $CH_3CH_2\overset{O}{\overset{\|}{C}}-O-\overset{O}{\overset{\|}{C}}CH_2CH_3$

(5) 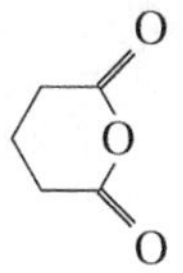 六元环酐（戊二酸酐，环上两个 C=O 与环 O）　　(6) $CH_3-\underset{CH_3}{\underset{|}{C}}=CHCH_2\overset{O}{\overset{\|}{C}}-NH_2$

3. 比较下列化合物的性质，按由小到大、由弱到强的顺序进行排列。

(1) 沸点：丙酰胺、丙酰氯、丙酸。

(2) 氨解反应活性：丙酰氯、丙酸酐、丙酸丙酯、丙酰胺。

4. 完成下列反应。

(1) $CH_3CH_2\overset{O}{\overset{\|}{C}}Cl \xrightarrow{NH_3} ?$

(2) $CH_3CH{=}CHCONH_2 \xrightarrow[(2)\ H_2O/H^+]{(1)\ LiAlH_4} ?$

(3) 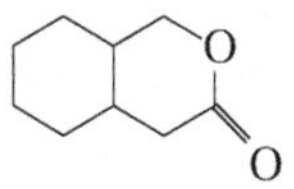 （环己烷并六元内酯，环上 O 与 C=O） $+ C_2H_5OH \longrightarrow ?$

(4) $CH_3(CH_2)_{10}COOC_2H_5 \xrightarrow{CH_3OH} ?$

(5) $$CH_3\underset{\displaystyle CH_3}{\underset{|}{C}}H\overset{\displaystyle O}{\overset{\|}{C}}NH_2 \xrightarrow[NaOH]{Br_2} ?$$

5. 乙酸乙酯与下列化合物作用，分别得到什么主要产物。

(1) H_2O，H^+ (2) H_2O，OH^- (3) NH_3 (4) 1-辛醇，H^+

6. 乙酰氯与下列化合物作用将得到什么主要产物。

(1) H_2O (2) CH_3NH_2 (3) CH_3COONa (4) $CH_3(CH_2)_3OH$

7. 用化学反应鉴别下列各组化合物。

(1) 乙酸乙酯、乙酰胺、乙酸 (2) 丙酸、丙酮、丙醛、丙酸乙酯

8. 合成下列化合物，试剂任选。

(1) 由四氢化萘合成邻苯二甲酸二乙酯 (2) 由 $(CH_3)_2CHOH$ 合成 $(CH_3)_2CONH_2$

9. 化合物A和B的分子式为$C_4H_6O_2$，它们不溶于碳酸钠和氢氧化钠的水溶液；都可以使溴水褪色，且都有类似于乙酸乙酯的香味。和氢氧化钠的水溶液共热后则发生反应：A的反应产物为乙酸钠和乙醛，而B的反应产物为甲醇和一个羧酸的钠盐，将后者用酸中和后蒸馏所得的有机物C可使溴水褪色。试推测A、B以及C的结构式，并写出各步反应方程式。

10. 化合物A、B、C的分子式都是$C_3H_6O_2$，A能与碳酸钠作用放出二氧化碳，B和C在NaOH溶液中水解，C的水解产物中蒸出一个液体，该液体化合物具有碘仿反应，而B的水解产物蒸出的液体无碘仿反应，写出A、B、C的结构式和各步反应方程式。

项目十二 甲基橙的制备

知识目标

- 学习并了解含氮有机物的分类、重要含氮物的制备方法及其应用。
- 学习并理解含氮化合物的物理性质及变化规律。
- 学习并掌握含氮有机物的命名、官能团的特征反应及各种胺的鉴别方法。

能力目标

- 能够查阅各种图书资料和网络资料，对制备方法进行分析、汇总和比较。
- 能够制订实验室制备及鉴别方案。
- 能够针对方案实践过程中可能遇到的问题进行提前分析与准备。
- 能够熟练运用有机化学实验的基本操作，对方案进行实践。
- 能够结合实践及所学知识归纳化合物的性质。

项目实施要求

- 项目实施过程遵循“任务布置—初步认识—查阅资料—分析资料—确定方案—方案实践—总结归纳—巩固强化”规律。
- “任务布置”要求学生明确项目内容与任务，各项目组制订初步工作计划（开展方式、人员分工、时间安排等）。
- “初步认识”主要通过课堂讨论及讲解的方式进行；查阅和分析资料则需要利用课余时间完成。学生需根据项目中各任务的要求，在项目组内进行分工协调，共同查阅和分析资料，从而形成初步材料。
- 确定方案阶段由各项目组讨论收集的资料，并确定工作计划。
- 实践阶段主要包括前期准备、方案实践及结果展示三个部分，要求各项目组根据确定的方案准备实践所需的试剂与器材，按照方案和工作计划进行实践，并记录现象与结果，完成实践报告的撰写。
- 总结归纳阶段要求学生根据任务准备到实施过程中所学知识、技能、技巧，结合实践结果，对化合物的性质及鉴别方法进行总结和归纳。教师在这一过程中适时进行知识的分析、补充讲解和拓展。
- 巩固强化阶段要求学生应用相关知识完成强化练习，反馈学习效果。

任务一　硝基化合物的初步认识

硝基化合物是含有一个或多个硝基（$—NO_2$）的有机化合物，可看成是烃分子中的 H 原子被硝基取代后的产物。其中，硝基与脂肪族烃基相连的叫脂肪族硝基化合物（$R—NO_2$），与芳香族烃基相连的叫芳香族硝基化合物（$Ar—NO_2$），其应用较脂肪族硝基化合物更广泛。

一、命名

命名以硝基作为取代基，烃为母体。多官能团硝基化合物命名时，硝基仍作为取代基。例如：

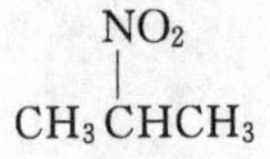

$CH_3CH(NO_2)CH_3$　2-硝基丙烷

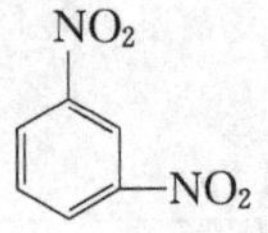

间二硝基苯

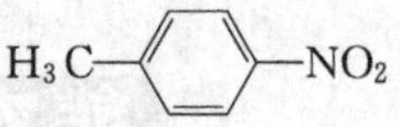

$H_3C—C_6H_4—NO_2$　对硝基甲苯

二、结构

硝基（$—NO_2$）是分子中的官能团，其结构式可表示为 $—N(=O)\rightarrow O$。硝基具有较强的吸电子能力，苯环上接上一个硝基后，其上的亲电取代反应活性明显降低。

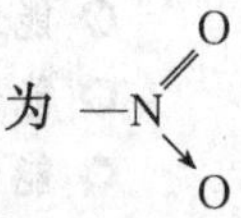

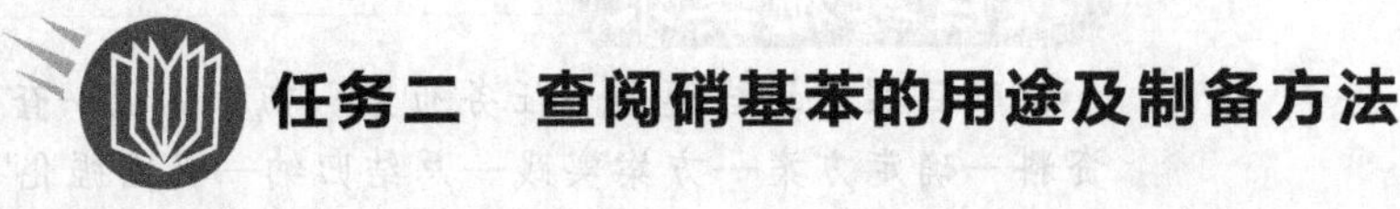

任务二　查阅硝基苯的用途及制备方法

一、硝基苯的用途

查阅硝基苯的主要用途，并了解重要的硝基化合物的相关应用。

二、制备及分离方法

查阅硝基苯的主要制备、分离方法，以及实验室制备所需仪器、试剂。充分了解原料、目标物的性质及相关参数，为方案的制订、实验操作以及“三废”处理做好相关准备。

任务三　确定硝基苯的合成路线及性质鉴别方案

一、分析并确定制备及分离方案

整理分析查阅的资料，比较各种制备、分离方法的特点，结合实际情况，确定实验室可

行的制备及分离方案，并拟订工作计划。

二、分析并确定鉴别方案

通过查阅资料，学习物质的性质，并确定鉴别方案。

三、“三废” 处理

根据已拟订的制备、分离及鉴别方案，分析项目实施过程中原料、产物和副产物的性质，结合资料，制订“三废”的处理方案，增强环保意识。

四、注意事项

结合制备、分离、鉴别及“三废”处理过程中的需要注意的实验操作技术、有毒有害物品的正确使用以及紧急情况发生后的应急处理措施，尽量避免实施过程中的危险或不规范操作，以保证项目能顺利安全地实施。

任务四 硝基苯的合成及鉴别

一、前期准备

根据拟订的制备、分离及鉴别方案和工作计划，设计实验装置、实施具体步骤，整理实施方案所需的仪器和试剂，领取所需试剂、器材，配制相关溶液、装置的准备及具体工作分工。

二、硝基苯的合成及鉴别

根据制订的工作计划对项目进行实施。主要包括硝基苯的制取、分离及鉴别，在实施过程中，如遇突发问题或不能实施的环节，小组内成员需共同讨论解决，指导教师在过程中加强巡查和指导。

三、结果展示

实践结果以撰写实践报告的形式为主，报告中应体现以下部分内容：

1. 项目或任务的背景

结合物质的用途，明确项目实践的目标。

2. 项目实施的可行性分析

项目实践中具体要怎么做？采用什么方法？可供参考的文献资料有哪些？

3. 项目或任务的结果

通过项目的实践，是否制得产品？产品外观、收率等指标分别为多少？

4. 争议的最大问题

5. 心得体会

任务五 归纳硝基化合物的性质

一、物理性质

1. 物态与气味

芳香族一硝基化合物为无色或淡黄色液体或固体。多硝基化合物为黄色晶体。具有爆炸性，可用作炸药。有的多硝基化合物具有麝香香味，可用作香料。

2. 密度与溶解性

硝基化合物的相对密度大于1，比水重，不溶于水，易溶于有机溶剂。

硝基化合物有毒，应避免与皮肤直接接触或吸入蒸气。

一些常见硝基化合物的物理常数见表12-1。

表12-1 常见芳香族硝基化合物的物理常数

名称	熔点/℃	沸点/℃	相对密度(d_4^{20})
硝基苯	5.7	210	1.203
邻二硝基苯	118	319(99.2kPa)	1.565(17℃)
间二硝基苯	89.8	303(102.7kPa)	1.571(0℃)
对二硝基苯	174	299(103.6kPa)	1.625
1,3,5-三硝基苯	122	分解	1.688
邻硝基甲苯	−9.3	222	1.168
间硝基甲苯	16	231	1.157
对硝基甲苯	52	238.5	1.286
2,4-二硝基甲苯	70	300	1.521(15℃)
2-硝基萘	61	304	1.332

二、化学性质

1. 还原反应

(1) 化学还原　芳香族硝基化合物在酸性介质中与还原剂（铁、锌、锡等）作用，硝基被还原成氨基，生成芳胺。例如，工业上和实验室中以铁为还原剂，在HCl存在下，还原硝基苯制取苯胺：

$$C_6H_5NO_2 \xrightarrow[\triangle]{Fe,HCl} C_6H_5NH_2$$

苯胺

硝基苯在酸性介质中的还原反应有很多中间产物，其还原过程可表示如下：

$$C_6H_5NO_2 \xrightarrow{[H]} C_6H_5NO \xrightarrow{[H]} C_6H_5NHOH \xrightarrow{[H]} C_6H_5NH_2$$

硝基苯　亚硝基苯　*N*-羟基苯胺　苯胺

Fe-HCl作还原剂时，还原效果很好，多个硝基可一次性还原。对于多硝基化合物的选择性还原，可选用 NaHS 作还原剂。

$$m\text{-}C_6H_4(NO_2)_2 \xrightarrow{Fe+HCl} m\text{-}C_6H_4(NH_2)_2$$

$$m\text{-}C_6H_4(NO_2)_2 \xrightarrow{NaHS} m\text{-}O_2N\text{-}C_6H_4\text{-}NH_2$$

（2）催化加氢还原　在一定温度和压力下，催化加氢也可使硝基苯还原成苯胺。由于催化加氢法在产品质量和收率等方面均优于化学还原法，因此目前在工业上广泛被采用。

$$C_6H_5NO_2 \xrightarrow[\triangle,\text{加压}]{H_2,Ni} C_6H_5NH_2$$

2. 苯环上的取代反应

硝基是间位定位基，可使苯环钝化，亲电反应主要发生在间位，且比苯更难进行，与亲电性弱的亲电试剂不发生反应。例如：

$$C_6H_5NO_2 \xrightarrow[140℃]{Br_2,Fe} m\text{-}O_2N\text{-}C_6H_4\text{-}Br$$

$$C_6H_5NO_2 \xrightarrow[H_2SO_4,\ 95\sim100℃]{\text{发烟}HNO_3} m\text{-}C_6H_4(NO_2)_2$$

$$C_6H_5NO_2 \xrightarrow[110℃]{\text{发烟}H_2SO_4} m\text{-}O_2N\text{-}C_6H_4\text{-}SO_3H$$

由于硝基对苯环的强烈钝化作用，硝基苯不能发生傅-克烷基化和酰基化反应。

3. 硝基对苯环上其他基团的影响

硝基不仅使苯环钝化，而且对苯环上其他取代基的性质也会产生显著影响。

（1）使卤原子活化　通常情况下，氯苯很难发生水解，但当邻位或对位上连有硝基时，由于硝基具有较强的吸电子能力，使与氯相连的碳原子上电子云密度大大降低，从而带有部分正电荷，有利于亲核试剂 OH^- 的进攻，所以水解反应容易发生。硝基越多，反应越容易进行。

$$C_6H_5Cl \xrightarrow[350\sim370℃,20MPa]{Cu,NaOH(s)} C_6H_5ONa$$

$$p\text{-}Cl\text{-}C_6H_4\text{-}NO_2 \xrightarrow[130℃]{NaHCO_3\text{溶液}} p\text{-}NaO\text{-}C_6H_4\text{-}NO_2$$

$$C_6H_3Cl(NO_2)_2 \xrightarrow[100℃]{NaHCO_3\text{溶液}} C_6H_3(ONa)(NO_2)_2$$

$$C_6H_2Cl(NO_2)_3 \xrightarrow[100℃]{NaHCO_3\text{溶液}} C_6H_2(ONa)(NO_2)_3$$

以上各产物经过酸化后便可得到各种硝基酚。

此反应可用于制备硝基酚。对硝基苯酚为无色或浅黄色晶体，主要用于合成染料、药物等。2,4-二硝基苯酚为黄色晶体，是合成染料、苦味酸和显像剂的原料。2,4,6-三硝基苯酚为黄色晶体，用于合成染料，也可用作炸药等。

(2) 对酚类酸性的影响　向苯环上引入硝基后能增强酚的酸性。这是因为—OH 的邻位、对位有强吸电子基时，—OH 中 O 原子与苯环、硝基形成共轭体系，使—OH 上的 H 容易解离成质子，因而苯酚的酸性增强。硝基数目越多，酸性越强。

三、鉴别

1. 锡-盐酸还原法

将硝基化合物还原成伯胺，再用胺类的特征试验来检验（详见胺的鉴别）。

2. 氢氧化亚铁法

硝基化合物与氢氧化亚铁作用生成胺和氢氧化铁。

$$RNO_2 + 6Fe(OH)_2 + 4H_2O \longrightarrow 6Fe(OH)_3 \downarrow + RNH_2$$

绿色的氢氧化亚铁被氧化成棕色的氢氧化铁。根据这一现象可检验硝基的存在。

3. 锌-乙酸法

硝基化合物在乙酸条件下，与锌粉反应生成羟胺化合物。羟胺化合物可还原托伦试剂，生成银镜，可利用这一反应检验硝基的存在。

$$RNO_2 \xrightarrow[C_2H_5OH]{Zn+HAc} RNHOH$$

4. 氢氧化钠-丙酮法

二硝基芳烃和三硝基芳烃可与 NaOH 的丙酮液反应，一般二硝基芳烃显紫色，三硝基芳烃显红色，利用该法可检验多硝基芳烃。

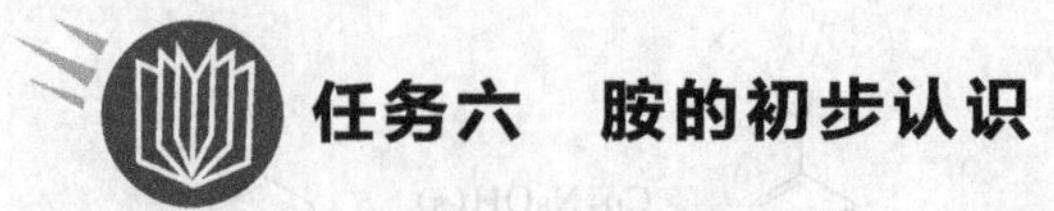

任务六　胺的初步认识

胺类化合物广泛存在于生物界，具有重要的生理作用。绝大多数药物都含有$—NH_2$，蛋白质、核酸、抗生素、生物碱和许多激素都含有氨基，是胺的复杂衍生物。

一、分类

根据分子中所含氨基的数目，胺可分为一元胺和多元胺，例如：

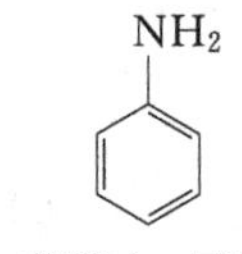

$H_2NCH_2CH_2NH_2$

苯胺(一元胺)　　乙二胺(多元胺)

根据分子中烃基的结构，又可分为脂肪胺和芳香胺，如上例中苯胺是芳香胺，乙二胺是脂肪胺。如果根据胺分子中一个、两个或三个氢原子被烃基取代的数目划分，胺又可分为伯胺、仲胺和叔胺。例如：

$CH_3CH_2NH_2$　　$(CH_3CH_2)_2NH$　　$(CH_3CH_2)_3N$

乙胺(伯胺)　　二乙胺(仲胺)　　三乙胺(叔胺)

需要注意的是：伯胺、仲胺、叔胺的含义与伯醇、仲醇、叔醇不同。前者是以胺分子中氢原子被取代的数目划分，其中心是氮原子；后者是以羟基连接的碳原子类型划分的，中心是碳原子。

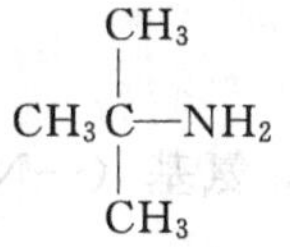

$CH_3C(CH_3)_2—NH_2$　　$CH_3C(CH_3)_2—OH$

叔丁胺(伯胺) 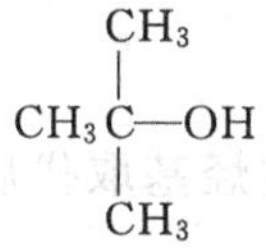　　叔丁醇(叔醇)

酸与氨（胺）作用可生成铵盐。铵盐分子中的四个氢原子被四个烃基取代后的产物叫季铵盐，其相应的氢氧化物叫季铵碱。例如：

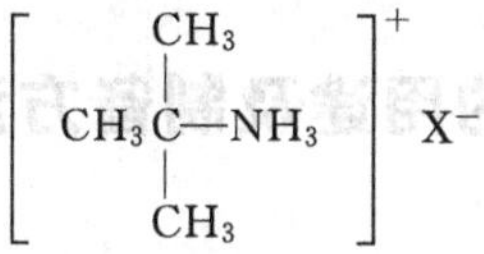

$[CH_3C(CH_3)_2—NH_3]^+X^-$　　$[CH_3C(CH_3)_2—NH_3]^+OH^-$

季铵盐 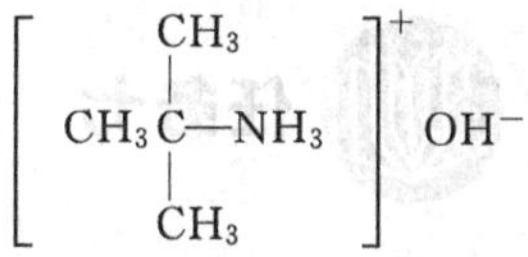　　季铵碱

注意“氨”、“胺”、“铵”的用法：表示基团时，用“氨”；表示氨的烃基衍生物时，即氨分子上的氢被烃基取代后，用“胺”；表示季铵类化合物时，即氮原子上带正电荷时，表示一种盐，用“铵”。

二、命名

1. 简单胺

简单胺以胺为母体，在烃基名称后加“胺”字，称为“某胺”。氮原子上连有不同烃基的胺，把简单的烃基写在前面。例如：

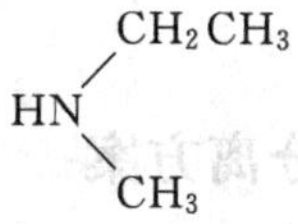

$HN(CH_2CH_3)(CH_3)$

甲乙胺(*N*-甲基乙胺)

当N原子上同时连有烷基和芳基时，则以芳胺为母体，命名时烷基名称前加英文字母“N”，表示烷基连在N原子上。例如：

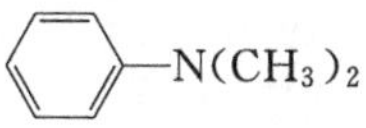

$C_6H_5—N(CH_3)_2$　　$H_3C—C_6H_4—NH_2$

N,*N*-二甲基苯胺 　　对甲苯胺

2. 复杂胺

复杂胺命名时以烃基为母体，氨基作取代基。例如：

$CH_3CHCH_2CHCH_3$（2位连 CH_3，4位连 NH_2） 2-氨基-4-甲基戊烷

$CH_3CH_2CHCH_3$（连 $N(CH_2CH_3)_2$） 2-二乙氨基丁烷

$CH_3CH_2CHCH—N(CH_2CH_3)_2$（分别连 CH_3、CH_3） 3-甲基-2-(*N*,*N*-二乙基)氨基戊烷

3. 季铵盐

季铵盐和季铵碱的命名与无机盐、无机碱的命名相似，在铵字前加上每个烃基的名称。烃基按照由简单到复杂的顺序进行排序。例如：

季铵碱：	$Me_4N^+OH^-$	氢氧化四甲铵
季铵盐：	$[Me_3NEt]^+Cl^-$	氯化三甲基乙基铵
	$Me_2N^+H_2I^-$	碘化二甲铵

三、结构

氨分子中的氢原子被烃基取代后的衍生物称为胺，氨基（$—NH_2$）是该类化合物的官能团。

胺的结构与氨相似，呈三角锥形，分子中N原子为sp^3杂化，4个杂化轨道中，有3个轨道与H或C原子生成σ键，另一个轨道则被孤对电子占据。

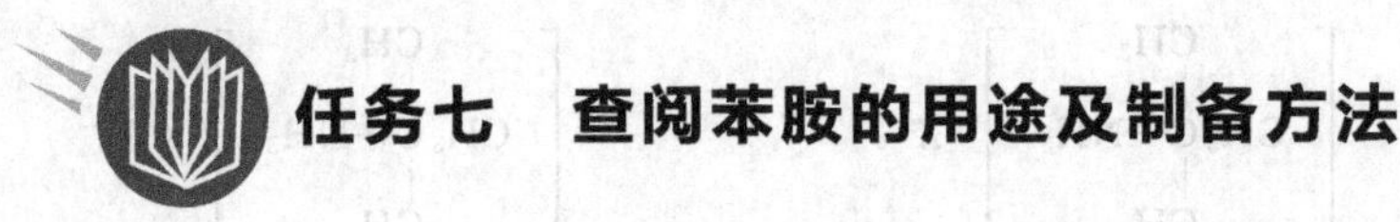

任务七　查阅苯胺的用途及制备方法

一、苯胺的用途

查阅苯胺的主要用途以及在染料、颜料、农业、医药等行业中的应用，了解季铵盐、季铵碱的结构及应用。

二、苯胺的制备及分离方法

查阅苯胺的主要制备、分离方法，以及实验室制备所需仪器、试剂。充分了解原料、目标物的性质及相关参数，为方案的制订、实验操作以及“三废”处理做好相关准备。

任务八　确定苯胺的合成路线及鉴别方案

一、分析并确定苯胺的制备及分离方案

整理分析查阅的资料，比较各种制备、分离方法的特点，结合实际情况，确定实验室可行的制备及分离方案，并拟订工作计划。

二、分析并确定鉴别方案

通过查阅资料，学习物质的性质，并确定鉴别方案。

三、“三废” 处理

根据已拟订的制备、分离及鉴别方案，分析项目实施过程中原料、产物和副产物的性质，结合资料，制订“三废”的处理方案，增强环保意识。

四、注意事项

结合制备、分离、鉴别及“三废”处理过程中的需要注意的实验操作技术、有毒有害物品的正确使用以及紧急情况发生后的应急处理措施，尽量避免实施过程中的危险或不规范操作，以保证项目能顺利安全地实施。

任务九　苯胺的制备与鉴别

一、前期准备

根据拟订的制备、分离及鉴别方案和工作计划，设计实验装置、实施具体步骤，整理实施方案所需的仪器和试剂，领取所需试剂、器材，配制相关溶液、装置的准备及具体工作分工。

二、苯胺的制备与鉴别

根据制订的工作计划对项目进行实施。主要包括苯胺的制备、分离及鉴别，在实施过程中，如遇突发问题或不能实施的环节，小组内成员需共同讨论解决，指导教师在过程中加强巡查和指导。

三、结果展示

实践结果以撰写实践报告的形式为主，报告中应体现以下部分内容：

1. 项目或任务的背景

结合物质的用途，明确项目实践的目标。

2. 项目实施的可行性分析

项目实践中具体要怎么做？采用什么方法？可供参考的文献资料有哪些？

3. 项目或任务的结果

通过项目的实践，是否制得产品？产品外观、收率等指标分别为多少？

4. 争议的最大问题

5. 心得体会

任务十　归纳胺的性质

一、物理性质

1. 物态

常温常压下，甲胺、二甲胺、三甲胺为无色气体，其他胺为液体或固体。低级胺有令人不愉快的或难闻的气味。如：三甲胺有鱼腥味，丁二胺（腐胺）和戊二胺（尸胺）有动物尸体腐烂后的恶臭味，高级胺无味。

2. 沸点

胺是极性物质，除叔胺外，都能形成分子间氢键，沸点比相对分子质量相近的烃和醚高。在相对分子质量相同的脂肪胺中，伯胺的沸点最高，仲胺次之，叔胺最低。这是因为伯胺和仲胺分子中存在极性 N—H 键，可形成分子间氢键，而叔胺氮上没有氢原子，不能形成氢键，其沸点与相对分子质量相近的烷烃相似。

由于 N 电负性小于 O，N—H 键的极性比 O—H 键弱，形成氢键较弱，因此伯胺、仲胺的沸点比相对分子质量相近的醇和羧酸低。

3. 水溶性

低级胺易溶于水，随着相对分子质量的增加，溶解度迅速降低。甲胺、二甲胺、乙胺、二乙胺等可与水以任意比例混溶，C_6 以上的胺则不溶于水。这是因为低级胺与水分子间形成氢键。随着胺分子中烃基的增大，空间阻碍作用增强，难与水形成氢键，故高级胺难溶于水。

常见胺的物理常数见表 12-2。

表 12-2 常见胺的物理常数

名称	熔点/℃	沸点/℃	相对密度(d_4^{20})	折射率(n_D^{20})
甲胺	−92.5	−6.5	0.699(−1℃)	1.4321(1℃)
乙胺	−80.5	16.6	0.6829	1.3663
丙胺	−83	48.7	0.7173	1.3870
丁胺	−50.5	77.8	0.7417	1.4031
二甲胺	−96	7.4	0.6804(0℃)	1.350
二乙胺	−50	55.5	0.7108	1.3864
二丙胺	−39.6	110.7	0.7400	1.4050
N-甲基苯胺	−57	194	0.989	1.5684
N,*N*-二甲基苯胺	2	193	0.956	1.5582
苯胺	−6	184	1.022	1.5863

二、化学性质

胺的化学反应主要发生在官能团氨基上。对于芳香胺来说，由于氮原子与苯环直接相连，形成 p-π 共轭体系，使得芳香胺的反应活性与脂肪胺有所不同。

1. 碱性

由于 N 原子上有一对未共用电子，容易接收质子形成铵离子，因而呈碱性：

$$RNH_2 + H_2O \rightleftharpoons RNH_3^+ + OH^-$$

胺是弱碱，可与酸发生中和反应生成盐而溶于水，生成的弱碱盐与强碱作用时，胺又重新游离出来。例如：

$$RNH_2 + HCl \longrightarrow RNH_3^+Cl^- \xrightarrow{NaOH} RNH_2 + NaCl + H_2O$$

利用这一性质可分离、提纯和鉴别不溶于水的胺类化合物；可以将胺与中性、酸性化合物分离；也可以将碱性相差较大的不同胺进行分离、提纯和鉴别。

胺的碱性强弱可用 pK_b 值表示。pK_b 值愈小，其碱性愈强。一些胺的 pK_b 值见表 12-3。

表 12-3 一些胺在水溶液中的 pK_b 值

名称	pK_b(25℃)	名称	pK_b(25℃)
甲胺	3.38	苯胺	9.40
二甲胺	3.27	对甲苯胺	8.92
三甲胺	4.21	对氯苯胺	10.00
环己胺	3.63	对硝基苯胺	13.00
苄胺	4.07	二苯胺	13.21

从表中可看出，碱性强弱顺序为：脂肪胺＞氨＞芳香胺。这是因为烷基是供电基，它能使氮原子周围的电子云密度增大，接收质子的能力增强，所以碱性增强。氮原子上连接的烷基越多，碱性越强。但在水溶液中，由于溶剂的影响，不同脂肪胺的碱性强弱顺序为：

$$Me_2NH > MeNH_2 > Me_3N > NH_3$$

芳胺分子中，由于氮原子上的未共用电子对与苯环形成 p，π-共轭体系，使得氮原子周围的电子云密度降低，减弱了与质子结合的能力，因此碱性较弱。不同芳胺的碱性强弱顺序为：

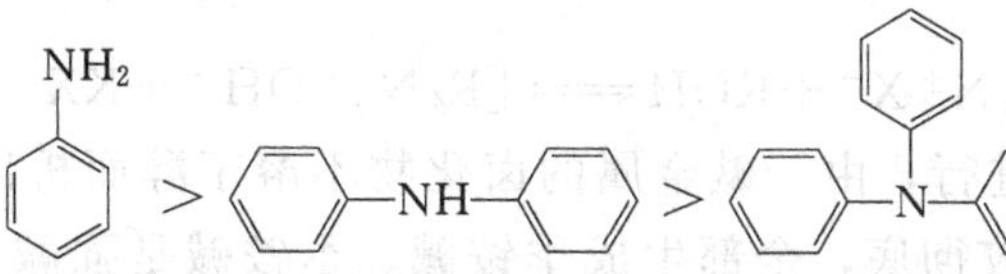

$$C_6H_5NH_2 > (C_6H_5)_2NH > (C_6H_5)_3N$$

当芳胺的苯环上连有供电子基时，可使其碱性增强，而连有吸电子基时，则使其碱性减弱。例如：

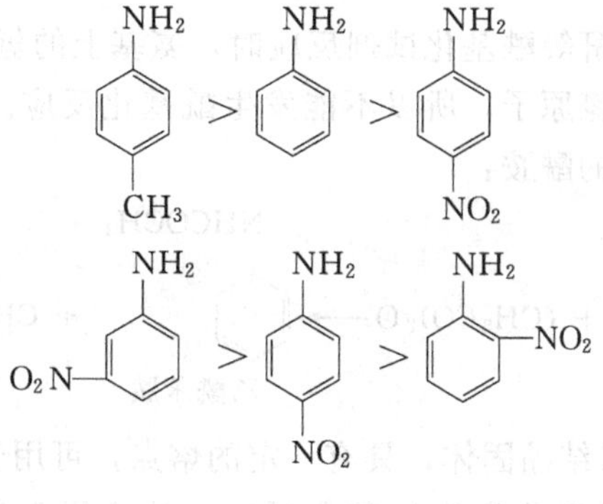

$$p\text{-}CH_3C_6H_4NH_2 > C_6H_5NH_2 > p\text{-}O_2NC_6H_4NH_2$$

$$m\text{-}O_2NC_6H_4NH_2 > p\text{-}O_2NC_6H_4NH_2 > o\text{-}O_2NC_6H_4NH_2$$

2. 烃基化反应

胺与卤代烷、醇、环氧乙烷等烷基化试剂反应时，氨基上的氢原子被烃基取代生成仲胺、叔胺和季铵盐的混合物。例如工业上利用苯胺与甲醇在硫酸催化下，加热、加压制取 *N*-甲基苯胺和 *N*,*N*-二甲基苯胺：

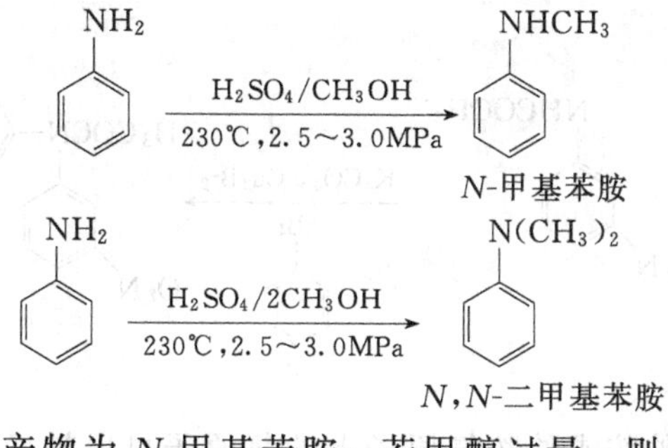

$$C_6H_5NH_2 \xrightarrow[230℃,\ 2.5\sim3.0MPa]{H_2SO_4/CH_3OH} C_6H_5NHCH_3$$

N-甲基苯胺

$$C_6H_5NH_2 \xrightarrow[230℃,\ 2.5\sim3.0MPa]{H_2SO_4/2CH_3OH} C_6H_5N(CH_3)_2$$

N,*N*-二甲基苯胺

当苯胺过量时，主要产物为 *N*-甲基苯胺；若甲醇过量，则主要产物为 *N*,*N*-二甲基苯胺。

N,*N*-二甲基苯胺为淡黄色油状液体，用于制备香草醛、偶氮染料和三苯甲烷染料等。

叔胺与烷基化试剂继续反应，则生成季铵盐：

$$R_3N+RX \underset{\triangle}{\rightleftharpoons} R_4N^+X^-$$

季铵盐为无色晶体，具有盐的性质，溶于水，不溶于非极性有机溶剂，加热易分解。可用作植物生长的调节剂、表面活性剂及相转移催化剂。

季铵盐与 NaOH 反应得不到相应的胺，若与 AgOH 反应，将生成的卤化银沉淀除去，则可得到季铵碱，它是与 NaOH 一样强的有机碱。

$$RN^+R'_3X^-+AgOH \longrightarrow RN^+R'_3OH^-+AgX\downarrow$$

季铵盐与伯胺、仲胺、叔胺的盐不同，它与强碱作用时，不能使胺游离出来，而是得到含有季铵碱的平衡混合物：

$$R_4N^+X^-+KOH \rightleftharpoons [R_4N]^+OH^-+KX$$

该反应若在醇溶液中进行，由于碱金属的卤化物不溶于醇而析出沉淀，可破坏上述平衡，使反应向正向进行比较彻底，全部生成季铵碱。季铵碱是强碱，碱性与 NaOH 相近。易溶于水，有很强的吸湿性。

3. 酰基化反应

伯胺、仲胺与酰卤或酸酐等酰基化试剂反应时，氨基上的氢原子被酰基取代，生成胺的酰基衍生物。叔胺氮上没有氢原子，所以不能发生酰基化反应。如工业上利用苯胺和 *N*-甲基苯胺与酸酐反应制取相应的酰胺：

$$C_6H_5NH_2 + (CH_3CO)_2O \longrightarrow C_6H_5NHCOCH_3 + CH_3COOH$$

乙酰苯胺

胺的酰基衍生物多数为结晶固体，具有一定的熔点，可用于鉴定伯胺和仲胺；叔胺的氮原子上没有氢原子，所以不能发生酰基化反应，故可用于伯胺、仲胺与叔胺的分离、鉴别。

由于 *N*-烷基酰胺类化合物比较稳定，不易被氧化，又容易由胺酰化制得，经水解可变回原来的胺。因此在有机合成中还常利用酰基化反应来保护氨基、亚氨基。酰化产物经水解后又得到原来的胺。

$$m\text{-}O_2NC_6H_4NH_2 \xrightarrow{(CH_3CO)_2O} m\text{-}O_2NC_6H_4NHCOCH_3 \xrightarrow[C_6H_5Br]{K_2CO_3,\ Cu_2Br_2} m\text{-}O_2NC_6H_4N(C_6H_5)COCH_3 \xrightarrow{水解} m\text{-}O_2NC_6H_4NHC_6H_5$$

4. 磺酰化反应

与酰基化反应一样，伯胺或仲胺氮原子上的氢原子可以被磺酰基（R—SO_2—）取代，

生成磺酰胺，该反应称为兴斯堡（Hinsberg）反应。例如：

$$\left.\begin{array}{l} C_6H_5NH_2 \\ C_6H_5NHCH_3 \\ C_6H_5N(CH_3)_2 \end{array}\right\} \xrightarrow{H_3C-C_6H_4-SO_2Cl} \left\{\begin{array}{l} \left.\begin{array}{l} C_6H_5NHSO_2-C_6H_5 \text{ 沉淀} \\ C_6H_5N(CH_3)SO_2-C_6H_5 \text{ 沉淀} \end{array}\right\} \xrightarrow{NaOH} \left\{\begin{array}{l}\text{溶解}\\ \text{不溶}\end{array}\right. \\ \text{不反应，可蒸出} \end{array}\right.$$

伯胺磺酰化后的产物，其氮原子上还有一个氢原子，由于磺酰基极强的吸电子作用，使这个氢原子显示出弱酸性，它能与反应体系中的NaOH生成盐而使磺酰胺溶于碱液中；仲胺生成的磺酰胺，其氮原子上没有氢原子，所以不与NaOH成盐，也就不溶于碱液中而呈固体析出；叔胺的氮原子上没有可与磺酰基置换的氢原子，故与磺酰氯不发生反应，因此可用来分离和鉴别伯胺、仲胺、叔胺。

5. 与亚硝酸反应

不同的胺与亚硝酸反应的产物不相同。由于亚硝酸不稳定，易分解，一般用亚硝酸钠与盐酸（硫酸）在反应过程中作用生成亚硝酸。

(1) 伯胺的反应　脂肪族伯胺与亚硝酸反应，放出氮气，同时生成醇、烯烃等混合物。例如：

$$CH_3CH_2NH_3 \xrightarrow[HX]{NaNO_2} CH_3CH_2OH + CH_2=CH_2 + N_2\uparrow$$

该反应在合成上无实用价值，但反应能定量地放出氮气，可用于伯胺的鉴定。

芳香族伯胺与亚硝酸在低温（0～5℃）及强酸溶液中反应，生成重氮盐，这一反应叫重氮化反应。例如：

$$C_6H_5NH_2 + NaNO_2 + 2HCl \xrightarrow{<5℃} C_6H_5\overset{+}{N}\equiv NCl^- + 2NaCl + 2H_2O$$

氯化重氮苯

$$(C_6H_5)_2NH + NaNO_2 + 2HCl \xrightarrow{<5℃} (C_6H_5)_2N-NO + H_2O + 2NaCl$$

N-亚硝基二苯胺
（黄色固体）

$$C_6H_5NH-CH_3 + NaNO_2 + 2HCl \xrightarrow{<5℃} C_6H_5N(NO)-CH_3 + H_2O + 2NaCl$$

N-亚硝基甲苯胺
（棕色油状）

$$C_6H_5N(CH_3)_2 + NaNO_2 + 2HCl \xrightarrow{<5℃} p\text{-}ON-C_6H_4-NMe_2 + H_2O + 2NaCl$$

对亚硝基-*N*,*N*-二甲基苯胺
（绿色叶片状）

该反应可用于鉴别脂肪胺及芳香伯胺、仲胺、叔胺：

① 0℃时，有 N_2 放出为脂肪伯胺。

② 有黄色油状物或固体，则为脂肪和芳香仲胺。

③ 无可见的反应现象为脂肪叔胺。

④ 0℃时无 N_2 放出，而室温有 N_2 放出，则为芳香伯胺。

⑤ 有绿色叶片状固体为芳香叔胺。

6. 氧化

胺极易氧化，尤其是芳香族伯胺更容易被氧化。如纯净的苯胺为无色油状液体，在空气中放置时被逐渐氧化而变成黄色甚至是红棕色。

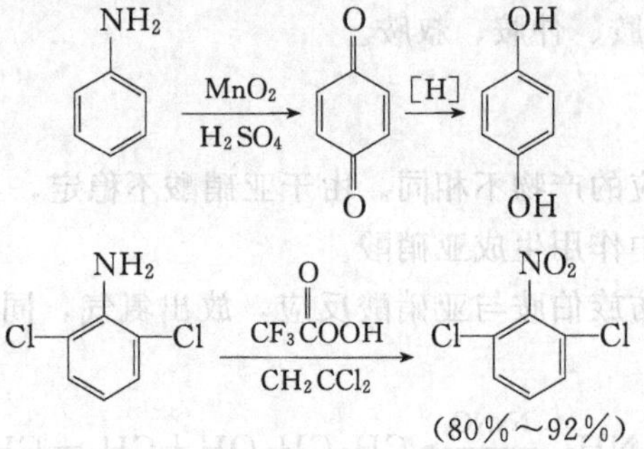

NH2 → (MnO2 / H2SO4) → O ... O → ［H］ → OH ... OH

NH2, Cl, Cl → (CF3COOH / CH2CCl2) → NO2, Cl, Cl

(80%～92%)

7. 苯环上的取代反应

由于—NH_2 是邻、对位定位基，具有较强的致活性，因此，苯胺易发生卤化、硝化、磺化等亲电取代反应。

(1) 卤代　苯胺与溴水反应，立即生成 2,4,6-三溴苯胺的白色沉淀：

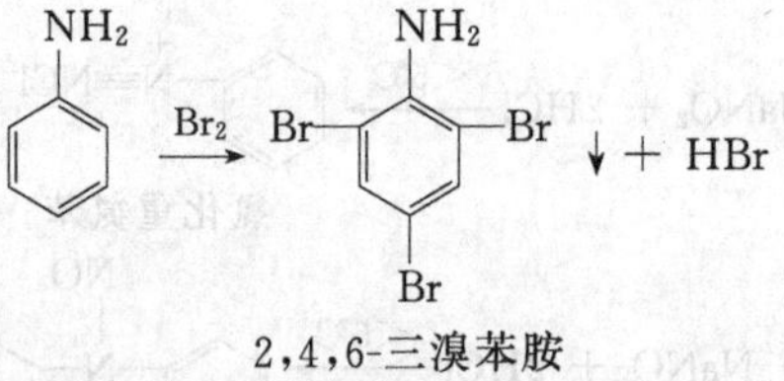

NH2 → (Br2) → NH2, Br, Br, Br ↓ + HBr

2,4,6-三溴苯胺

(白色)

反应非常灵敏，且是定量进行的，可用于苯胺的定性和定量分析。

要制备一溴代苯胺，必须降低氨基的活性。所以常用的方法就是先将氨基酰化，再溴化，最后水解掉酰化基团。

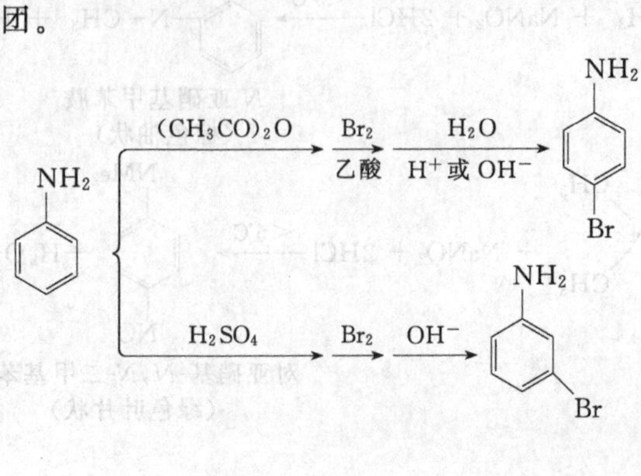

NH2 → $(CH_3CO)_2O$ → (Br_2 / 乙酸) → (H_2O / H^+ 或 OH^-) → NH2, Br

NH2 → H_2SO_4 → Br_2 → OH^- → NH2, Br

（2）磺化　苯胺可在常温下与浓硫酸反应，生成苯胺硫酸盐，将其加热到 180～190℃时，则得到对氨基苯磺酸：

$$C_6H_5NH_2 \xrightarrow[\text{高温}]{\text{发烟 } H_2SO_4} H_2N{-}C_6H_4{-}SO_3H \quad \text{邻、间、对混合物}$$

$$C_6H_5NH_2 \xrightarrow[180℃]{\text{浓 } H_2SO_4} p\text{-}H_2N{-}C_6H_4{-}SO_3H \quad \text{或} \quad p\text{-}{}^{+}H_3N{-}C_6H_4{-}SO_2O^{-} \quad \text{以两性离子结构出现}$$

$$C_6H_5NH_2 \xrightarrow{H_2SO_4} C_6H_5\overset{+}{N}H_3\,HSO_4^{-} \xrightarrow[180\sim190℃]{-H_2O} C_6H_5NHSO_3H \xrightarrow{\text{重排}} p\text{-}H_2N{-}C_6H_4{-}SO_3H$$

这是工业上生产对氨基苯磺酸的方法。对氨基苯磺酸俗称磺胺酸，是白色晶体，熔点288℃，微溶于水，几乎不溶于乙醇、乙醚、苯等有机溶剂，主要用于制造偶氮染料。其钠盐俗名敌锈钠，可防止小麦锈病的发生。

（3）硝化作用　苯胺很容易被氧化，而硝酸又具有氧化性，因此苯胺在硝化时，常伴有氧化反应发生。为防止苯胺被氧化，通常先发生酰基化反应“保护氨基”，再于不同溶剂中进行硝化反应，得到不同的硝化产物。

$$C_6H_5NH_2 \xrightarrow{H_2SO_4} C_6H_5\overset{+}{N}H_3\,HSO_4^{-} \xrightarrow{\text{浓 } HNO_3} \xrightarrow{OH^{-}} m\text{-}O_2N{-}C_6H_4{-}NH_2$$

$$C_6H_5NH_2 \xrightarrow{(CH_3CO)_2O} C_6H_5{-}NHCOCH_3$$

$$C_6H_5{-}NHCOCH_3 \xrightarrow[\text{乙酸}]{HNO_3} \xrightarrow[H^{+}\text{或 }OH^{-}]{H_2O} p\text{-}O_2N{-}C_6H_4{-}NH_2$$

$$C_6H_5{-}NHCOCH_3 \xrightarrow{\text{浓 } H_2SO_4} HO_3S{-}C_6H_4{-}NHCOCH_3 \xrightarrow{\text{浓 } HNO_3} HO_3S{-}C_6H_3(NO_2){-}NHCOCH_3 \xrightarrow{OH^{-}} o\text{-}O_2N{-}C_6H_4{-}NH_2$$

三、鉴别

1. 苯磺酰氯法

$$C_6H_5SO_2Cl + RNH_2 + 2NaOH \longrightarrow C_6H_5SO_2NR^- Na^+ + NaCl + 2H_2O$$

苯磺酰伯胺
（显弱酸性，能溶于稀碱）

$$C_6H_5SO_2Cl + R_2NH + NaOH \longrightarrow C_6H_5SO_2NR_2 + NaCl + H_2O$$

苯磺酰仲胺
（显中性，从碱液中沉淀出来）

$$C_6H_5SO_2Cl + R_3N + NaOH \longrightarrow C_6H_5SO_2\overset{+}{N}R_3Cl^- \xrightarrow[H_2O]{OH^-} C_6H_5SO_3^- + R_3N + Cl^-$$

2. 酰化实验法

伯胺、仲胺与酰化试剂作用，生成酰胺，叔胺不起作用，因此可把伯胺、仲胺和叔胺区分开。常用酰化剂是乙酰氯、乙酐、苯甲酰氯。

3. 亚硝酸试验法

脂肪族伯胺与亚硝酸作用，生成的重氮盐不稳定，立即分解为醇和烯烃等混合物；芳香族伯胺在强酸和较低温度下与亚硝酸作用，生成的重氮盐能与 β-萘酚的碱性溶液起偶联反应，得到橘红色偶氮染料。

任务十一　查阅对氨基苯磺酸的用途及制备方法

一、对氨基苯磺酸的用途

查阅对氨基苯磺酸的主要用途，并熟悉其性质。

二、查阅制备及分离方法

查阅对氨基苯磺酸的主要制备及分离方法，以及实验室制备所需仪器、试剂。充分了解原料、目标物的性质及相关参数，为方案的制订、实验操作以及“三废”处理做好相关准备。

任务十二　确定对氨基苯磺酸的合成路线

一、分析并确定对氨基苯磺酸的制备及分离方案

整理分析查阅的资料，比较各种制备、分离方法的特点，结合实际情况，确定实验室可行的制备及分离方案，并拟订工作计划。

二、“三废” 处理

根据已拟订的制备、分离方案，分析项目实施过程中原料、产物和副产物的性质，结合资料，制订“三废”的处理方案，增强环保意识。

三、注意事项

结合制备、分离及“三废”处理过程中的需要注意的实验操作技术、有毒有害物品的正确使用以及紧急情况发生后的应急处理措施，尽量避免实施过程中的危险或不规范操作，以保证项目能顺利安全地实施。

任务十三　对氨基苯磺酸的制备

一、前期准备

根据拟订的制备、分离方案和工作计划，设计实验装置、实施具体步骤，整理实施方案所需的仪器和试剂，领取所需试剂、器材，配制相关溶液、装置的准备及具体工作分工。

二、对氨基苯磺酸的制备

根据制订的工作计划对项目进行实施。主要包括对氨基苯磺酸的制备、分离，在实施过程中，如遇突发问题或不能实施的环节，小组内成员需共同讨论解决，指导教师在过程中加强巡查和指导。

三、结果展示

实践结果以撰写实践报告的形式为主，报告中应体现以下部分内容：

1. 项目或任务的背景

结合物质的用途，明确项目实践的目标。

2. 项目实施的可行性分析

项目实践中具体要怎么做？采用什么方法？可供参考的文献资料有哪些？

3. 项目或任务的结果

通过项目的实践，是否制得产品？产品外观、收率等指标分别为多少？

4. 争议的最大问题

5. 心得体会

任务十四　重氮化合物的初步认识

重氮化合物中含有—N_2—官能团，其中官能团的一端与烃基相连，另一端与非碳原子相连，可表达为 R—N═N—X 或 Ar—N═N—X。例如：

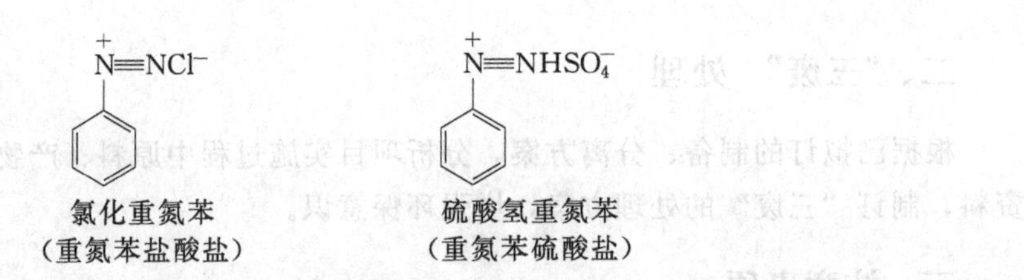

氯化重氮苯（重氮苯盐酸盐） 硫酸氢重氮苯（重氮苯硫酸盐）

偶氮化合物中也含有—N_2—官能团，但其两端都分别与烃基相连，可表达为 R—N═N—R、Ar—N═N—R 或 Ar—N═N—Ar。例如：

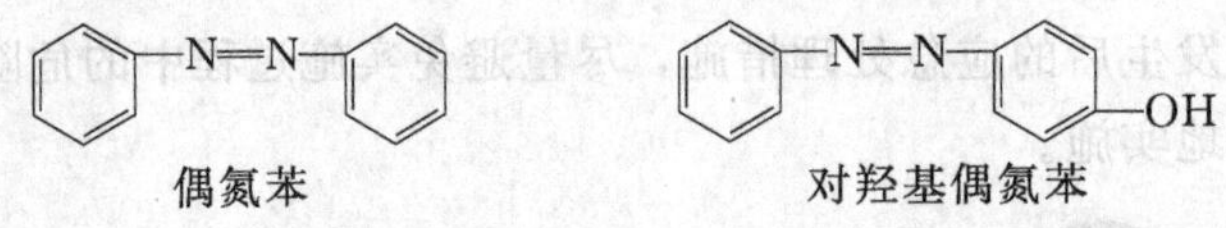

偶氮苯 对羟基偶氮苯

任务十五 查阅并确定对氨基苯磺酸重氮盐的制备方法

一、分析确定制备方法

查阅并学习重氮化反应的反应试剂、反应条件，分析原料、目标物的性质以及所需仪器、试剂，整理分析查阅的资料，并结合实际情况，确定实验室可行的制备方案，并拟订工作计划。

二、“三废” 处理

根据已拟订的制备方案，分析任务实施过程中原料、产物和副产物的性质，结合资料，制订“三废”的处理方案，增强环保意识。

三、注意事项

结合制备及“三废”处理过程中的需要注意的实验操作技术、有毒有害物品的正确使用以及紧急情况发生后的应急处理措施，尽量避免实施过程中的危险或不规范操作，以保证项目能顺利安全地实施。

任务十六 对氨基苯磺酸重氮盐的制备

一、前期准备

根据拟订的制备方案和工作计划，设计实验装置、实施具体步骤，整理实施方案所需的仪器和试剂，领取所需试剂、器材，配制相关溶液、装置的准备及具体工作分工。

二、对氨基苯磺酸重氮盐的制备

根据制订的工作计划对方案进行实施。主要是对氨基苯磺酸重氮盐的制备，在实施过程中，如遇突发问题或不能实施的环节，小组内成员需共同讨论解决，指导教师在过程中加强巡查和指导。

三、结果展示

实践结果以撰写实践报告的形式为主，报告中应体现以下部分内容：

1. 项目或任务的背景

结合物质的用途，明确项目实践的目标。

2. 项目实施的可行性分析

项目实践中具体要怎么做？采用什么方法？可供参考的文献资料有哪些？

3. 项目或任务的结果

通过项目的实践，是否制得产品？产品外观、收率等指标分别为多少？

4. 争议的最大问题

5. 心得体会

任务十七　归纳重氮盐的性质及应用

一、物理性质

重氮盐具有盐的性质，很多无机重氮盐是无色晶体，可溶于水，不溶于有机溶剂。在溶液中，能够电离出正离子 RN_2^+ 和负离子 X^-，能够导电。

二、重氮化反应

1. 重氮化反应

重氮化反应是指在低温下，芳伯胺与亚硝酸在强酸溶液（盐酸或硫酸）中反应生成重氮盐的反应。其反应如下：

$$C_6H_5NH_2 + NaNO_2 + 2HCl \xrightarrow{0\sim5℃} C_6H_5N_2^+Cl^- + NaCl + 2H_2O$$

氯化重氮苯

反应一般在低温下进行，因为重氮盐在低温时比较稳定，温度稍高就会分解。

2. 反应操作

$$1\text{倍芳伯胺} + 2.5\text{倍强酸} \xrightarrow[(pH\leqslant2)]{\text{冰至}0\sim5℃} \text{缓慢滴加}NaNO_2\text{溶液} \longrightarrow \text{搅拌}$$

说明：

(1) 酸的用量为芳伯胺的 2.5 倍，过量的强酸可防止生成的重氮盐与未反应的芳伯胺发生偶合反应。

(2) 加入的 $NaNO_2$ 要适当，过量会使重氮盐分解。可加入尿素除去过量的 $NaNO_2$。

(3) 反应终点可用 KI-淀粉试纸检验，变蓝即为终点，此时过量的亚硝酸可氧化 KI。

(4) 大多数重氮盐受热易分解，所以要在低温下进行。

(5) 当芳环上连有—Cl、—NO_2、—SO_3H 等吸电子基时，重氮盐的稳定性增加，可适当提高反应温度。这是因为重氮基—$\overset{+}{N}\equiv N$ 中，不带电荷的氮原子有未成键电子处于游离的状态，很活泼，当苯环上连有吸电子基团时，能起到对电子的吸引作用使之不易游离出去参与反应。

三、化学性质

干燥的重氮盐一般极不稳定，受热或震动容易发生爆炸。但在低温水溶液中比较稳定，因此重氮化反应一般在水溶液中进行，且不需分离，可直接用于有机合成中。

重氮盐的化学性质活泼，能发生许多化学反应。根据反应中是否有 N_2 放出，可分为失去氮的反应和保留氮的反应。

1. 失去氮的反应

重氮盐分子中的重氮基可被—OH、—CN、—X、—H 等取代，生成不同的有机物，同时放出 N_2。

(1) 被羟基取代　在酸性条件下，重氮盐发生水解反应，重氮基被羟基取代，生成苯酚，同时放出氮气。例如：

$$C_6H_5N_2^+HSO_4^- + H_2O \xrightarrow[\triangle]{H^+} C_6H_5OH + N_2\uparrow + H_2SO_4$$

说明：

① 反应在 40%～50%的硫酸溶液中进行，可防止生成的酚与未反应的重氮盐发生偶合反应。

② 反应若用重氮苯盐酸盐，则会有 HCl 生成，可与酚作用生成氯苯副产物。

利用此反应，可通过生成重氮盐的途径将—NH_2 转变成—OH，制备不能由其他方法合成的酚。

【例 12-1】 选择合适的原料合成间溴苯酚。

解　间溴苯酚不宜用间溴苯磺酸钠碱熔法制取，因为溴原子在碱熔时也会被酚羟基所取代，所以在有机合成中，可用间溴苯胺经重氮化反应，再水解制得：

$$m\text{-}BrC_6H_4NH_2 \xrightarrow[0\sim5℃]{NaNO_2,\ H_2SO_4} m\text{-}BrC_6H_4N_2^+HSO_4^- \xrightarrow[\triangle]{H_2O,\ H^+} m\text{-}BrC_6H_4OH$$

【例 12-2】 由苯合成间硝基苯酚。

解　如果直接用苯酚磺化后再硝化，硝基进入的位置应该在羟基的邻位，进入不了间位。此时，可通过由苯硝化，还原成苯胺，再将其转化为重氮盐后引入硝基，最后将重氮基水解引入羟基：

$$C_6H_6 \xrightarrow[H_2SO_4]{HNO_3} m\text{-}C_6H_4(NO_2)_2 \xrightarrow{NH_4HS} m\text{-}O_2NC_6H_4NH_2 \xrightarrow[0\sim5℃]{NaNO_2,\ H_2SO_4} m\text{-}O_2NC_6H_4N_2^+HSO_4^- \xrightarrow[\triangle]{H_2O,\ H^+} m\text{-}O_2NC_6H_4OH$$

(2) 被氢原子取代　重氮盐与次磷酸 H_3PO_2、C_2H_5OH 反应，重氮基被氢原子取代，同时放出氮气。例如：

$$C_6H_5N_2^+Cl^- + H_3PO_2 + H_2O \longrightarrow C_6H_6 + H_3PO_3 + HCl + N_2\uparrow$$

$$C_6H_5N_2^+Cl^- + C_2H_5OH \longrightarrow C_6H_6 + CH_3CHO + HCl + N_2\uparrow$$

利用此反应，可从芳环上除去硝基和氨基。

【例 12-3】 选择合适的原料和方法制备 1,3,5-三溴苯。

解　要由苯制备 1,3,5-三溴苯基本不可能实现，但可通过苯胺溴代、重氮化，然后再还原：

$$C_6H_5NH_2 \xrightarrow{Br_2} \text{2,4,6-}Br_3C_6H_2NH_2 \xrightarrow[0\sim5℃]{NaNO_2,H_2SO_4} \text{2,4,6-}Br_3C_6H_2N_2^+HSO_4^- \xrightarrow{C_2H_5OH} \text{1,3,5-}Br_3C_6H_3$$

【例 12-4】 由对甲苯胺制备间甲基苯胺。

解　可先在氨基邻位引入硝基，然后再将氨基脱掉。但由于氨基活泼，为避免其在硝化过程中也会参与反应，可先在氨基上引入酰基将其保护起来，待反应结束后再将酰基水解掉。因此合成路线确定为：

$$p\text{-}CH_3C_6H_4NH_2 \xrightarrow{(CH_3CO)_2O} p\text{-}CH_3C_6H_4NHCOCH_3 \xrightarrow[H_2SO_4]{HNO_3} \text{2-硝基-4-甲基乙酰苯胺} \xrightarrow[H^+\text{或}OH^-]{H_2O} \text{2-硝基-4-甲基苯胺}$$

$$\xrightarrow[0\sim5℃]{NaNO_2+H_2SO_4} \text{2-硝基-4-甲基苯重氮硫酸氢盐}(N_2^+HSO_4^-) \xrightarrow{H_3PO_2} m\text{-}CH_3C_6H_4NO_2 \xrightarrow{Fe+HCl} m\text{-}CH_3C_6H_4NH_2$$

(3) 被卤原子取代　重氮盐与 Cu_2Cl_2 的浓盐酸或 Cu_2Br_2 的浓氢溴酸溶液共热，重氮基可被氯原子或溴原子取代，生成氯苯或溴苯，同时放出氮气，该反应又被称为桑德迈尔(Sadmeyer) 反应。例如：

$$C_6H_5N_2^+Cl^- \xrightarrow[HCl,\triangle]{Cu_2Cl_2} C_6H_5Cl + N_2\uparrow$$

$$C_6H_5N_2^+Br^- \xrightarrow[HBr,\triangle]{Cu_2Br_2} C_6H_5Br + N_2\uparrow$$

若将重氮盐与KI共热，碘可取代掉重氮基，同时放出氮气，该反应容易进行。例如：

$$C_6H_5N_2^+Cl^- \xrightarrow{KI,\triangle} C_6H_5I + N_2\uparrow$$

【例 12-5】 由甲苯制备对碘苯甲酸。

解 合成时，很难直接在苯环上引入碘原子，所以只有通过引入重氮基，然后再被碘原子取代。所以确定其合成路线如下：

$$C_6H_5CH_3 \xrightarrow{混酸} p\text{-}CH_3C_6H_4NO_2 \xrightarrow[高温、高压]{H_2,Ni} p\text{-}CH_3C_6H_4NH_2 \xrightarrow[0\sim5℃]{NaNO_2+H_2SO_4} p\text{-}CH_3C_6H_4N_2^+HSO_4^- \xrightarrow{KI,\triangle} p\text{-}CH_3C_6H_4I \xrightarrow[\triangle]{KMnO_4,H^+} p\text{-}HOOCC_6H_4I$$

【例 12-6】 由苯制备间二氯苯。

解 合成时，很难将两个氯原子在苯环的间位上引入，所以只有通过引入重氮基，然后再被氯取代。所以合成路线如下：

$$C_6H_6 \xrightarrow{混酸} m\text{-}C_6H_4(NO_2)_2 \xrightarrow[高温、高压]{H_2,Ni} m\text{-}C_6H_4(NH_2)_2 \xrightarrow[0\sim5℃]{NaNO_2+HCl} m\text{-}C_6H_4(N_2^+Cl^-)_2 \xrightarrow[HCl,\triangle]{Cu_2Cl_2} m\text{-}C_6H_4Cl_2$$

(4) 被氰基取代 重氮盐与CuCN的KCN溶液共热，重氮基被氰基取代，生成芳香腈，同时放出氮气，该反应也属于桑德迈尔（Sadmeyer）反应。例如：

$$C_6H_5N_2^+Cl^- \xrightarrow[KCN,\triangle]{CuCN} \underset{苯甲腈}{C_6H_5CN}$$

利用此反应向芳环上引入—CN，然后—CN可水解为羧基或氨甲基。

例如：

$$C_6H_5CN \xrightarrow{H_2O,H^+} C_6H_5COOH$$

$$C_6H_5CN \xrightarrow{H_2,Ni} \underset{苯甲胺（苄胺）}{C_6H_5CH_2NH_2}$$

2. 保留氮的反应

保留氮的反应主要指重氮基被还原成肼，或转变为偶氮基的反应。

(1) 还原反应 重氮盐可被$SnCl_2$和HCl（或Na_2SO_3）还原成肼，例如：

$$C_6H_5N_2^+Cl^- \xrightarrow{SnCl_2,HCl} C_6H_5NHNH_2\cdot Cl \xrightarrow{NaOH} \underset{苯肼}{C_6H_5NHNH_2}$$

苯肼为无色油状液体，毒性较大，在空气中易被氧化而呈红棕色，其盐较稳定。

苯肼是常用的羰基试剂，用于鉴定醛、酮和糖类化合物，也是合成药物及染料的重要原料。

(2) 偶合（偶联）反应　重氮盐（称为重氮组分）与酚或芳胺（称为偶联组分）反应生成偶氮化合物，该反应称为偶合反应（或偶联反应）。例如：

$$C_6H_5-N_2Cl + C_6H_5-OH \xrightarrow[0℃]{NaOH} C_6H_5-N{=}N-C_6H_4-OH$$ 对羟基偶氮苯（橘红色）

$$C_6H_5-N_2Cl + C_6H_5-NH_2 \xrightarrow[0℃]{CH_3COONa} C_6H_5-N{=}N-C_6H_4-NH_2$$ 对氨基偶氮苯（黄色）

$$C_6H_5-N_2Cl + C_6H_5-N(CH_3)_2 \xrightarrow[0℃]{CH_3COONa} C_6H_5-N{=}N-C_6H_4-N(CH_3)_2$$

对-*N*,*N*-二甲氨基偶氮苯（黄色）

重氮正离子 ArN^+ 是一个弱的亲电试剂，只能与酚或芳胺这类活泼的芳香族化合物作用。受电子效应和空间位阻的影响，偶合反应通常发生在—OH 或—NH_2 的对位，当对位被占时才发生在邻位。例如：

$$C_6H_5-N_2Cl + (CH_3)_2N-C_6H_4-CH_3 \longrightarrow C_6H_5-N{=}N-C_6H_3(N(CH_3)_2)(CH_3)$$

5-甲基-2-二甲氨基偶氮苯

偶氮化合物有颜色，该反应是合成染料的基本反应。偶氮染料的颜色几乎包括全部色谱，在所有已知染料品种中，偶氮染料占半数以上。它是染料中品种最多、应用最广的一类合成染料。

偶氮染料结构上的共性就是含有一个或几个偶氮基(—N═N—)。偶氮染料在分解过程中能产生对人和动物有致癌作用的芳胺，所以很多国家和地区对大部分偶氮染料禁止使用。

实验室一些常用的酸碱指示剂也是经重氮盐的偶合反应合成的。

(3) 几种指示剂和偶氮染料　染料是一种可以牢固地吸附在纤维上，耐光耐洗的有色物质。但有色物质不一定能成为染料，有些有色物质在不同的 pH 条件下，结构会发生变化，从而引起颜色变化。

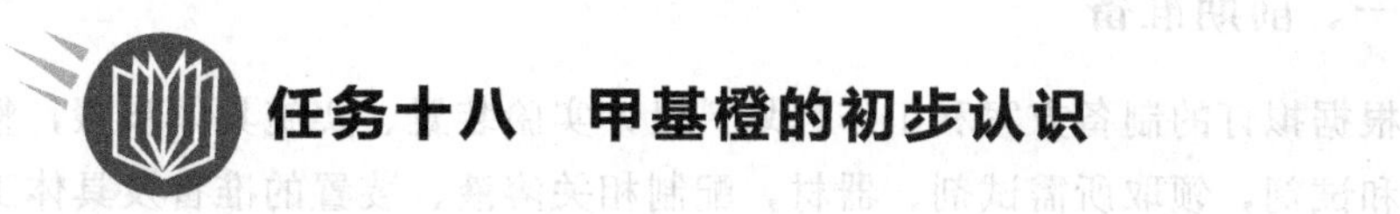

任务十八　甲基橙的初步认识

一、用途

甲基橙是一种酸碱指示剂，pH 变色范围 3.1 之前为红色，3.1～4.4 为橙色，4.4 以后为黄色。用于测定多数强酸、强碱和水的碱度，容量测定锡，作为强还原剂和强氧化剂（氯、溴）的消色指示剂，分光光度法测定氯、溴和溴离子，由于其可与靛蓝二磺酸钠或溴甲酚绿组成混合指示剂，以缩短变色域和提高变色的锐灵性等。

二、结构

甲基橙结构如下：

$$(H_3C)_2N-C_6H_4-N=N-C_6H_4-SO_3Na$$

可以在不同 pH 条件下有着如下反应，因此显示出不同的颜色：

$$(H_3C)_2\overset{+}{N}=C_6H_4=N-\underset{H}{N}-C_6H_4-SO_3^- \underset{H^+}{\overset{OH^-}{\rightleftharpoons}} (H_3C)_2N-C_6H_4-N=N-C_6H_4-SO_3Na$$

pH<3.1，红色　　　　pH>4.4，黄色

任务十九　查阅并确定甲基橙的制备方法

一、分析确定甲基橙的制备方法

整理分析查阅的资料，分析制备方法的特点，结合实际情况，确定实验室可行的制备及分离方案，并拟订工作计划。

二、“三废” 处理

根据已拟订的制备方案，分析制备过程中原料、产物和副产物的性质，结合资料，制订“三废”的处理方案，增强环保意识。

三、注意事项

结合制备及“三废”处理过程中的需要注意的实验操作技术、有毒有害物品的正确使用以及紧急情况发生后的应急处理措施，尽量避免实施过程中的危险或不规范操作，以保证项目能顺利安全地实施。

任务二十　甲基橙的制备

一、前期准备

根据拟订的制备方案和工作计划，设计实验装置、实施具体步骤，整理实施方案所需的仪器和试剂，领取所需试剂、器材，配制相关溶液、装置的准备及具体工作分工。

二、甲基橙的制备

根据制订的工作计划对方案进行实施。主要包括甲基橙的制备及其在不同 pH 下的显色情况。在实施过程中，如遇突发问题或不能实施的环节，小组内成员需共同讨论解决，指导教师在过程中加强巡查和指导。

三、结果展示

实践结果以撰写实践报告的形式为主，报告中应体现以下部分内容：

1. 任务的背景

结合物质的用途，明确实践的目标。

2. 方案实施的可行性分析

方案实践中具体要怎么做？采用什么方法？可供参考的文献资料有哪些？

3. 任务的结果

通过方案的实践，是否制得产品？产品外观、收率等指标分别为多少？

4. 争议的最大问题

5. 心得体会

强化练习

1. 命名下列化合物。

(1) 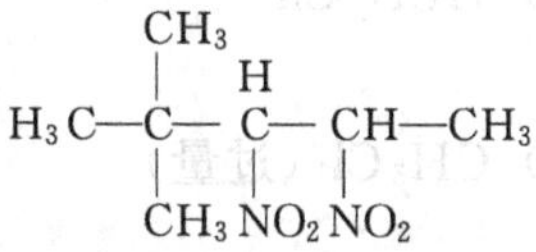 $H_3C—C(CH_3)_2—CH(NO_2)—CH(NO_2)—CH_3$

(2) $H_3C—C(CH_3)(NH_2)—CH_2—CH_2—CH_2—CH_3$

(3) O_2N

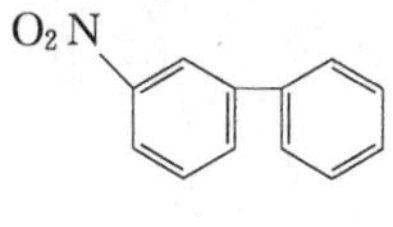

(4) 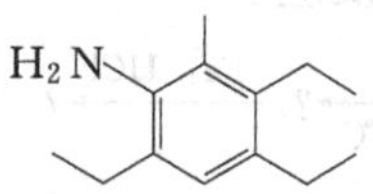 H_2N

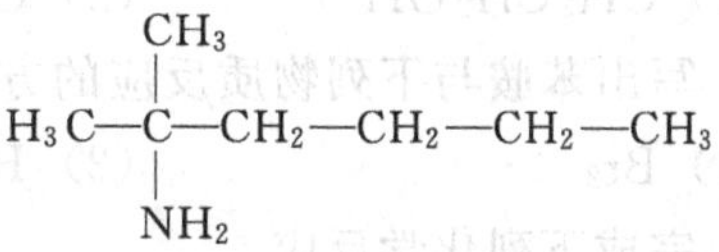

(5) 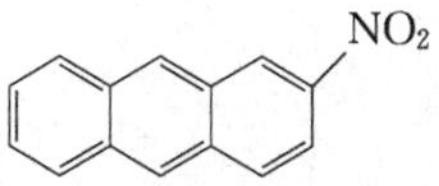 NO_2

(6) 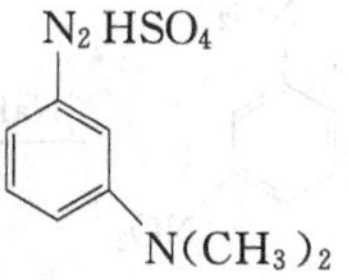 N_2HSO_4 $N(CH_3)_2$

(7) 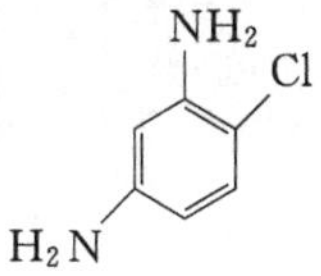 NH_2 Cl H_2N

(8) 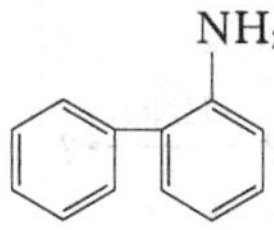 NH_2

(9) 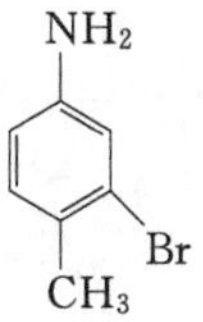 NH_2 Br CH_3

(10) 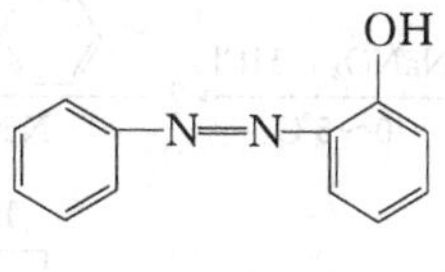 N=N OH

2. 写出下列化合物的构造式。

(1) 2-甲基-4-硝基-5-氯苯甲酸

(2) 2,4,6-三硝基甲苯（TNT）

(3) 2,4,6-三硝基苯酚（苦味酸）

(4) 二硝酸乙二酯

(5) 间硝基苯胺

(6) 乙酰苯胺

(7) N,N-二甲苯胺

(8) 对氨基偶氮苯

3. 将下列各组化合物按碱性由强到弱的顺序排列。

(1) 氨、乙胺、苯胺

(2) 苯胺、二苯胺、三苯胺

（3）苯胺、对乙基苯胺、对硝基苯胺

4. 用苯制备下列化合物。

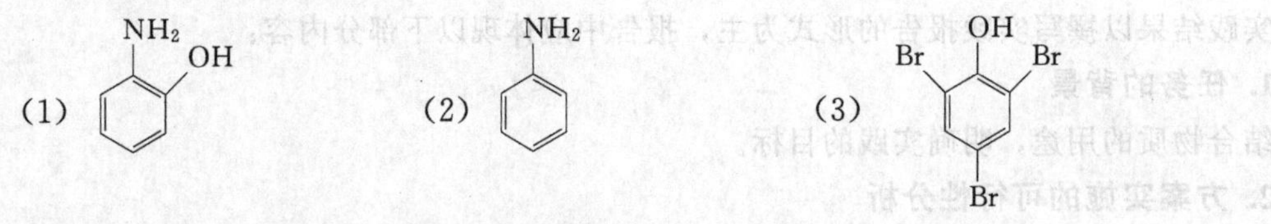

5. 将下列化合物按酸性由强到弱的顺序排列。

（1）苯酚　（2）对甲苯酚　（3）对硝基苯酚

（4）2,4-二硝基苯酚　（5）2,4,6-三硝基苯酚

6. 用化学方法鉴别下列各组化合物。

（1）甲胺、二甲胺、三甲胺

（2）苯胺、*N*-甲基苯胺、*N*,*N*-二甲基苯胺

（3）苯胺、苯酚、硝基苯

7. 写出 $CH_3-C_6H_4-N_2^+HSO_4^-$ 与下列物质反应的方程式。

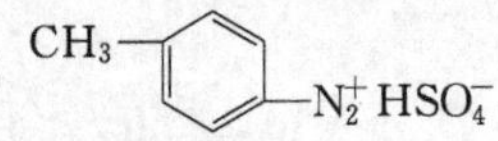

（1）CH_3CH_2OH　（2）CuCN，KCN　（3）HCl，Sn

8. 写出苯胺与下列物质反应的方程式。

（1）Br_2　（2）H_2SO_4　（3）CH_3Cl（过量）

9. 完成下列化学反应。

（1）$C_6H_6 \xrightarrow[50\sim60℃]{混酸} ? \xrightarrow{Fe，HCl} ?$

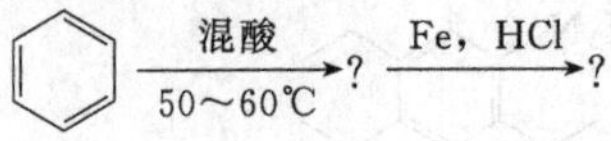

（2）$C_6H_6 \xrightarrow{?}$ 间二硝基苯 $\xrightarrow{NaHS} ?$

（3）$C_6H_5NH_2 \xrightarrow{CH_3COCl} ? \xrightarrow{HNO_3} ? + ?$

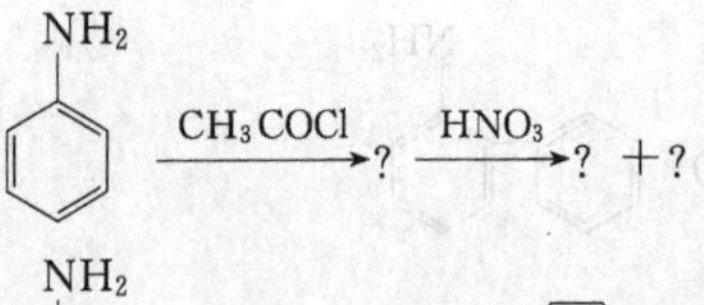

（4）$C_6H_5NH_2 \xrightarrow[0\sim5℃]{NaNO_2，HCl} ? \xrightarrow[NaOH]{C_6H_5OH} ?$

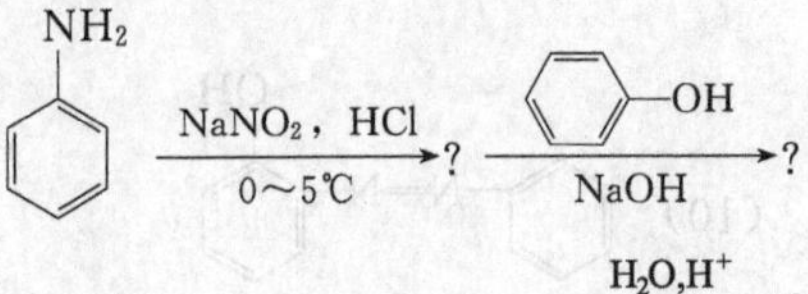

（5）对甲基苯胺 $\xrightarrow{?}$ 对甲基苯重氮硫酸氢盐（N_2HSO_4）$\xrightarrow{H_2O,H^+} ?$；$\xrightarrow{H_3PO_2} ?$；$\xrightarrow[\triangle]{KI} ?$；$\xrightarrow[\triangle]{CuCN, KCN} ?$

（6）$C_6H_5N_2Cl$ + 3-甲基苯酚 $\xrightarrow[0℃]{NaOH} ?$

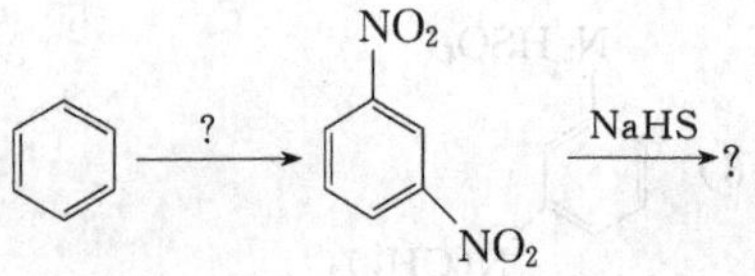

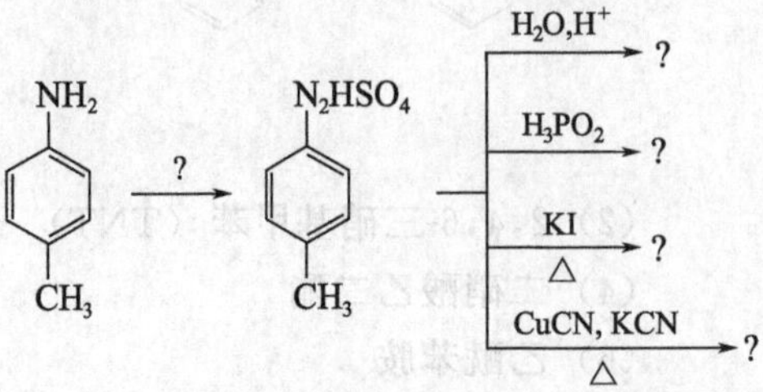

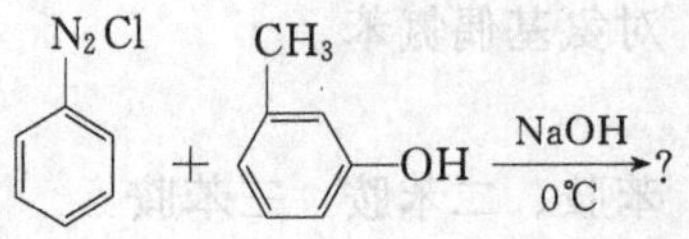

10. 以苯或甲苯为原料合成下列化合物。

(1) 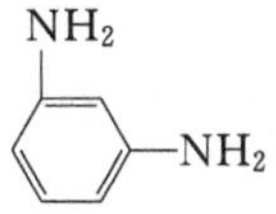 NH_2，$-NH_2$

(2) OH，$-NO_2$

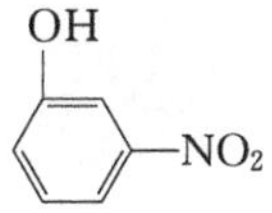

(3) 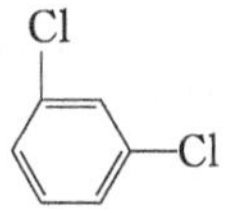 Cl，$-Cl$

(4) 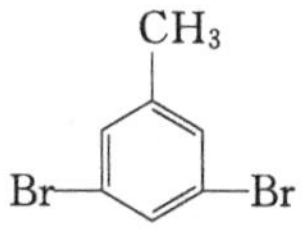 CH_3，Br$-$，$-$Br

(5) 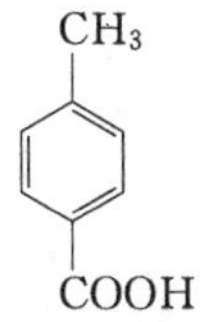 CH_3，COOH

(6) 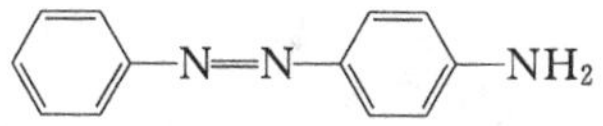 $-N{=}N-$，$-NH_2$

11. 一个化合物 A 分子式为 $C_6H_{15}N$ 能溶于稀盐酸，与亚硝酸在室温下作用放出氮气得到 B，B 能进行碘仿反应，B 和浓硫酸共热得 C，C 能使溴水褪色，用高锰酸钾氧化 C，得到乙酸和 2-甲基丙酸。试推导 A、B、C 三种化合物的结构。

12. 分子式 $C_7H_7NO_2$ 的化合物 A，与 Fe+HCl 反应生成分子式为 C_7H_9N 的化合物 B，B 和 $NaNO_2$+HCl 在 0～5℃反应生成分子式为 $C_7H_7ClN_2$ 的化合物 C；在稀盐酸中，C 与 CuCN 反应生成分子式为 C_8H_7N 的化合物 D，D 在稀酸中水解得到酸 E($C_8H_8O_2$)，E 用高锰酸钾氧化得到另一种酸 F，F 受热时生成分子式为 $C_8H_4O_3$ 的酸酐。试推测 A、B、C、D、E、F 的构造式，并写出各步反应。

项目十三 从茶叶中提取咖啡因

知识目标

◎ 学习并了解杂环化合物的结构、分类、物理性质。

◎ 学习并掌握杂环化合物的命名、主要化学性质及在生活、生产中的应用；

◎ 学习并了解重要杂环化合物的来源、用途。

能力目标

◎ 能够查阅各种图书资料和网络资料，对制备方法进行分析、汇总和比较；

◎ 能够制订实验室提取及纯化实践方案；

◎ 能够针对方案实践过程中可能遇到的问题进行提前分析与准备；

◎ 能够熟练运用有机化学实验的基本操作，对方案进行实践；

◎ 能够结合实践及所学知识归纳同系列化合物的物理化学性质。

项目实施要求

◎ 项目实施过程遵循“项目布置—化合物的初步认识—查阅资料—分析资料—确定方案—方案实践—总结归纳—巩固强化”规律。

◎“项目布置”要求学生明确项目内容与任务，各项目组制订初步工作计划（开展方式、人员分工、时间安排等）。

◎“初步认识”主要通过课堂讨论及讲解的方式进行；查阅和分析资料则需要利用课余时间完成。学生需根据项目中各任务的要求，在项目组内进行分工协调，共同查阅和分析资料，从而形成初步材料。

◎ 确定方案阶段由各项目组讨论收集的资料，并确定工作计划。

◎ 实践阶段主要包括前期准备、项目实践及结果展示三个部分，要求各项目组根据确定的方案准备实践所需的试剂与器材，按照方案和工作计划进行实践，并记录现象与结果，完成实践报告的撰写。

◎ 总结归纳阶段要求学生根据项目实施过程中所学知识、技能、技巧，结合实践结果，对该类化合物的性质进行总结和归纳。教师在这一过程中适时进行知识的分析、补充讲解和拓展。

◎ 巩固强化阶段要求学生应用相关知识完成强化练习，反馈学习效果。

任务一　杂环化合物的初步认识

杂环化合物是指成环的原子中含有除碳以外的原子（如 N、O、S 等）的环状化合物，这些非碳原子称为杂原子。而前面学过的环氧乙烷、丁二酸酐、邻苯二甲酰亚胺等，虽然环上含有杂原子，但这些化合物易开环，性质与相应的开链化合物相似，通常不列入杂环化合物范畴。这里要讨论的杂环化合物是环系比较稳定且具有一定芳香性的化合物。

杂环化合物是一大类有机物，占已知有机物的三分之一，在自然界分布广泛、功用很多。例如，中草药的有效成分生物碱大多是杂环化合物；动植物体内起重要生理作用的血红素、叶绿素、核酸的碱基都是含氮杂环；部分维生素，抗生素、合成染料等也都含有杂环。

一、分类

根据杂环的大小，可以分为五元和六元杂环；根据环的多少，可以分为单杂环和稠杂环；根据杂原子的数目，可分为含一个杂原子的化合物和含多个杂原子的化合物。在实际使用过程中，往往交叉使用。分类情况见表 13-1。

二、命名

杂环化合物的命名多采用译音法。即化合物的名称用英文的译音。选择带“口”字旁的同音汉字来命名。

系统命名的编号规则如下：

（1）单杂环化合物从杂原子开始依次用阿拉伯数字编号，以使取代基的位次尽可能小；也可采用希腊字母编号，与杂原子相连的碳原子为 α 位，依次为 β 位和 γ 位。五元杂环只有 α 位和 β 位；六元杂环则有 α、β 和 γ 位。

（2）若含有多个相同杂原子，则从连有氢或取代基的杂原子开始编号，并使其他杂原子的位次尽可能最小。

（3）若含有不同杂原子，按 O、S、N 的顺序编号。

有些稠杂环有特殊的编号，例如嘌呤核和异喹啉。编号情况见表 13-1。

杂环的母体及编号确定后，环上取代基一般可按照芳香族化合物的命名原则来处理。当 N 原子上连有取代基时，常用“*N*”表示取代基位次。例如：

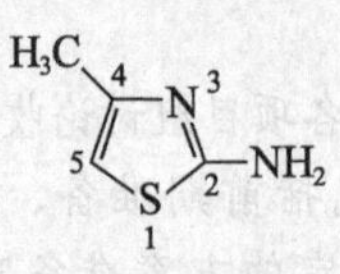

4-甲基-2-氨基噻唑 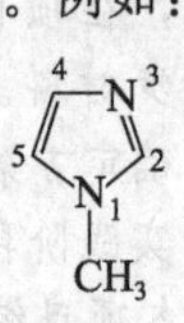　　*N*-甲基咪唑

有些稠杂环的命名，与芳香族化合物命名也不一样。例如：

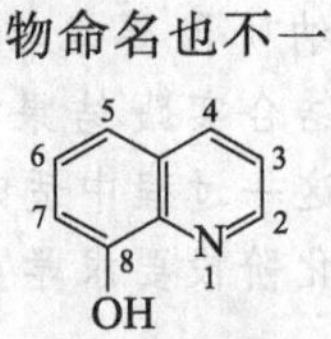

8-羟基喹啉 (不叫8-喹啉酚)

表 13-1 常见杂环化合物的分类和名称

分类		含一个杂原子	含多个杂原子
单杂环	五元杂环	呋喃　噻吩　吡咯	噻唑　吡唑　咪唑
单杂环	六元杂环	吡吡喃　吡吡	嘧啶
稠杂环		吲哚　喹啉　异喹啉	嘌呤

任务二　学习五元杂环化合物呋喃、噻吩、吡咯的性质

一、结构

呋喃、噻吩、吡咯在结构上具有共同点，即构成环的五个原子都为 sp^2 杂化，故成环的五个原子处在同一平面，每一个碳原子的 p 轨道上有一个电子，杂原子上有一对电子，p 轨道垂直于五元环的平面，互相重叠，形成共轭体系，与苯结构类似。其 π 电子数符合休克尔规则(π 电子数$=4n+2$)，所以，它们都具有芳香性。

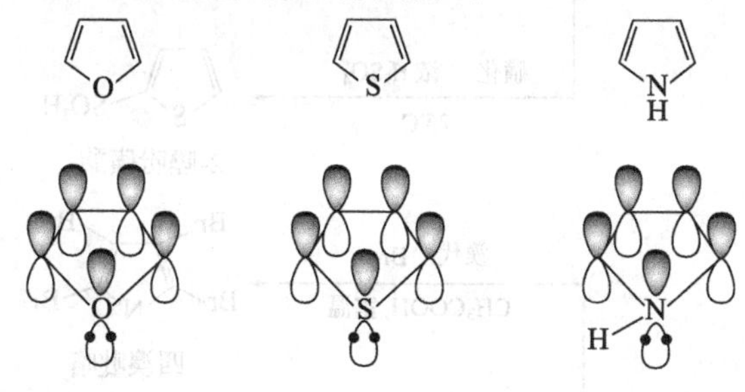

二、物理性质

呋喃为无色液体，有温和的香味，熔点-85.6℃，沸点 31.4℃，极度易燃，相对密度 0.9514，不溶于水，溶于丙酮、苯，易溶于乙醇、乙醚等多数有机溶剂。有麻醉和弱刺激作用，用于有机合成或用作溶剂，制取药物呋喃西林，呋喃是很好的富电芳香杂环。

噻吩为熔点-38℃，沸点 84℃，相对密度 1.051。在常温下，噻吩是一种无色、有恶臭、能催泪的液体，溶于乙醇、乙醚、丙酮、苯等。主要用于药物合成，还可用于制造感光材料、光学增亮剂、染料、除草剂和香料等。

吡咯为无色液体。沸点 130～131℃，相对密度 0.9691。微溶于水，易溶于乙醇、乙醚等有机溶剂。其衍生物广泛用作有机合成、医药、农药、香料、橡胶硫化促进剂、环氧树脂固化剂等的原料。用作色谱分析标准物质，也用于有机合成及制药工业。

三、化学性质

1. 亲电取代反应

五元杂环有芳香性，但其芳香性不如苯环，因环上的 π 电子云密度比苯环大，且分布不均，它们在亲电取代反应中的速率比苯快得多。亲电取代反应的活性为：吡咯＞呋喃＞噻吩＞苯，主要进入 α-位。例如：

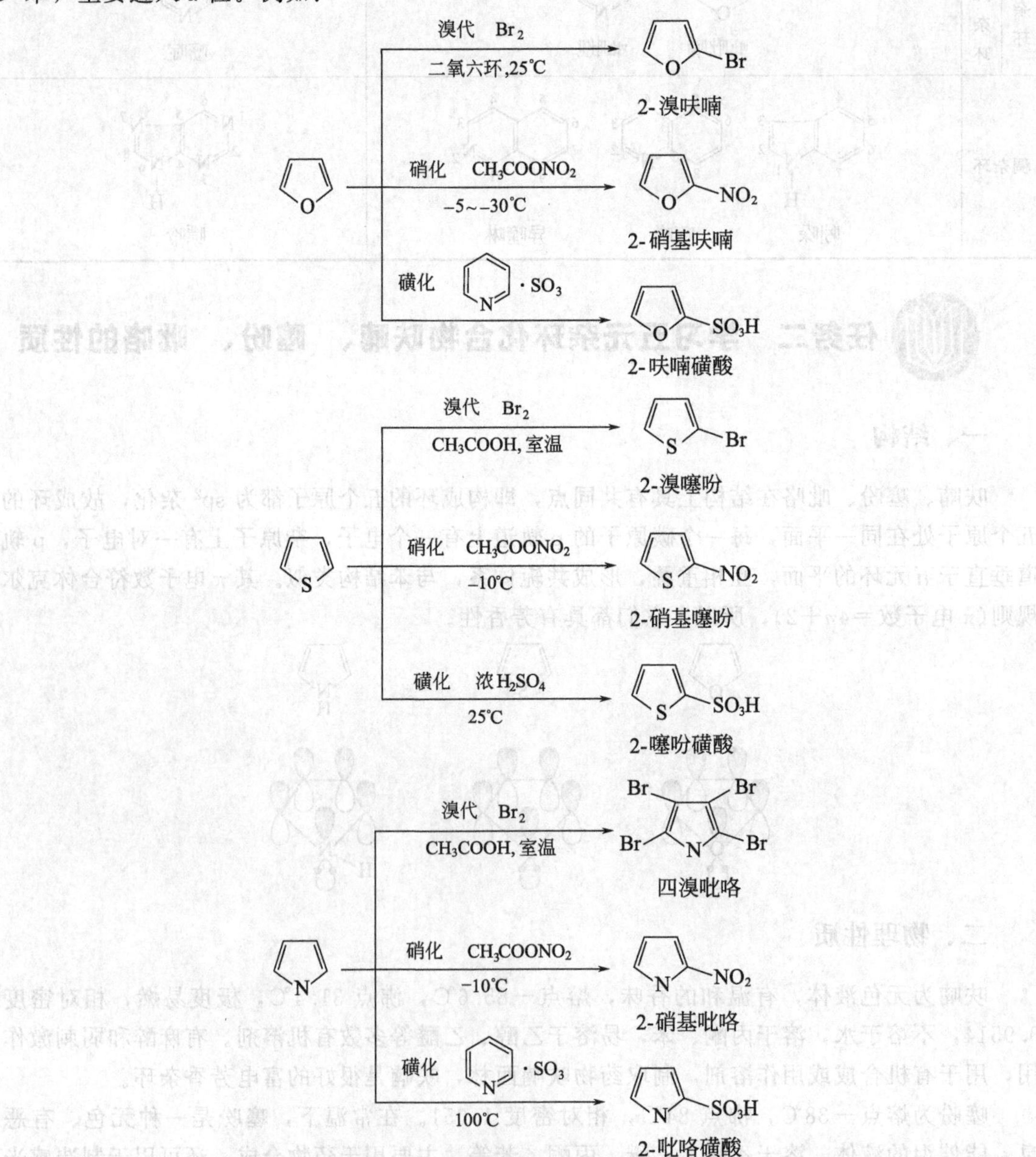

说明：吡咯、呋喃、噻吩的亲电取代反应，对试剂及反应条件必须有所选择和控制。

(1) 卤代反应，不需要催化剂，要在较低温度下进行。

（2）硝化反应，不能用混酸硝化，一般是用乙酰基硝酸酯（CH_3COONO_2）作硝化试剂，在低温下进行。乙酰基硝酸酯通过乙酸酐和硝酸反应制取。

（3）磺化反应，呋喃、吡咯不能用浓硫酸磺化，要用特殊的磺化试剂——吡啶三氧化硫的络合物，噻吩可直接用浓硫酸磺化。

2. 加氢反应

呋喃、噻吩、吡咯在催化剂作用下可催化加氢生成四氢呋喃、四氢噻吩和四氢吡咯。

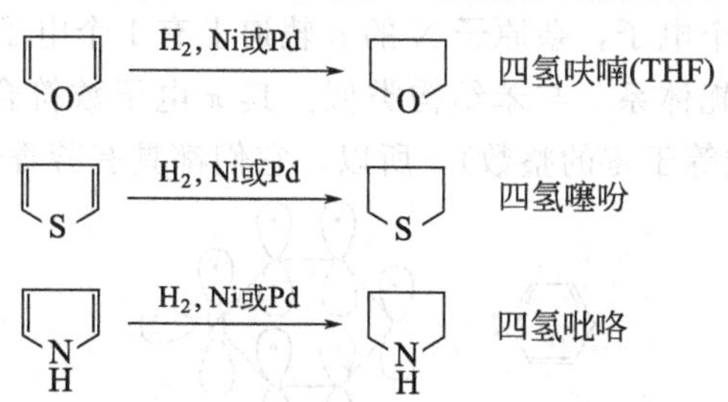

3. 呋喃、吡咯的特性反应

（1）呋喃易起 D-A 反应

30℃

内式 (90%)　　外式

吡咯、噻吩要在特定条件下才能发生 D-A 反应。

（2）吡咯的弱酸性和弱碱性　吡咯虽然是一个仲胺，但碱性很弱。主要是因为 N 原子上的孤对电子参与了环的共轭，减弱了与 H^+ 的结合力。

K_b　3.8×10^{-10}　2.5×10^{-14}　2×10^{-4}

吡咯具有弱酸性，其酸性介与乙醇和苯酚之间。

CH_3CH_2OH

K_a　1.3×10^{-10}　1×10^{-15}　1×10^{-18}

故吡咯能与固体氢氧化钾加热成为钾盐。

+ KOH（固体）⇌（热）+ H_2O

4. 鉴定反应

（1）呋喃　其蒸气遇到浸有盐酸的松木片呈绿色，叫做松木片反应。可用来鉴定呋喃。

（2）噻吩　在浓硫酸存在下，与靛红一同加热显蓝色，此反应灵敏，可用来鉴定噻吩。

（3）吡咯　其蒸气或醇溶液能使浸过盐酸的松木片呈红色，叫做松木片反应，可用来鉴定吡咯。

 任务三 学习六元杂环化合物吡啶的性质

一、结构

吡啶分子中，构成环的 6 个原子都为 sp^2 杂化，故成环的 6 个原子处在同一平面，每 1 个碳原子的 p 轨道上有 1 个电子，杂原子 N 的 p 轨道上有 1 个电子，6 条 p 轨道垂直于环的平面，互相重叠，形成共轭体系，与苯结构类似。其 π 电子数符合休克尔规则(π 电子数＝$4n+2$，式中 n 表示大于或等于零的整数)，所以，它们都具有芳香性。

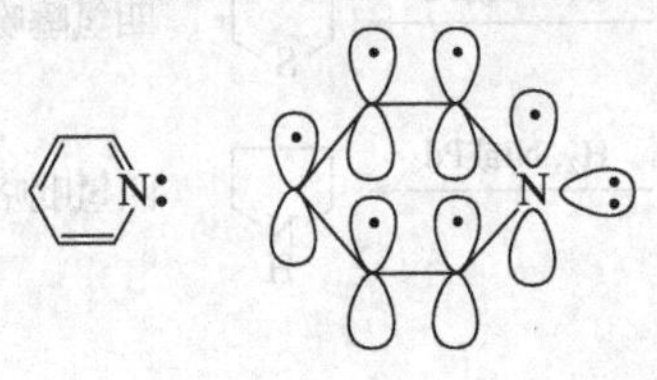

二、物理性质

吡啶为有特殊臭味的无色液体，沸点 115.5℃，相对密度 0.982，可与水、乙醇、乙醚等任意混合，是重要的有机碱试剂。吡啶存在于煤焦油页岩油和骨焦油中，吡啶衍生物广泛存在于自然界，例如，植物所含的生物碱不少都具有吡啶环结构，维生素 PP、维生素 B_6、辅酶Ⅰ及辅酶Ⅱ也含有吡啶环。吡啶是重要的有机合成原料（如合成药物)、良好的有机溶剂和有机合成催化剂。

三、化学性质

1. 碱性与成盐

吡啶的环外有一对未共用的孤对电子，具有碱性，易接收亲电试剂而成盐。其碱性小于氨大于苯胺。

	CH_3NH_2	NH_3	吡啶	苯胺（$C_6H_5NH_2$）
pK_b	3.38	4.76	8.80	9.42

吡啶易与许多化合物形成加合物。例如：

$$C_5H_5N + HCl \longrightarrow C_5H_5\overset{+}{N}HCl^- \xrightarrow{NH_3} C_5H_5N$$

$$C_5H_5N + SO_3 \xrightarrow[\text{室温}]{CH_2Cl_2} C_5H_5\overset{+}{N}{-}\overset{-}{S}O_3 \quad (90\%)$$

是常用的缓和磺化剂

（此反应常用于吸收反应中生成的气态酸）

$$C_5H_5N + CrO_3 \longrightarrow CrO_3 \cdot 2\,C_5H_5N \quad \text{（缓和氧化剂）}$$

吡啶属叔胺，可以和活泼的卤代物成季铵盐。十二个碳原子以上的卤代烷与吡啶生成的季铵盐是重要的阳离子表面活性剂。例如：

$$C_5H_5N \xrightarrow{C_{16}H_{33}-Cl} [\,C_5H_5\overset{+}{N}{-}C_{16}H_{33}\,]^+ Cl^-$$

2. 亲电取代反应

吡啶环上氮原子电负性大，吸电子能力强，性质和硝基苯相似。其亲电取代反应很不活泼，反应条件要求很高，不起傅-克烷基化和酰基化反应。亲电取代反应主要在β-位上。

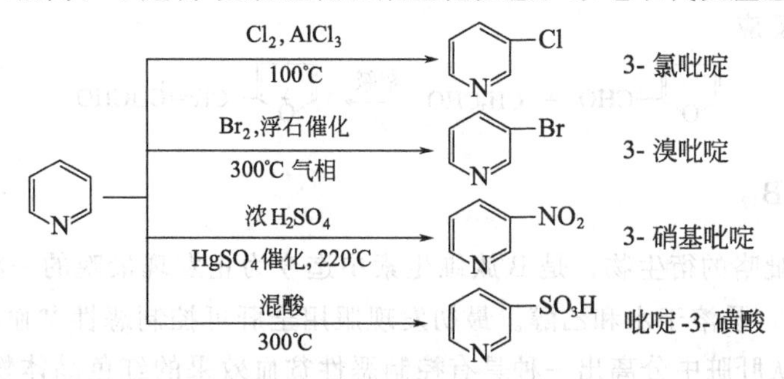

3. 氧化还原反应

（1）氧化反应　吡啶环对氧化剂稳定，一般不被酸性高锰酸钾、酸性重铬酸钾氧化，通常是侧链烃基被氧化成羧酸。

3-甲基吡啶 ($-CH_3$) $\xrightarrow[\triangle]{KMnO_4/H^+}$ $-COOH$

β-吡啶甲酸（烟酸）

2-苯基吡啶 $\xrightarrow[\triangle]{HNO_3}$ $-COOH$

α-吡啶甲酸

（2）还原反应　吡啶比苯易还原，用钠加乙醇、催化加氢均使吡啶还原为六氢吡啶（即胡椒啶）。

任务四　认识常见的杂环化合物及衍生物

一、糠醛（α-呋喃甲醛）

糠醛又称α-呋喃甲醛，是呋喃的衍生物，由农副产品如花生壳、高粱秆、棉籽壳等用稀酸加热蒸煮制取。糠醛是良好的溶剂，常用作精炼石油的溶剂，以溶解含硫物质及环烷烃等。可用于精制松香，脱出色素，溶解硝酸纤维素等。糠醛广泛用于油漆及树脂工业。糠醛在醋酸存在下与苯胺作用显红色可用于鉴定糠醛。

糠醛的化学反应可分为醛基上的反应和环上取代反应。

1. 氧化还原反应

糠醛 ($-CHO$)：

$\xrightarrow[150℃, 10MPa]{CuO, Cr_2O_3}$ 糠醇 ($-CH_2OH$)

$\xrightarrow{KMnO_4弱碱性}$ 糠酸 ($-COOH$)

$\xrightarrow[O_2, 320℃]{V_2O_5-MoO}$ 顺丁烯二酸酐 $+ CO_2 + H_2O$

2. 歧化反应

$$\text{C}_4\text{H}_3\text{O}\text{—CHO} \xrightarrow{\text{浓碱}} \text{C}_4\text{H}_3\text{O}\text{—COOH} + \text{C}_4\text{H}_3\text{O}\text{—CH}_2\text{OH}$$

3. 羟醛缩合反应

$$\text{C}_4\text{H}_3\text{O}\text{—CHO} + \text{CH}_3\text{CHO} \xrightarrow[\triangle]{\text{稀碱}} \text{C}_4\text{H}_3\text{O}\text{—CH=CHCHO}$$

二、维生素 B_{12}

维生素 B_{12}是吡咯的衍生物，是 B 族维生素中迄今为止发现最晚的一种。维生素 B_{12}为浅红色的针状结晶，易溶于水和乙醇。最初发现服用全肝可控制恶性贫血症状，经 20 年研究，到 1948 年才从肝脏中分离出一种具有控制恶性贫血效果的红色晶体物质，定名为维生素 B_{12}。其结构于 1954 年经 X 射线衍射法予以确定，被认为是自然界中存在的结构非常复杂的有机化合物，并于 1972 年完成了它的全合成。这是迄今为止人工合成的最复杂的非高分子化合物，是合成艺术上的一次大胜利。

其主要功能有：①促进红细胞的发育和成熟，使机体造血机能处于正常状态，预防恶性贫血；维护神经系统健康；②以辅酶的形式存在，可以增加叶酸的利用率，促进碳水化合物、脂肪和蛋白质的代谢；③具有活化氨基酸的作用和促进核酸的生物合成，可促进蛋白质的合成，它对婴幼儿的生长发育有重要作用；④代谢脂肪酸，使脂肪、碳水化合物、蛋白质被身体适当运用；⑤消除烦躁不安，集中注意力，增强记忆及平衡感；⑥是神经系统功能健全不可缺少的维生素，参与神经组织中一种脂蛋白的形成。维生素 B_{12}广泛存在于动物食品中。人体维生素 B_{12}需要量极少，只要饮食正常，就不会缺乏。少数吸收不良的人须特别注意。

维生素B_{12}

三、维生素 B_6

维生素 B_6 是吡啶的衍生物，为无色晶体，易溶于水及乙醇，在酸液中稳定，在碱液中易破坏。维生素 B_6 在酵母菌、肝脏、谷粒、肉、鱼、蛋、豆类及花生中含量较多。结构式为：

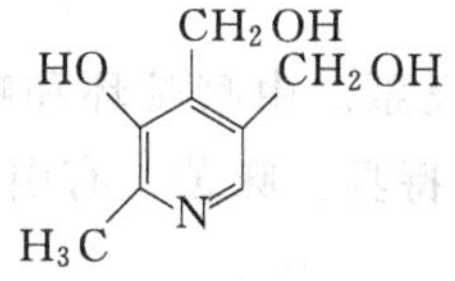

CH_2OH HO CH_2OH H_3C N

维生素 B_6

维生素 B_6 主要作用在人体的血液、肌肉、神经、皮肤等。功能有抗体的合成，消化系统中胃酸的制造，脂肪与蛋白质利用（尤其在减肥时应补充），维持钠、钾平衡（稳定神经系统）。缺乏维生素 B_6 的通症，一般缺乏时会有食欲不振、食物利用率低、失重、呕吐、下痢等毛病。严重缺乏会有粉刺、贫血、关节炎、小孩痉挛、忧郁、头痛、掉发、易发炎、学习障碍、衰弱等。

四、烟酸（维生素 B_3）

烟酸也称作维生素 B_3、维生素 PP，又名尼克酸、抗癞皮病因子，是吡啶的衍生物。结构式为：

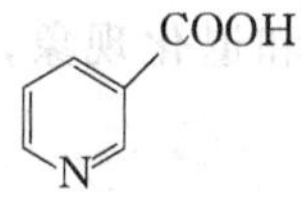

COOH N

烟酸是人体必需的 13 种维生素之一，是一种水溶性维生素，属于维生素 B 族。烟酸在人体内转化为烟酰胺，烟酰胺是辅酶Ⅰ和辅酶Ⅱ的组成部分，参与体内脂质代谢，组织呼吸的氧化过程和糖类无氧分解的过程。酵母、肝脏、兽鸟肉类、叶菜类中均含有大量烟酸。烟酸有较强的扩张周围血管作用，临床用于治疗头痛、偏头痛、耳鸣、内耳眩晕症等。若其缺乏时，可产生糙皮病，表现为皮炎、舌炎、口炎、腹泻及烦躁、失眠感觉异常等症状。

五、噻唑

1. 噻唑

噻唑是含一个硫原子和一个氮原子的五元杂环，无色，有吡啶臭味的液体，沸点 117℃，与水互溶，有弱碱性。是稳定的化合物。一些重要的天然产物和合成药物均含有噻唑结构，如青霉素、维生素 B_1 等。青霉素是一类抗生素的总称，已知的青霉素有一百多种，它们的结构很相似，均具有稠合在一起的四氢噻唑环和 β-内酰胺环。

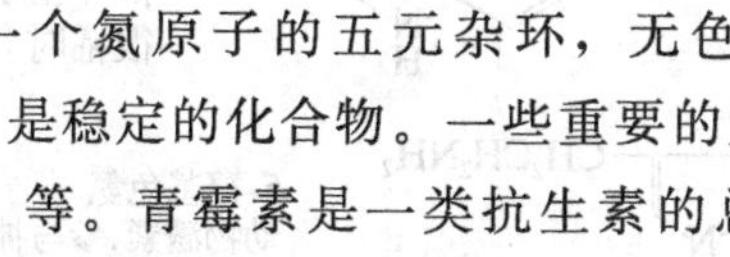

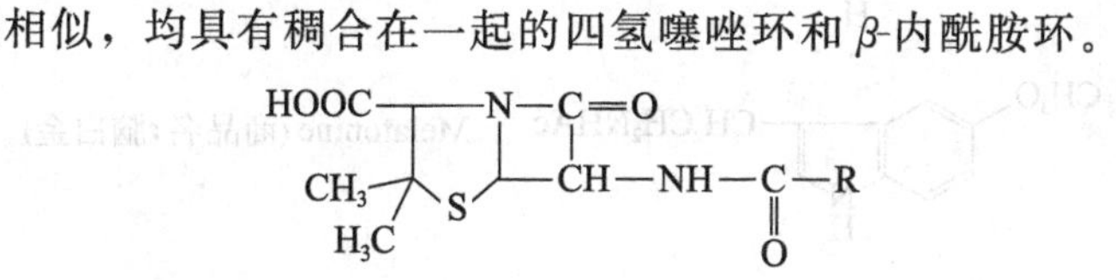

HOOC—N—C=O CH_3 H_3C S CH—NH—C—R O

R= $—CH_2—C_6H_5$ 为青霉素 G

R= $—CH_2—O—C_6H_5$ 为青霉素 V

R= $—CH=CH—CH_2—S—CH_3$ 为青霉素 O

（以上）常用青霉素

青霉素具有强酸性($pK_a \approx 2.7$)，在游离状态下不稳定（青霉素O例外），故常将它们变成钠盐、钾盐或有机碱盐用于临床。

2. 维生素 B_1

维生素 B_1 又称硫胺素或抗神经炎素。由嘧啶环和噻唑环结合而成的一种B族维生素。为白色结晶或结晶性粉末；有微弱的特臭，味苦，有引湿性，露置在空气中，易吸收水分。结构为：

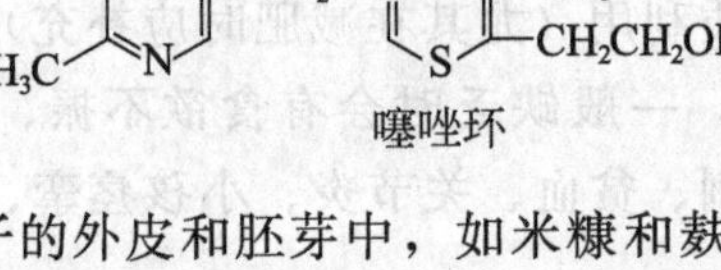

$\overset{+}{N}H_3Cl^-$ ClH $-CH_2-\overset{+}{N}$ CH_3 H_3C S CH_2CH_2OH

噻唑环

维生素 B_1 主要存在于种子的外皮和胚芽中，如米糠和麸皮中含量很丰富，在酵母菌中含量也极丰富。瘦肉、白菜和芹菜中含量也较丰富。土豆中虽含量不高，但以土豆为主食的地区，也是维生素 B_1 的主要来源。目前所用的维生素 B_1 都是化学合成的产品。在体内，维生素 B_1 以辅酶形式参与糖的分解代谢，有保护神经系统的作用；还能促进肠胃蠕动，增加食欲。

维生素 B_1 缺乏时，可引起多种神经炎症，如脚气病菌。维生素 B_1 缺乏所引起的多发性神经炎，患者的周围神经末梢有发炎和退化现象，并伴有四肢麻木、肌肉萎缩、心力衰竭、下肢水肿等症状。

六、吲哚

吲哚是白色结晶，熔点52.5℃。极稀溶液有香味，可用作香料，浓的吲哚溶液有粪臭味。素馨花、柑橘花中含有吲哚。吲哚环的衍生物广泛存在于动植物体内，与人类的生命、生活有密切的关系。

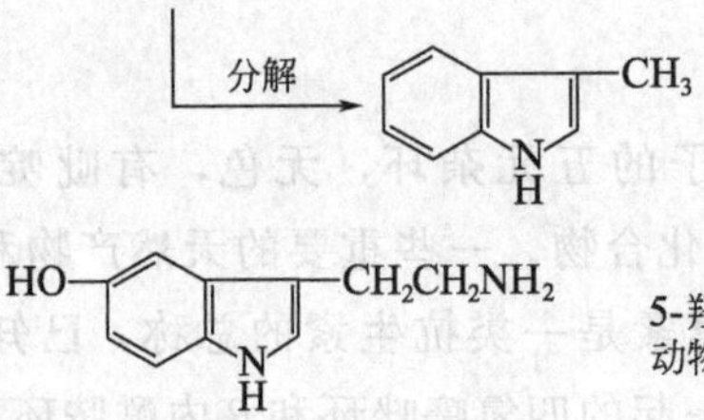

$-CH_2-CH(NH_2)-COOH$ 色氨酸 构成蛋白质的重要成分

分解

$-CH_3$ β-甲基吲哚(粪臭素) 很稀时有茉莉香味

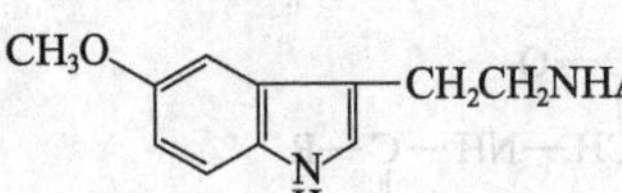

HO $CH_2CH_2NH_2$ 5-羟基色氨 动物激素，参与神经思维的物质。

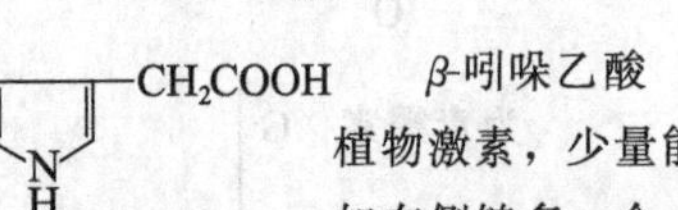

CH_3O CH_2CH_2NHAc Melatonine(商品名：脑白金)

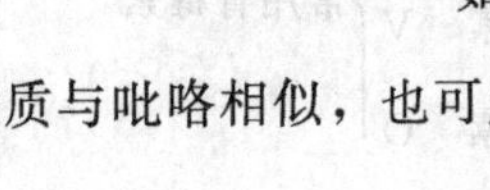

CH_2COOH β-吲哚乙酸 植物激素，少量能调节植物生长，量大则杀伤植物。如在侧链多一个$-CH_2-$就失去生理效能

吲哚的性质与吡咯相似，也可发生亲电取代反应，取代基进入β-位。

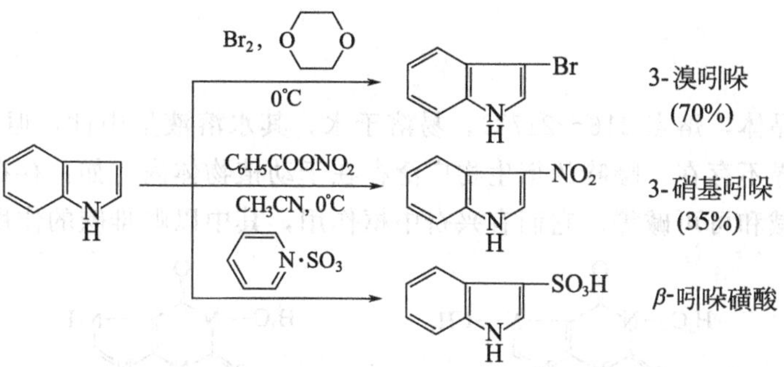

Br_2，二氧六环，0℃ → 3-溴吲哚（70%）

$C_6H_5COONO_2$，CH_3CN，0℃ → 3-硝基吲哚（35%）

吡啶·SO_3 → β-吲哚磺酸

七、喹啉

喹啉存在于煤焦油中，为无色油状液体，放置时逐渐变成黄色，沸点 238.05℃，有恶臭味，难溶于水。能与大多数有机溶剂混溶，是一种高沸点溶剂。

1. 喹啉的性质

（1）取代反应　喹啉是由苯和吡啶稠合而成的，由于吡啶环的电子云密度低于与之并联的苯环，所以喹啉的亲电取代反应发生在电子云密度较大的苯环上，取代基主要进入 5 位或 8 位。

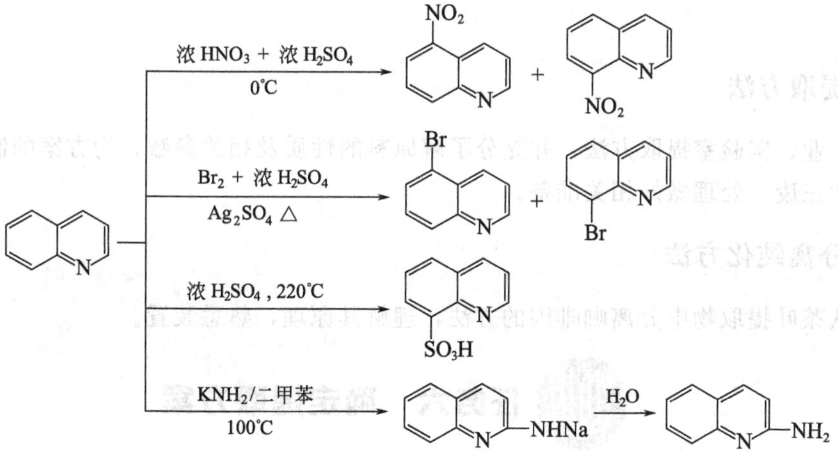

浓 HNO_3 + 浓 H_2SO_4，0℃ → 5-硝基喹啉 + 8-硝基喹啉（NO_2）

Br_2 + 浓 H_2SO_4，Ag_2SO_4 △ → 5-溴喹啉 + 8-溴喹啉（Br）

浓 H_2SO_4，220℃ → 8-喹啉磺酸（SO_3H）

KNH_2/二甲苯，100℃ → 2-NHNa 喹啉 $\xrightarrow{H_2O}$ 2-氨基喹啉（NH_2）

（2）氧化还原反应　喹啉用高锰酸钾氧化时，苯环发生破裂，用钠和乙醇还原使吡啶环被还原，这说明在喹啉分子中吡啶环比苯环难氧化，易还原。

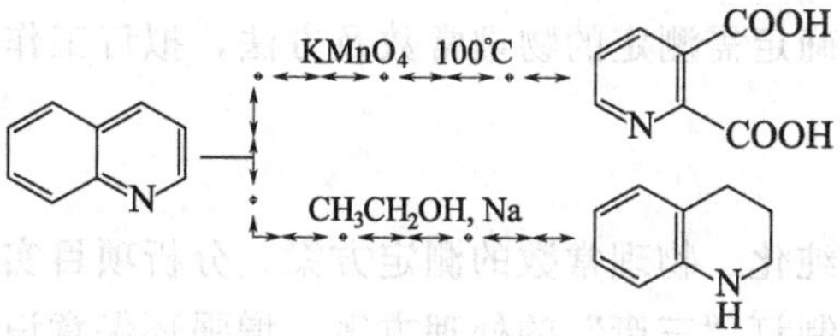

$KMnO_4$，100℃ → 2,3-吡啶二甲酸（COOH，COOH）

CH_3CH_2OH，Na → 1,2,3,4-四氢喹啉（N-H）

2. 喹啉的衍生物

喹啉的衍生物在自然界存在很多，如奎宁、氯喹、罂粟碱、吗啡等。吗啡是从鸦片中提取出来的，吗啡的盐酸盐是很强的镇痛药，能持续 6h，也能镇咳，但易上瘾。将羟基上的氢换成乙酰基，即为海洛因，比吗啡更易上瘾，可用来解除晚期癌症患者的痛苦。

八、嘌呤

嘌呤为无色晶体，熔点216～217℃，易溶于水，其水溶液呈中性，但能与酸或碱成盐。纯嘌呤环在自然界不存在，嘌呤的衍生物广泛存在于动植物体内。如：存在于茶叶和可可豆里的茶碱、咖啡碱和可可碱等。它们有兴奋中枢作用，其中以咖啡碱的作用最强。

咖啡碱　　茶碱

任务五　查阅从茶叶中提取咖啡因的方法

一、咖啡因的性质

查阅咖啡因的来源、物理性质、化学性质及药理学性质，在适度或过度使用时对人体的影响。

二、提取方法

查阅工业、实验室提取方法，并充分了解原料的性质及相关参数，为方案的制订、实验操作以及“三废”处理做好相关准备。

三、分离纯化方法

查阅从茶叶提取物中分离咖啡因的方法，理解其原理，熟悉装置。

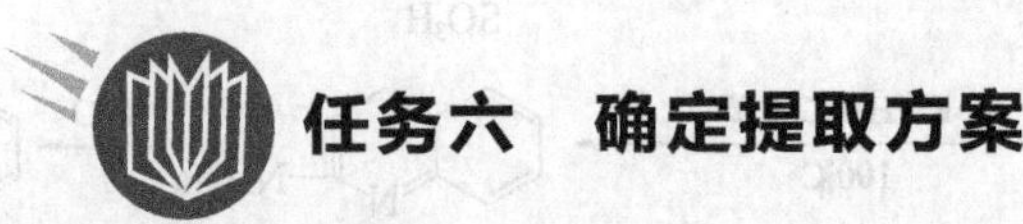

任务六　确定提取方案

一、分析并确定提取、纯化方案

整理分析查阅的资料，比较各种提取、纯化方法的特点，结合实际情况，确定实验室可行的提取、纯化方案，并确定需测定的物理常数及方法，拟订工作计划。

二、“三废” 处理

根据已拟订的提取、纯化、物理常数的测定方案，分析项目实施过程中原料、产物和副产物的性质，结合资料，制订“三废”的处理方案，增强环保意识。

三、注意事项

结合提取、纯化及“三废”处理过程中的实验操作技术，掌握有毒有害物品的正确使用以及紧急情况发生后的应急处理措施，尽量避免实施过程中的危险或不规范操作，以保证项目能顺利安全地实施。

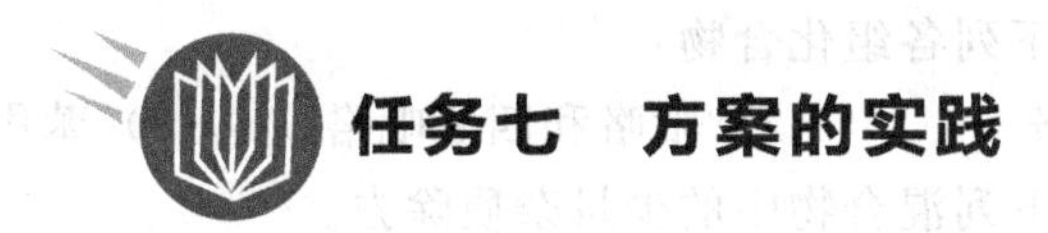

任务七 方案的实践

一、前期准备

根据拟订的提取、纯化方案和工作计划，设计实验装置、实施具体步骤，整理实施方案所需的仪器和试剂，领取所需试剂、器材，配制相关溶液、装置的准备及具体工作分工。

二、方案的实践

根据制订的工作计划对项目进行实施。主要包括咖啡因的提取、纯化，在实施过程中，如遇突发问题或不能实施的环节，小组内成员需共同讨论解决，指导教师在过程中加强巡查和指导。

三、结果展示

实践结果以撰写实践报告的形式为主，报告中应体现以下部分内容：

1. 项目或任务的背景

结合物质的用途，明确项目实践的目标。

2. 项目实施的可行性分析

项目实践中具体要怎么做？采用什么方法？可供参考的文献资料有哪些？

3. 项目或任务的结果

通过项目的实践，是否提取出所需产品？产品外观、收率、物理常数等指标分别为多少？

4. 争议的最大问题

5. 心得体会

强化练习

1. 用系统命名法命名下列化合物。

(1) O Cl　　(2) N CH_3　　(3) COOH N

(4) CH_2COOH N H　　(5) SO_3H S　　(6) O CH_2OH

2. 写出下列化合物的结构式。

(1) 3-甲基吡咯　　(2) 四氢呋喃　　(3) β-氯代呋喃

（4）α-噻吩磺酸　　（5）糠醛　　（6）8-羟基喹啉

3. 用化学方法区别下列各组化合物：

（1）苯，噻吩和苯酚　（2）吡咯和四氢吡咯　（3）苯甲醛和糠醛

4. 用化学方法，将下列混合物中的少量杂质除去。

（1）苯中混有少量噻吩　（2）甲苯中混有少量吡啶（3）吡啶中有少量六氢吡啶

5. 完成下列反应式。

（1）吡啶 $+ HBr \longrightarrow ? \xrightarrow{NH_3} ?$

（2）吡啶 $+ SO_3 \xrightarrow[\text{室温}]{CH_2Cl_2} ? \xrightarrow{\text{呋喃}} ?$

（3）糠醛（呋喃-CHO） $\xrightarrow{\text{浓NaOH}} ? + ?$

（4）糠醛（呋喃-CHO） $+ CH_3CHO \xrightarrow{\text{稀NaOH}} ? \xrightarrow{\triangle} ? \xrightarrow{NaBH_4} ?$

（5）噻吩 $\xrightarrow{H_2,\ Ni} ?$

6. 将苯胺、苄胺、吡咯、吡啶、氨按其碱性由强至弱的次序排列。

7. 某杂环化合物 A（$C_5H_4O_2$）经氧化生成羧酸 B（$C_5H_4O_3$）。把此羧酸的钠盐与碱石灰作用，转变为 C（C_4H_4O），后者与金属钠不起作用，也不具有醛、酮性质，可发生松木片反应。试推测 A、B、C 的结构。

色谱法分离蔬菜提取物中的天然色素

知识目标

- 学习并了解叶绿素的性质、用途、提取方法。
- 学习并掌握展开剂、洗脱剂的选择及比移值 R_f 的计算。
- 学习并熟悉薄层色谱、柱色谱分离操作技术。

能力目标

- 能够查阅图书资料和网络资料，结合实验条件制订实践方案。
- 能够针对方案实践过程中可能遇到的问题进行提前分析与准备。
- 能够熟练运用薄层色谱、柱色谱对提取物进行分离。

项目实施要求

- 项目实施遵循“项目布置—查阅资料—分析资料—制订方案—运用有机实验基本操作技术对方案进行实践”规律。
- “项目布置”要求学生明确项目内容与任务，并根据查阅的资料制订初步工作计划。
- 实践阶段主要包括前期准备、方案实践及结果展示三个部分，要求各项目组根据确定的方案准备实践所需的试剂与器材，按照方案和工作计划进行实践，并记录现象与结果，完成实践报告的撰写。

任务一 从蔬菜中提取天然色素

一、查阅资料并确定提取方案

查阅叶绿素组成、性质、提取方法、主要来源以及在工业生产、日常生活中的应用。整理分析查阅的资料，比较各种提取方法的特点，结合实际情况，确定可行的提取及“三废”处理方案，拟订工作计划及实践过程中的注意事项。

二、前期准备

根据拟订的提取方案和工作计划，设计实验装置、实施具体步骤，整理实施方案所需的仪器和试剂，领取所需试剂、器材，配制相关溶液、装置的准备及具体工作分工。

三、从蔬菜中提取天然色素

根据制订的工作计划对项目进行实施。在实施过程中，如遇突发问题或不能实施的环节，小组内成员需共同讨论解决，指导教师在过程中加强巡查和指导。

任务二 薄层色谱法分离叶绿素

一、查阅资料并确定方案

查阅资料，确定薄层色谱所需的吸附剂、展开剂，制订分离及“三废”处理方案，并拟订工作计划及实践过程中的注意事项。

二、前期准备

根据拟订的方案和工作计划，整理实施方案所需的仪器和试剂，领取所需试剂、器材，制作实践所需的薄层色谱板，活化后于干燥环境中存放。

三、薄层色谱法分离叶绿素

根据制订的工作计划进行实践，根据选择和配制的不同展开剂进行试验，确定合适的展开剂，并计算各组分的比移值 R_f。在实践过程中，如遇突发问题或不能实施的环节，小组内成员需共同讨论解决，指导教师在过程中加强巡查和指导。

任务三 柱色谱法分离叶绿素

一、查阅资料并确定方案

查阅资料，结合薄层色谱的分离条件，确定柱色谱所需的吸附剂、洗脱剂，制订分离及“三废”处理方案，并拟订工作计划及实践过程中的注意事项。

二、前期准备

根据拟订的方案和工作计划，整理实施方案所需的仪器和试剂，领取所需试剂、器材。

三、柱色谱法分离叶绿素

根据制订的工作计划进行实践。在实践过程中，如遇突发问题或不能实施的环节，小组内成员需共同讨论解决，指导教师在过程中加强巡查和指导。

四、结果展示

实践结果以撰写实践报告的形式为主，报告中应体现以下部分内容：

1. 项目或任务的背景

叶绿素的性质、用途，明确项目实践的目标。

2. 项目实施的可行性分析

项目实践中具体要怎么做？采用什么方法？可供参考的文献资料有哪些？

3. 项目或任务的结果

通过项目的实践，是否提取并分离叶绿素？产品外观、含量等指标分别为多少？

4. 争议的最大问题

5. 心得体会

附　录

附录一　常用试剂的配制

1. 氯化亚铜氨溶液

称取0.5g氯化亚铜，溶解于10mL浓氨水中，再用水稀释至25mL。过滤，除去不溶性杂质。

氯化亚铜氨溶液应为无色透明液体。但由于亚铜盐在空气中很容易被氧化成二价铜盐，使溶液变成蓝色，将会掩蔽乙炔亚铜的红色沉淀。此时可将上述滤液稍稍加热，边搅拌边缓慢加入羟胺盐酸盐，至蓝色消失为止。羟胺盐酸盐是强还原剂，可使生成的Cu^{2+}还原成Cu^{+}：

$$4Cu^{2+}+2NH_2OH \longrightarrow 4Cu^{+}+N_2O+4H^{+}+H_2O$$

2. 饱和溴水

称取1.5g溴化钾，溶解于100mL蒸馏水中，再加入10g溴，摇匀即可。

3. 碘-碘化钾溶液

称取20g碘化钾，溶解于100mL蒸馏水中，再加入10g研细的碘粉。搅拌使其完全溶解，得深红色溶液，保存在棕色试剂瓶中，于避光处放置。

4. 卢卡斯试剂

称取34g无水氯化锌，在蒸发皿中加热熔融，并不断搅拌。稍冷后，放入干燥器中冷至室温。将盛有23mL浓盐酸（相对密度1.19）的烧杯置于冰水浴中冷却（以防氯化氢逸出），边搅拌边加入上述干燥的无水氯化锌。此试剂极易吸水失效，所以一般是临用前配制。

5. 饱和亚硫酸氢钠溶液

称取67g亚硫酸氢钠，溶解于100mL蒸馏水中，再加入25mL不含醛的无水乙醇，混匀后若有晶体析出，须过滤除去。饱和亚硫酸氢钠溶液不稳定，容易分解和氧化，因此不能久存，宜在实验前临时配制。

6. 1%酚酞溶液

称取1g酚酞，溶解于90mL 95%乙醇中，再加水稀释至100mL。

7. 铬酸试剂

称取25g铬酸酐，加入25mL浓硫酸，搅拌均匀成糊状物。在不断搅拌下，将此糊状物小心倒入75mL蒸馏水中，混匀，即得到澄清的橘红色溶液。

8. 苯酚溶液

称取5g苯酚，溶解于50mL 5%氢氧化钠溶液中。

9. β-萘酚溶液

称取 5g β-萘酚溶液，溶解于 50mL。5%氢氧化钠溶液中。

10. α-萘酚乙醇溶液

称取 2g α-萘酚，溶解于 20mL 95%乙醇中，用 95%乙醇稀释至 100mL，贮存在棕色瓶中。一般在使用前配制。

11. 2,4-二硝基苯肼试剂

(1) 称取 1.2g 2,4-二硝基苯肼，溶解于 50mL，30%高氯酸溶液中，搅拌均匀，贮存在棕色瓶中。

(2) 将 2,4-二硝基苯肼溶解于 2moL/L 盐酸溶液中，配成饱和溶液。

12. 希夫试剂（又称品红试剂）

称取 0.2g 品红盐酸盐，溶解于 100mL 热水中，放置冷却后，加入 2g 亚硫酸氢钠和 2mL 浓盐酸，再用蒸馏水稀释至 200mL。

13. 斐林试剂

斐林试剂由斐林溶液 A 和斐林溶液 B 组成。使用时将两者等体积混合，配制方法如下。

(1) 斐林溶液 A：称取 7g 硫酸铜晶体溶解于 100mL 蒸馏水中，得淡蓝色溶液。

(2) 斐林溶液 B：称取 34.6g 酒石酸钾钠和 14g 氢氧化钠，溶解于 100mL 水。

14. 本尼迪克试剂

本尼迪克试剂是斐林试剂的改进，性质稳定，可长期保存，使用方便。配制方法如下。

(1) 称取 4.3g 硫酸铜晶体溶解于 50mL 蒸馏水中，制成溶液 A。

(2) 称取 43g 柠檬酸钠及 25g 无水碳酸钠，溶解于 200mL 蒸馏水中，制成溶液 B。

(3) 在不断搅拌下，将 A 溶液缓慢加入到 B 溶液中，混匀后贮存在试剂瓶中。

本尼迪克试剂除用于鉴定醛酮外，还可用于检验糖尿病人的尿糖含量。在病人的尿样中滴加本尼迪克试剂，如出现红色沉淀记为“++++”、黄色沉淀记为“+++”、绿色沉淀记为“++”，蓝色溶液不变，则检验结果为阴性。

15. 苯肼试剂

有两种配制方法：

(1) 在 100mL 的烧杯中，加入 5mL 苯肼和 50mL 10%醋酸溶液，再加入 0.5g 活性炭，搅拌后过滤，将滤液保存在棕色试剂瓶中。

(2) 称取 5g 苯肼盐酸盐，溶解于 160mL 蒸馏水中，再加入 0.5g 活性炭，搅拌脱色后过滤。在滤液中加入 9g 醋酸钠晶体，搅拌使其溶解，贮存在棕色试剂瓶中。

16. 羟胺试剂

称取 1g 盐酸羟胺，溶解于 200mL 95%乙醇中，加入 1mL 甲基橙指示剂，再逐滴加入 5%氢氧化钠乙醇溶液，至混合液颜色刚刚变为橙黄色（pH 为 3.7～3.9）为止。贮存在棕色试剂瓶中。

17. 1%淀粉溶液

称取 1g 可溶性淀粉，溶解于 5mL 冷蒸馏水中，搅成稀浆状，然后在搅拌下将其倒入

94mL 沸水中并煮沸，即得到近于透明的胶状溶液，放冷后贮存在试剂瓶中。

18. 托伦试剂

托伦试剂需要临时配制，一般有两种方法。

(1) 在试管里先注入少量 NaOH 溶液，振荡，然后加热煮沸。把 NaOH 倒去后，再用蒸馏水洗净。向洗净的试管中注入 5%$AgNO_3$ 溶液 1mL，然后逐滴加入氨水，边滴边振荡，直到最初生成的沉淀刚好溶解为止。

(2) 取 5%$AgNO_3$ 溶液 1mL 于一洁净的试管中，加入 1 滴 10%NaOH 溶液，然后滴加 2%氨水，随加随振荡，直到沉淀刚好溶解为止。

19. 铬酸试剂

将 20g 三氧化铬加入到 20mL 浓硫酸中，搅拌成均匀糊状，然后将糊状物小心倒入 60mL 蒸馏水中，搅拌均匀得到橘红色澄清透明溶液。

20. 氯化亚铜氨溶液

取 1g 氯化亚铜，加入 1～2mL 浓氨水和 10mL 水，用力摇动后，静置片刻，倾出溶液，在溶液中投入一块铜片或一根铜丝。

21. 溴水溶液

将 15g 溴化钾溶于 100mL 蒸馏水中，加入 3mL（约 10g）溴液，摇匀即可。

附录二　常用有机溶剂的物理常数及纯化方法

1. 丙酮

沸点 56.2℃，折射率 1.3588，相对密度 0.7899。

普通丙酮常含有少量的水及甲醇、乙醛等还原性杂质。其纯化方法有：

(1) 于 250mL 丙酮中加入 2.5g 高锰酸钾回流，若高锰酸钾紫色很快消失，再加入少量高锰酸钾继续回流，至紫色不褪为止。然后将丙酮蒸出，用无水碳酸钾或无水硫酸钙干燥，过滤后蒸馏，收集 55～56.5℃的馏分。用此法纯化丙酮时，须注意丙酮中含还原性物质不能太多，否则会过多消耗高锰酸钾和丙酮，使处理时间增长。

(2) 将 100mL 丙酮装入分液漏斗中，先加入 4mL10%硝酸银溶液，再加 3.6mL1mol/L 氢氧化钠溶液，振摇 10min，分出丙酮层，再加入无水硫酸钾或无水硫酸钙进行干燥。最后蒸馏收集 55～56.5℃馏分。此法比方法（1）要快，但硝酸银较贵，只宜做小量纯化用。

2. 四氢呋喃

沸点 67℃（64.5℃），折射率 1.4050，相对密度 0.8892。

四氢呋喃与水能混溶，并常含有少量水分及过氧化物。如要制得无水四氢呋喃，可用氢化铝锂在隔绝潮气下回流（通常 1000mL 约需 2～4g 氢化铝锂）除去其中的水和过氧化物，然后蒸馏，收集 66℃的馏分蒸馏时不要蒸干，将剩余少量残液即倒出。精制后的液体加入钠丝并应在氮气氛中保存。处理四氢呋喃时，应先用小量进行试验，在确定其中只有少量水和过氧化物，作用不致过于激烈时，方可进行纯化。四氢呋喃中的过氧化物可用酸化的碘化钾溶液来检验。如过氧化物较多，应另行处理为宜。

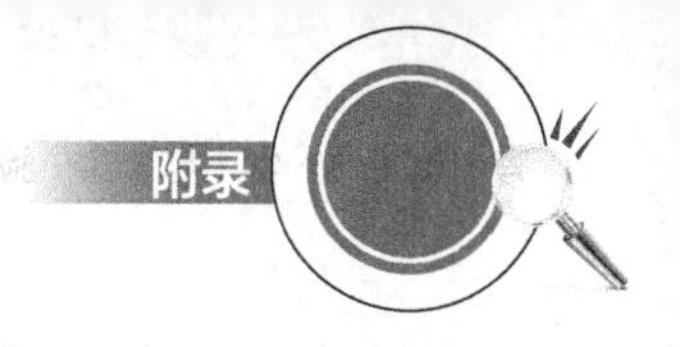

3. 二氧六环

沸点 101.5℃，熔点 12℃，折射率 1.4424，相对密度 1.0336。

二氧六环能与水任意混合，常含有少量二乙醇缩醛与水，久贮的二氧六环可能含有过氧化物（鉴定和除去参阅乙醚）。二氧六环的纯化方法，在 500mL 二氧六环中加入 8mL 浓盐酸和 50mL 水的溶液，回流 6～10h，在回流过程中，慢慢通入氮气以除去生成的乙醛。冷却后，加入固体氢氧化钾，直到不能再溶解为止，分去水层，再用固体氢氧化钾干燥 24h。然后过滤，在金属钠存在下加热回流 8～12h，最后在金属钠存在下蒸馏，压入钠丝密封保存。精制过的 1,4-二氧环已烷应当避免与空气接触。

4. 吡啶

沸点 115.5℃，折射率 1.5095，相对密度 0.9819。

分析纯的吡啶含有少量水分，可供一般实验用。如要制得无水吡啶，可将吡啶与氢氧化钾（钠）粒一同回流，然后隔绝潮气蒸出备用。干燥的吡啶吸水性很强，保存时应将容器口用石蜡封好。

5. 石油醚

石油醚为轻质石油产品，是低相对分子质量烷烃类的混合物。其沸程为 30～150℃，收集的温度区间一般为 30℃左右。有 30～60℃，60～90℃，90～120℃等沸程规格的石油醚。其中含有少量不饱和烃，沸点与烷烃相近，用蒸馏法无法分离。石油醚的精制通常将石油醚用同体积的浓硫酸洗涤 2～3 次，再用 10%硫酸加入高锰酸钾配成的饱和溶液洗涤，直至水层中的紫色不再消失为止。然后再用水洗，经无水氯化钙干燥后蒸馏。若需绝对干燥的石油醚，可加入钠丝（与纯化无水乙醚相同）。

6. 甲醇

沸点 64.96℃，折射率 1.3288，相对密度 0.7914。

普通未精制的甲醇含有 0.02%丙酮和 0.1%水。而工业甲醇中这些杂质的含量达0.5%～1%。

为了制得纯度达 99.9%以上的甲醇，可将甲醇用分馏柱分馏。收集 64℃的馏分，再用镁去水（与制备无水乙醇相同）。甲醇有毒，处理时应防止吸入其蒸气。

7. 乙酸乙酯

沸点 77.06℃，折射率 1.3723，相对密度 0.9003。

乙酸乙酯一般含量为 95%～98%，含有少量水、乙醇和乙酸。可用下法纯化：于 1000mL 乙酸乙酯中加入 100mL 乙酸酐，10 滴浓硫酸，加热回流 4h，除去乙醇和水等杂质，然后进行蒸馏。馏液用 20～30g 无水碳酸钾振荡，再蒸馏。产物沸点为 77℃，纯度可达以上 99%。

8. 乙醚

沸点 34.51℃，折射率 1.3526，相对密度 0.71378。普通乙醚常含有 2%乙醇和 0.5%水。久藏的乙醚常含有少量过氧化物。

过氧化物的检验和除去：在干净和试管中放入 2～3 滴浓硫酸，1mL2%碘化钾溶液（若碘化钾溶液已被空气氧化，可用稀亚硫酸钠溶液滴到黄色消失）和 1～2 滴淀粉溶液，混合均匀后加入乙醚，出现蓝色即表示有过氧化物存在。除去过氧化物可用新配制的硫酸亚铁稀溶液（配制方法是 $FeSO_4 \cdot H_2O$ 60g，100mL 水和 6mL 浓硫酸）。将 100mL 乙醚和 10mL 新配制的硫酸亚铁溶液放在分液漏斗中洗数次，至无过氧化物为止。

醇和水的检验和除去：乙醚中放入少许高锰酸钾粉末和一粒氢氧化钠。放置后，氢氧化钠表面附有棕色树脂，即证明有醇存在。水的存在用无水硫酸铜检验。先用无水氯化钙除去大部分水，再经金属钠干燥。其方法是：将 100mL 乙醚放在干燥锥形瓶中，加入 20～25g 无水氯化钙，瓶口用软木塞塞紧，放置一天以上，并间断摇动，然后蒸馏，收集 33～37℃ 的馏分。用压钠机将 1g 金属钠直接压成钠丝放于盛乙醚的瓶中，用带有氯化钙干燥管的软木塞塞住。或在木塞中插一末端拉成毛细管的玻璃管，这样，既可防止潮气浸入，又可使产生的气体逸出。放置至无气泡发生即可使用；放置后，若钠丝表面已变黄变粗时，须再蒸一次，然后再压入钠丝。

9. 乙醇

沸点 78.5℃，折射率 1.3616，相对密度 0.7893。

制备无水乙醇的方法很多，根据对无水乙醇质量的要求不同而选择不同的方法。若要求 98%～99%的乙醇，可采用下列方法：

① 利用苯、水和乙醇形成低共沸混合物的性质，将苯加入乙醇中，进行分馏，在 64.9℃时蒸出苯、水、乙醇的三元恒沸混合物，多余的苯在 68.3℃与乙醇形成二元恒沸混合物被蒸出，最后蒸出乙醇。工业多采用此法。

② 用生石灰脱水。于 100mL95%乙醇中加入新鲜的块状生石灰 20g，回流 3～5h，然后进行蒸馏。

若要 99%以上的乙醇，可采用下列方法：

① 在 1000mL99%乙醇中，加入 7g 金属钠，待反应完毕，再加入 27.5g 邻苯二甲酸二乙酯或 25g 草酸二乙酯，回流 2～3h，然后进行蒸馏。金属钠虽能与乙醇中的水作用，产生氢气和氢氧化钠，但所生成的氢氧化钠又与乙醇发生平衡反应，因此单独使用金属钠不能完全除去乙醇中的水，须加入过量的高沸点酯，如邻苯二甲酸二乙酯与生成的氢氧化钠作用，抑制上述反应，从而达到进一步脱水的目的。

② 在 60mL99% 乙醇中，加入 5g 镁和 0.5g 碘，待镁溶解生成醇镁后，再加入 900mL99%乙醇，回流 5h 后，蒸馏，可得到 99.9%乙醇。由于乙醇具有非常强的吸湿性，所以在操作时，动作要迅速，尽量减少转移次数以防止空气中的水分进入，同时所用仪器必须事前干燥好。

10. 二甲基亚砜（DMSO）

沸点 189℃，熔点 18.5℃，折射率 1.4783，相对密度 1.100。

二甲基亚砜能与水混合，可用分子筛长期放置加以干燥。然后减压蒸馏，收集 76℃/1600Pa（12mmHg）馏分。蒸馏时，温度不可高于 90℃，否则会发生歧化反应生成二甲砜和二甲硫醚。也可用氧化钙、氢化钙、氧化钡或无水硫酸钡来干燥，然后减压蒸馏。也可用部分结晶的方法纯化。二甲基亚砜与某些物质混合时可能发生爆炸，例如氢化钠、高碘酸或高氯酸镁等应予注意。

11. *N*,*N*-二甲基甲酰胺（DMF）

沸点 149～156℃，折射率 1.4305，相对密度 0.9487。无色液体，与多数有机溶剂和水可任意混合，对有机和无机化合物的溶解性能较好。

N,N-二甲基甲酰胺含有少量水分。常压蒸馏时有些分解，产生二甲胺和一氧化碳。在有酸或碱存在时，分解加快。所以加入固体氢氧化钾（钠）在室温放置数小时后，即有部分分解。因此，最常用硫酸钙、硫酸镁、氧化钡、硅胶或分子筛干燥，然后减压蒸馏，收集76℃/4800Pa（36mmHg）的馏分。其中如含水较多时，可加入其1/10体积的苯，在常压及80℃以下蒸去水和苯，然后再用无水硫酸镁或氧化钡干燥，最后进行减压蒸馏。纯化后的N,N-二甲基甲酰胺要避光贮存。N,N-二甲基甲酰胺中如有游离胺存在，可用2,4-二硝基氟苯产生颜色来检查。

12. 二氯甲烷

沸点40℃，折射率1.4242，相对密度1.3266。

使用二氯甲烷比氯仿安全，因此常常用它来代替氯仿作为比水重的萃取剂。普通的二氯甲烷一般都能直接做萃取剂用。如需纯化，可用5%碳酸钠溶液洗涤，再用水洗涤，然后用无水氯化钙干燥，蒸馏收集40～41℃的馏分，保存在棕色瓶中。

13. 二硫化碳

沸点46.25℃，折射率1.6319，相对密度1.2632。

二硫化碳为有毒化合物，能使血液神经组织中毒。具有高度的挥发性和易燃性，因此，使用时应避免与其蒸气接触。

对二硫化碳纯度要求不高的实验，在二硫化碳中加入少量无水氯化钙干燥几小时，在水浴55～65℃下加热蒸馏、收集。如需要制备较纯的二硫化碳，在试剂级的二硫化碳中加入0.5%高锰酸钾水溶液洗涤三次。除去硫化氢再用汞不断振荡以除去硫。最后用2.5%硫酸汞溶液洗涤，除去所有的硫化氢（洗至没有恶臭为止），再经氯化钙干燥，蒸馏收集。

14. 氯仿

沸点61.7℃，折射率1.4459，相对密度1.4832。

氯仿在日光下易氧化成氯气、氯化氢和光气（剧毒），故氯仿应贮于棕色瓶中。市场上供应的氯仿多用1%酒精做稳定剂，以消除产生的光气。

氯仿中乙醇的检验可用碘仿反应；游离氯化氢的检验可用硝酸银的醇溶液。除去乙醇可将氯仿用其二分之一体积的水振摇数次分离下层的氯仿，用氯化钙干燥24h，然后蒸馏。也可将氯仿与少量浓硫酸一起振动两三次。每200mL氯仿用10mL浓硫酸，分去酸层以后的氯仿用水洗涤，干燥，然后蒸馏。除去乙醇后的无水氯仿应保存在棕色瓶中并避光存放，以免光化作用产生光气。

15. 苯

沸点80.1℃，折射率1.5011，相对密度0.87865。

普通苯常含有少量水和噻吩，噻吩沸点84℃，与苯接近，不能用蒸馏的方法除去。

噻吩的检验：取1mL苯加入2mL溶有2mg吲哚醌的浓硫酸，振荡片刻，若酸层呈蓝绿色，即表示有噻吩存在。噻吩和水的除去：将苯装入分液漏斗中，加入相当于苯体积1/7的浓硫酸，振摇使噻吩磺化，弃去酸液，再加入新的浓硫酸，重复操作几次，直到酸层呈现无色或淡黄色并检验无噻吩为止。将上述无噻吩的苯依次用10%碳酸钠溶液和水洗至中性，再用氯化钙干燥，进行蒸馏，收集80℃的馏分，最后用金属钠脱去微量的水得无水苯。

附录三　常用元素相对原子质量表

原子序数	符号	中文名称	英文名称	相对原子质量 [Ar(^{12}C)= 12]
1	H	氢	Hydrogen	1.0079
2	He	氦	Helium	4.0026
3	Li	锂	Lithium	6.941
4	Be	铍	Beryllium	9.0121
5	B	硼	Boron	10.811
6	C	碳	Carbon	12.011
7	N	氮	Nitrogen	14.0067
8	O	氧	Oxygen	15.9994
9	F	氟	Fluorine	18.9984
10	Ne	氖	Neon	20.179
11	Na	钠	Sodium	22.9897
12	Mg	镁	Magnesium	24.305
13	Al	铝	Aluminium	26.9815
14	Si	硅	Silicon	28.0855
15	P	磷	Phosphors	30.9737
16	S	硫	Sulfur	32.066
17	Cl	氯	Chlorine	35.453
18	Ar	氩	Argon	39.948
19	K	钾	Potassium	39.0983
20	Ca	钙	Calcium	40.078
23	V	钒	Vanadium	50.9415
24	Cr	铬	Chromium	51.9961
25	Mn	锰	Maganese	54.9380
26	Fe	铁	Iron	55.847
27	Co	钴	Cobalt	58.9332
28	Ni	镍	Nickel	58.69
29	Cu	铜	Copper	63.546
30	Zn	锌	Zinc	65.39
32	Ge	锗	Germanium	72.59
33	As	砷	Arsenic	74.9216
34	Se	硒	Selenium	78.96
35	Br	溴	Brmine	79.904
42	Mo	钼	Molybdenum	95.94
46	Pd	钯	Palladium	106.42
47	Ag	银	Silver	107.8682
50	Sn	锡	Tin	118.710
53	I	碘	Iodine	126.9045
78	Pt	铂	Platinum	195.08
79	Au	金	Gold	196.9665
80	Hg	汞	Mercury	200.59
82	Pb	铅	Lead	207.2

附录四　常用酸溶液的相对密度、质量分数与浓度对应表

相对密度(15℃)	HCl		HNO_3		H_2SO_4	
	w/%	c/(mol/L)	w/%	c/(mol/L)	w/%	c/(mol/L)
1.02	4.13	1.15	3.70	0.6	3.1	0.3
1.04	8.16	2.3	7.26	1.2	6.1	0.6
1.05	10.2	2.9	9.0	1.5	7.4	0.8
1.06	12.2	3.5	10.7	1.8	8.8	0.9
1.08	16.2	4.8	13.9	2.4	11.6	1.3
1.10	20.0	6.0	17.1	3.0	14.4	1.6
1.12	23.8	7.3	20.2	3.6	17.0	2.0
1.14	27.7	8.7	23.3	4.2	19.9	2.3
1.15	29.6	9.3	24.8	4.5	20.9	2.5
1.19	37.2	12.2	30.9	5.8	26.0	3.2
1.20			32.3	6.2	27.3	3.4
1.25			39.8	7.9	33.4	4.3
1.30			47.5	9.8	39.2	5.2
1.35			55.8	12.0	44.8	6.2
1.40			65.3	14.5	50.1	7.2
1.42			69.8	15.7	52.2	7.6
1.45					55.0	8.2
1.50					59.8	9.2
1.55					64.3	10.2
1.60					68.7	11.2
1.65					73.0	12.3
1.70					77.2	13.4
1.84					95.6	18.0

附录五　常用碱溶液的相对密度、质量分数与浓度对应表

相对密度(15℃)	$NH_3 \cdot H_2O$		NaOH		KOH	
	w/%	c/(mol/L)	w/%	c/(mol/L)	w/%	c/(mol/L)
0.88	35.0	18.0				
0.90	28.3	15				
0.91	25.0	13.4				
0.92	21.8	11.8				
0.94	15.6	8.6				
0.96	9.9	5.6				
0.98	4.8	2.8				
1.05			4.5	1.25	5.5	1.0
1.10			9.0	2.5	10.9	2.1
1.15			13.5	3.9	16.1	3.3
1.20			18.0	5.4	21.2	4.5
1.25			22.5	7.0	26.1	5.8
1.30			27.0	8.8	30.9	7.2
1.35			31.8	10.7	35.5	8.5

参考文献

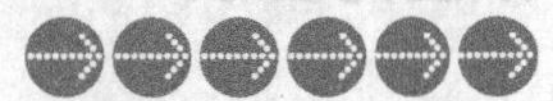

[1] 初玉霞．有机化学．第3版．北京：化学工业出版社，2012.
[2] 袁红兰等．有机化学．第2版．北京：化学工业出版社，2009.
[3] 曾昭琼．有机化学．第4版．北京：高等教育出版社，2004.
[4] 高职高专化学教材编写组．有机化学．第3版．北京：高等教育出版社，2008.
[5] 邢其毅．基础有机化学．第3版．北京：高等教育出版社，2005.
[6] 关海鹰等．有机化学实验．北京：化学工业出版社，2008.
[7] 洪庆红．有机化学实验操作技术．北京：化学工业出版社，2010.
[8] 高职高专化学教材编写组．有机化学实验．第3版．北京：高等教育出版社，2008.
[9] 高鸿宾．有机化学．第4版．北京：高等教育出版社，2005.
[10] 丁敬敏等．有机分析．第2版．北京：化学工业出版社，2009.
[11] 朱嘉云．有机分析．第2版．北京：化学工业出版社，2010.
[12] 刘军．有机化学．第2版．北京：化学工业出版社，2010.
[13] 郭建民．有机化学．北京：科学出版社，2009.